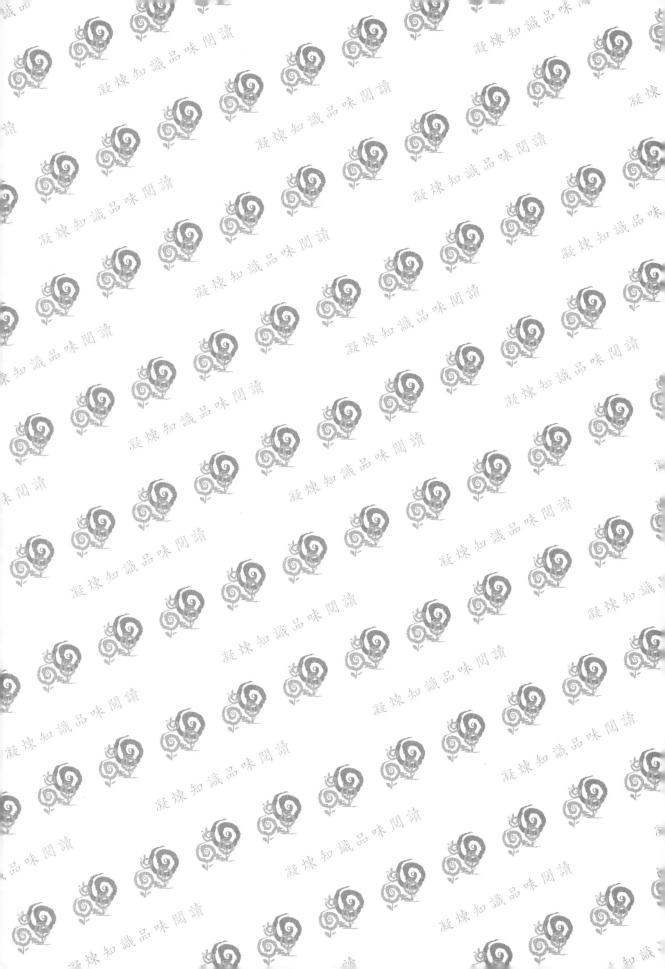

# 生物
# 統計學

五南圖書出版公司 印行

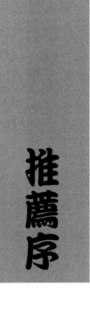

　　郭老師自中興大學畢業後，負笈美國深造，取得愛荷華州立大學統計學碩士及維吉尼亞聯邦大學--維吉尼亞醫學院生物統計學博士後，回國到母校農學院擔任教職工作，在任教期間也發揮所長，曾擔任中華民國超音波學會統計諮詢及維吉尼亞臨床研究組織(VCRO)生物統計諮詢等服務工作。

　　環顧國內有關生物統計的書籍，能以深入淺出的介紹，並且有系統的整理者，實不多見。郭老師從事生物統計的教學、研究與服務多年，在生物統計領域中是幾位年青有爲的佼佼者之一，郭老師將所學應用在公共衛生、醫學、護理及生物學上，並將從事多年的教學經驗寫成「生物統計學」這本書，誠屬難能可貴。郭老師的夫人陳玉敏老師，目前服務於中國醫藥大學護理學系，從事老人長期照護相關研究，共同參與本書的撰寫，而使本書更臻完整。

　　這本書的特點在於他有極高的可讀性，郭老師以清晰易讀的字句，論述由淺入深、劃分清晰，並將重點有系統地加以詳細描述，寫成一本內容廣泛且富含專業知識的書，這本書對於初入門的同學是一本極優良且難得的課程教材，也是提供從事此方面相關人員的參考書。

賴俊雄

中國醫藥大學教授兼副校長暨公共衛生學院院長

# 再版序

　　本書一版獲得市場廣大的迴響，使我們感到欣慰，但這是一種責任。此次再版，我們修正一版書中部分不妥或錯誤的內容，以求正確及完善，另外也增添了 Excel 的應用，希望能藉 Excel 所提供的統計功能，幫助讀者更加熟悉所介紹的統計觀念，本版書中也加入了索引，將有助於讀者查考相關內容。

　　作者一直希望能提供一本深入淺出，內容清晰詳實且實用的生物統計學教材，供有心學好生物統計學的相關人士使用，但作者才疏學淺，相信書中仍有不周全之處，企盼先進能隨時加以指正，以供未來修正之參考。

作者　　謹識

2004 年 7 月

自序

　　曾經聽過學生詮釋所謂的「統計學」為「通通忘記之學」。的確，當需要面對這麼多的定理公式時，要想不「通通忘記」也難。自己曾思考過為什麼大多數的學生會視統計學為畏途呢？我想其中原因固然很多，但缺乏適當的中文參考教材為主要原因之一。如以生物統計學教科書為例，坊間已有數本不錯的教科書可供選擇，撰寫此書的目的，主要由於作者曾教授過不同背景的學生，包括大學生、碩士班研究生，甚至博士班的在職醫生，另外也常為醫生及研究人員做統計諮詢的工作，深感大多數的學生、醫生及研究人員，都有想把生物統計學「搞懂弄熟」的迫切需求，因此想藉由過去教學及研究經驗，整理出一本以「觀念為導向」的生物統計學教科書，以供大家參考，期貢獻棉薄之力於生物統計觀念的推廣與普及。

　　本書除適合技術學院、大學及研究所之醫、護、公衛及農學等相關科系學生使用外，另對有心自修者亦很合適。由於各領域的修習學分不同，因此授課老師可自行就教學所需加以取捨，以利教學。本書例題多數具有關聯性，希望藉此建立學習者整體性的觀念。

　　這本書的順利完成，除要感謝中國醫藥學院賴主任俊雄的鼓勵與題序，也要感謝多位學生幫忙打字及繪圖，倉促完成，疏忽與錯誤在所難免，還希望先進不吝賜教，以期能盡善盡美。

郭寶錚　　謹誌

民國八十九年九月四日於

中興大學農藝學系生物統計研究室

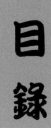

# 目錄

# 第 1 章

## 緒　論

統計學(statistics)是一門探討如何蒐集、整理及呈現資料(data)，並藉這些資料做出推論與預測的科學。其中資料的蒐集、整理與呈現屬於敘述統計學(descriptive statistics)的範圍。分析所蒐集到的資料並做出推論與預測，則隸屬推論統計學(inferential statistics)的研究領域。經由機率理論(probability theory)的貫穿其中，而形成了統計學的基本架構。除此之外，統計學就其所應用領域的不同，大致可區分成商業統計學、工業統計學、教育統計學、社會統計學及生物統計學等。

## 一、生物統計學的定義及重要性

生物統計學(biostatistics)主要是將統計學運用於生物(biological)或生命(life)科學等領域。近來由於人們對其周遭的環境品質越來越關心，也更重視疾病的預防及衛生服務的提供，並且積極研發新的醫藥技術等因素，生物統計學在醫學、藥學、護理學及流行病學等研究領域已被廣泛的應用，所以能快速的發展成為統計學的一支。

我們在日常生活中，常會接觸到如下的訊息：

中央健保局 90 年西醫門診資料分析結果顯示，國人一年平均就醫 14.1 次；其中有 3.46 次是看一般感冒，另外還有 0.15 次是看流行性感冒。

根據內政部警政署的統計，91 年我國每 10 萬人當中，道路交通事故死亡率為 19.2 人，高於新加坡的 5.2 人及日本的 6.6 人。

衛生署管制藥品管理局公布 92 年台灣地區藥物濫用統計，醫療院所通報的案件共 8256 件，較 91 年增加 602 件。藥物濫用最大宗為海洛因，佔 8 成，其次為安非他命、

FM2、搖頭丸、強力膠等。

1111 人力銀行於 93 年 5 月，進行護理人員辛酸問卷調查，共回收 1622 份有效問卷，在 95%信心水準下，誤差值為正負 2.4%。結果顯示，有 78.61%的受訪護理人員想要轉業，原因包括職業倦怠、壓力大以及工作乏味等。

上述這些訊息對大眾、醫護人員、研究人員和行政人員，甚至立法者都有直接、間接的助益。但前面已提過，資料的蒐集、整理、呈現以及推論和預測，都需藉由統計學，但是如何正確解讀及看待這些訊息，也唯有靠著對統計知識的了解，以及統計觀念的推廣才能達成。隨著時代的進步，在各個領域當中，有愈來愈多的人要接觸或處理統計資料，不論是自己處理或尋求統計諮詢，甚至單單只是接受經統計處理後所得到的結果。當面對所得到的結果時，人們往往有二種極端的反應，一種為全然否定，總認為統計只是數字遊戲；另一種則為不論結果的來源及品質良窳，全然接受。因此如能具備正確的統計觀念，並熟悉統計的實施步驟及處理的限制等相關課題，相信必能提昇對統計分析所提供訊息的判斷能力及正確的態度。

## 二、統計資料

統計學中所處理的資料，可能是由量測(measurement)或計數(count)所構成的數值型資料(numerical data)，例如病患的收縮壓、舒張壓等量測，或醫院中急診人數及空病床數等計數的數值型資料。此外，亦有依照某些規則以區分成不同類別的類別型資料(categorical data)，例如病患的性別及血型等，均可區分成不同的類別，而我們經常以數字來代表各個不同的類別，例如當性別是男性者以 1 代表，性別是女性者則以 2 代表。至於資料的來源，可經由樣本調查、實驗、長

期儲存的記錄及已發表的文獻、報告，或是商業資料庫等。

## 三、變數、觀測單位及觀測值

在統計學中，我們常把所觀察或測量的特性，稱爲變數 (variable)。之所以稱爲變數的原因，主要是因爲所觀察或測量的特性會產生不同的結果。所觀察或測量的對象，我們稱之爲觀測單位(observational unit)，而變數的結果則構成觀測值(observation)。例如某校獸醫學系 5 位大一新生入學時身體檢查的資料如下：

| 學生 | 性別 | 血型 | 身高 | 體重 | 今年内就醫次數 |
|------|------|------|------|------|----------------|
| 1 | 男 | A | 175 | 67 | 0 |
| 2 | 男 | AB | 169 | 62 | 1 |
| 3 | 女 | O | 160 | 51 | 0 |
| 4 | 男 | B | 181 | 70 | 0 |
| 5 | 女 | O | 164 | 53 | 2 |

以上的資料組是由 5 位新生所構成，每一位新生都是一個觀測單位，我們分別記錄其性別、血型、身高、體重，以及今年就醫次數等 5 個變數的結果，而每一個變數的結果就是一個觀測值，例如學生 1，其有 5 個觀測值，分別爲：（男，A，175，67，0)。

## 四、量測尺度

變數所使用的量測尺度一般包括類別尺度(nominal scale)、序位尺度(ordinal scale)、等距尺度(interval scale)及等比尺度(ratio scale)等四種。因爲變數爲所觀察或測量的特性，因此爲了使用正確的統計方法，對於變數所使用的量測尺度應該有所了解。

### 1.類別尺度

對於有些變數，我們可以數字來代表其不同的類別，但這些數字並非用來區分類別的順序及大小時，則這些變數使用的尺度稱為類別尺度。例如「性別」變數，我們可以 1 代表男性，2 代表女性，此時數字只是一個標記，並沒有女性大於男性的意義存在，因為我們也可以 2 代表男性，1 代表女性。至於其他使用類別尺度的變數包括了區分為存活－死亡、已婚－未婚、暴露－非暴露和抽菸－不抽菸等二元變數 (dichotomous or binary variable)，以及血型、人種等二元以上的變數。

### 2.序位尺度

有些變數的數字不只是代表不同類別，同時也代表不同的順序等級，則此變數使用的是序位尺度，例如「腦部受傷程度」的變數，我們可以 1 代表輕微，2 代表中度，3 則代表嚴重，這裡 3 比 2 嚴重，2 又比 1 嚴重，這時數字代表著嚴重程度的順序，只要維持此順序，我們也可以分別以 10、20、30 來代表輕微、中度及嚴重，但是這些數字每兩點間的距離並非相等的，因此不能應用於數學運算，例如我們不能說中度受傷與輕微受傷的差異等於嚴重受傷與中度受傷的差異。

### 3.等距尺度

使用等距尺度的變數，數字不僅具有大小的順序，也可用來測量彼此間的距離，並且每兩點間的距離是相等的，例如攝氏溫度 21℃ 與 22℃ 的差距，相等於 22℃ 與 23℃ 的差距，但等距尺度中沒有真正的「零」，例如 0℃ 並不代表完全沒有溫度，因此等距尺度不能求比值，例如我們不能說 20℃ 是 10℃ 的兩倍。

### 4.等比尺度

在等距尺度中，如具有眞正的「零」時，則爲等比尺度。例如「體重」這個變數，當體重等於 0 時，代表完全没有重量，因此等比尺度可以計算倍數，例如體重 60 公斤爲體重 30 公斤的兩倍。

類別尺度屬最低等級尺度，而等比尺度則屬最高等級尺度，高等級的尺度可轉爲較低等級的尺度，但較低等級的尺度則無法轉爲較高等級的尺度，例如身高變數使用等比尺度，可轉爲具有矮、中、高三類別的序位尺度。

## 五、測量工具的信度與效度

在量測的過程中，如果所使用的測量工具品質不佳的話，就會產生測量誤差，甚至無法測出所欲測量的概念。因此，選擇一個理想的測量工具，便成爲一件很重要的工作。在選擇測量工具時，通常是以該工具的信度(reliability)和效度(validity)做爲評估的指標。

信度即可靠性，係指一個測量工具所測得結果的穩定性與一致性之程度。當測量誤差越小時，即表示該工具的可靠性越高，亦即其信度越高。信度的種類包括穩定性(stability)、對等性(equivalence)和内在一致性(internal consistency)等三種。穩定性係指重複測量所得結果的一致性，因此又稱爲「再測信度」(test-retest reliability)。對等性則是指比較兩個不同版本的測量工具，或是兩位觀察者測量同一件事時，其間的一致性。前者我們稱之爲複本信度(alternate forms reliability)，後者稱之爲評量者間的一致性信度(interrater reliability)。

内在一致性通常是用來檢定問卷式（量表式）的測量工具，其題目測量同一特質的程度，也就是檢定其題目間的同

質性(homogeneity)為何。當信度係數(reliability coefficient)越高時，則表示該問卷題目間的同質性（內在一致性）越高。計算信度係數的主要方法，包含折半信度(split-half reliability)、Cronbach's Alpha(α)係數與 Kuder-Richardson 20(KR-20)係數。

　　效度是指一個測量工具能真正測出所欲測量東西的程度。效度亦可分為三種，分別是內容效度(content validity)、效標關連效度(criterion-related validity)和建構效度(construct validity)。內容效度係指問卷（量表）內容和題目的適切性，其建立方法為邀請數位有關此方面的專家，逐一的檢查測驗題目，以檢定其內容是否能代表或涵蓋所欲測量主題的程度。

　　效標關連效度係指一個測量工具所測出的結果與外在效標(criterion)的相關性，其重點是在於檢查一個測量工具能預測出外在效標的準確度，可分為預測效度(predictive validity)和同時效度(concurrent validity)。這兩種效標關連效度均是用來代表推測的準確度，但不同之處在於所欲推測的現象是未來或是已經存在的。如果是檢查測量工具作為未來事情（效標）預測指標的有效程度，則屬於預測效度。如果是檢查測量工具作為估計另一個測量的數值（效標）之有效程度，此時兩項測量為同時測得，並沒有時間上的先後之分，則屬於同時效度。

　　建構效度係指一個測量工具能測出所欲測量概念的結構特質之程度。建立建構效度的方法有數種，較為人所熟知的有已知組別(known-groups)比較法、多特質－多方法矩陣(multitrait-multimethod matrix)分析和因素分析(factor analysis)等。

　　本章簡介了一些統計上的重要概念，後續的章節將分別針對資料蒐集過程的一些重要概念和不同的統計分析方法，作深入的解說。

## ☞習題

1. 解釋何謂觀測單位？何謂觀測值？
2. 「職業」這個變數是屬於何種量測尺度？
3. 「重量」這個變數是屬於何種量測尺度？
4. 等距尺度和等比尺度的差異何在？
5. 解釋何謂信度？何謂效度？

# 第 2 章

## 抽樣及實驗

統計學中主要的研究對象是統計資料，在前章中會提到統計資料的來源有多種，其中又以樣本調查(sample survey)及實驗(experiment)最為重要。我們知道要獲得可信的統計結論必須先有可信的統計資料，輔以正確的統計方法才能達成，因此本章將對上述兩種獲取統計資料的方法加以說明。

## 一、抽樣觀念的介紹

在調查時，蒐集資料的單位稱為元素(element)，像是個人、家戶等，而我們把所欲研究的全部元素總稱為母群體(population)，例如研究者想要調查民眾對健保的滿意程度，這時的元素可以是每一個投保者，也可以是投保戶。如考慮所有投保者構成的一個母群體，此時所觀測的特性除了對健保的滿意程度外，另外也會包括一些基本資料，如性別、年齡、職業等，以供進一步的分析，如計算滿意程度的百分比之外，另可計算投保者的男女比例、平均年齡及每人每年平均就醫次數等資料，這些描述母群體特性的數值，我們稱之為參數或母數(parameter)。

一般而言，如研究無法針對整個母群體進行調查，也就是進行所謂的普查(census)時，則只能就母群體中的一部分進行調查。由母群體中抽取出一部分的過程步驟，稱之為抽樣(sampling)。在抽樣過程中，同樣可針對投保者，或是針對投保戶來抽樣，據以抽樣的基本單位稱之為抽樣單位(sampling unit)，而為了便於抽樣，將所有的抽樣單位整理編製成名冊，稱為抽樣架構(sampling frame)。例如所有參加健保的投保者名冊或投保戶名冊，即為抽樣架構。

以上所提健保滿意程度的研究中，研究者可從所有投保者所構成的母群體中，自抽樣架構中抽取出部分投保者，構

成樣本(sample)，並研究這群樣本對健保滿意程度的百分比、男女比例、平均年齡以及每人每年平均就醫次數等資料，而這些描述樣本特性的數值，稱之為統計量(statistic)。我們知道，每次由所抽出的樣本計算而得的統計量之數值幾乎都不會相等，這種情形稱為抽樣變異(sampling variability)。

　　在抽樣進行之前，研究者就應該明確的定義所欲研究的母群體為何，例如以健保滿意程度這個例子而論，其母群體可為中部五縣市年滿 18 歲以上參加健保者，或是台北市年滿 18 歲以上參加健保者。研究者真正想要研究的母群體稱為目標母群體(target population)，但如果因為參加健保者的資料檔，無法立即更新，所據以抽樣的抽樣架構為去年的母群體資料檔，這個實際抽樣的母群體稱為抽樣的母群體(sampled population)，此二母群體應該力求一致，如有差別，則在解釋調查結果時，應加以說明。

## 二、使用抽樣的原因

　　1.普查所費時間較長，不具時效性。例如在選舉時，有關候選人支持度調查的研究中，如採普查，則結果報告恐將等到選後才能完成，無助於當初的調查目的。

　　2.普查所需經費較多，並非任何研究均可負擔。

　　3.普查所耗人力亦較多，以致人員素質參雜不齊，且工作量較重，易造成疏忽，而降低調查的精確性。

　　4.研究如屬破壞性，普查勢必不可能進行。例如燈泡壽命調查，如採普查，則將無一產品存留。

　　5.普查在實際上無法執行。如在探討糖尿病患個人認知的研究中，因為無法針對全部糖尿病患進行研究，只能藉抽取部分病患進行研究。

　　基於上述理由，研究上常以抽樣調查取代普查，而由於上述的限制，普查通常也僅能就少數基本問題來對每一個元

素進行調查。

## 三、使用抽樣時所產生的誤差

　　進行抽樣調查時可能產生的誤差，一般可分為抽樣誤差(sampling error)及非抽樣誤差(nonsampling error)。所謂抽樣誤差所指的是與抽樣這個動作有關而造成的誤差，例如抽樣調查必然會造成樣本統計量不會完全等於母群體參數值，此種因機遇(chance)所造成的誤差，即為一種抽樣誤差，有人稱之為隨機抽樣誤差(random sampling error)。另外有稱之為非隨機抽樣誤差(nonrandom sampling error)者，此乃因為使用了不完整的抽樣架構或不適當的抽樣方法等因素，所造成的誤差。很明顯的，當改採普查時，由於是針對整個母群體進行調查，因此抽樣誤差會等於 0。至於非抽樣誤差則指的是與抽樣這個動作無關的誤差來源，例如由於資料處理者在輸入資料時犯錯而造成的誤差，又如因無法聯絡到受訪者或受訪者拒答所造成的無反應(nonresponse)誤差，以及訪員的疏忽或受訪者的記憶錯誤及不據實回答的反應誤差等，均屬於非抽樣誤差。

## 四、抽樣方法

　　統計學的目的之一，在於利用樣本的資料計算所得來的統計量去推估母群體的參數值，因此應謹慎抽出能夠充分代表母群體的樣本。以下將先介紹所謂的機率抽樣(probability sampling)及非機率抽樣(nonprobability sampling)。機率抽樣又稱隨機抽樣(random sampling)，即母群體中的每一個抽樣單位都有可能被抽到，並且被抽到的機率是知道的，因此在對母群體參數值進行推估時，可以推算樣本統計量與母群體參數值間的差異在何範圍之內。而非機率抽樣則是靠著抽樣者

的個人判斷或方便來抽取樣本，而每一抽樣單位被抽出的機率無法得知，因此無法計算出統計量與參數值的差異在何範圍內，所以也無法評估樣本的代表性。

## 1.機率抽樣

常見的機率抽樣有下列四種：簡單隨機抽樣(simple random sampling)、系統隨機抽樣(systematic random sampling)、分層隨機抽樣(stratified random sampling)及集群隨機抽樣(cluster random sampling)。

### (1)簡單隨機抽樣

方法：在簡單隨機抽樣中，每一個單位被抽到的機會都相等，藉此所抽得的樣本稱為簡單隨機樣本(simple random sample, SRS)，簡單隨機樣本中的統計量不致於低估(underestimate)或高估(overestimate)母群體的參數值，稱之為無偏(unbiased)。至於如何獲得 SRS 呢？可利用隨機亂數表(random number table)，或是電腦中的隨機亂數產生器(random number generator)。隨機亂數表是由 0 到 9 這 10 個阿拉伯數字依隨機出現順序所建構而成的表，如附表 1，而表 2.1 則為隨機亂數表之一部分。

表 2.1　隨機亂數表之一部分

| | 00-04 | 05-09 | 10-14 | 15-19 | 20-24 | 25-29 | 30-34 | 35-39 | 40-44 | 45-49 |
|---|---|---|---|---|---|---|---|---|---|---|
| 26 | 25544 | 61063 | 35953 | 30319 | 61982 | 24629 | 78600 | 70075 | 64922 | 65913 |
| 27 | 22776 | 62299 | 05281 | 92046 | 98422 | 95316 | 20720 | 90877 | 01922 | 32294 |
| 28 | 22578 | 20732 | 18421 | 77419 | 75391 | 20665 | 60627 | 29382 | 37782 | 13163 |
| 29 | 51580 | 99897 | 58983 | 01745 | 37488 | 56543 | 99580 | 74823 | 80339 | 31931 |
| 30 | 63403 | 74610 | 23839 | 69171 | 52030 | 91661 | 18486 | 83805 | 62578 | 67212 |

如欲由 50 位同學中抽出一個擁有 5 位同學的 SRS，首先我們可先將此 50 位同學依 01、…、49、50 來編號。假如，我們自隨機亂數表隨機決定一個始點後，可向任何一個

方向移動，這裡我們決定自左而右讀取 2 位數字，獲得的 5 組兩位數字如下：22、77、66、22、99。數字 77、66、99 因為超過 50，所以必須捨去，繼續往右讀取 2 位數字，而 22 因為出現 2 次，必須捨去第 2 次出現者，此稱之為「不歸還抽樣」(sampling without replacement)，反之如允許重複出現，則稱為「歸還抽樣」(sampling with replacement)。在不歸還抽樣下，所抽出的 5 組數字為：22、05、28、19、20，最後再選取相對於上述 5 組數字的同學，構成了一個 5 位同學所組成的 SRS。

　　**使用原因**：當具備抽樣架構時，簡單隨機抽樣簡單易行，並且每一單位被抽到的機率相等，對於母群體參數值的估計較容易。

　　**注意事項**：若當所抽出的單位分布很廣時，則所耗費的成本較高，並且當所抽出的單位變異性較大時，會降低母群體參數值估計的準確性，此時可考慮採分層隨機抽樣。

**⑵分層隨機抽樣**

　　**方法**：把母群體中的元素，依某種特性劃分成幾個互不重疊的層(strata)，然後再從各層中分別抽取簡單隨機樣本。

　　**使用原因**：

　　‧當母群體中的元素，就某特性而言，各元素間存在很大的差異時，如能採用分層隨機抽樣，將相似的元素歸於同一層，再就各層分別進行簡單隨機抽樣，可降低直接採用簡單隨機抽樣時，所計算而得統計量的變異性。

　　‧在分層隨機抽樣中，分別從各層中抽出簡單隨機樣本，因此可由各層分別計算統計量，獲得各層的資訊。

　　‧如能適當的規劃各層，由各層分別進行簡單隨機抽樣，會較就整個母群體去進行簡單隨機抽樣的抽樣成本較低。

　　**注意事項**：依某特性分層時，此特性在各層內元素間應力求差異小，層與層間元素則求差異大，並且各層間不能重

疊。

### (3)系統抽樣（或稱等距抽樣）

**方法**：先選出一個隨機起點(random start)後，再依一定的距離，順序抽取樣本，例如訪員在醫院領藥處，隨機訪問領藥民眾對健保藥費自付額度的意見，首先隨機決定第一位受訪者後，然後每隔 20 位領藥民眾訪問下一位受訪者，一直到訪足所需的樣本數才結束。

**使用原因**：

‧無需抽樣清冊亦可進行抽樣，除隨機起點外，不必再採隨機手續，操作簡單，也可避免抽樣人員在抽樣過程中所可能犯下的錯誤。

‧抽樣成本會較簡單隨機抽樣或分層隨機抽樣為低。

**注意事項**：當元素的排列順序有周期性的情形時，如所抽出的元素間隔距離與周期相同或有倍數關係，則抽出的樣本將不具有代表性。例如調查某醫院每月的門診量，如隨機起點為周三，然後每隔 7 天調查一次時，則每次所調查到都是周三的資訊，並不能代表醫院每月真正的門診量。

### (4)集群隨機抽樣

**方法**：將母群體分為數個集群(cluster)，每個集群成為一個抽樣單位，然後以簡單隨機抽樣法抽出若干個集群，並對所抽出的集群進行普查。例如戶籍資料中的「戶」可當作集群，整個行政區是由許多戶所構成，可先隨機抽出若干戶後，再對各抽出戶內的所有成員進行調查。

**使用原因**：

‧如果有關於母群體中所有元素的抽樣架構不易取得，但可取得所有集群構成的抽樣架構時，可採集群隨機抽樣。

‧如母群體中的元素分布很廣，藉著將距離較近者歸於一群，可節省調查人力及成本。

**注意事項**：集群隨機抽樣法中的「集群」與分層隨機抽樣法中的「層」最主要差別是，集群內的元素間應力求差異

大，集群與集群間元素則求差異小，此恰與「層」的構成原
則相反。此外，在分層隨機抽樣法中，需對所有層進行簡單
隨機抽樣，但集群隨機抽樣法僅隨機抽出若干集群，但對所
抽出的集群進行普查，所以集群隨機抽樣法的主要目的在於
降低抽樣成本，而分層隨機抽樣法的主要目的則在於減小抽
樣誤差。

## 2.非機率抽樣

以下將介紹的非機率抽樣法，包括方便抽樣(convenience sampling)。立意抽樣(purposive sampling)、雪球抽樣(snowball sampling)及配額抽樣(quota sampling)。

### (1)方便抽樣

方便抽樣又可稱為偶遇抽樣(accidental/haphazard sampling)。樣本的構成元素，可能是偶然遇到，如在醫院門口訪問經過的行人；也可能是自願者，如 call-in 或 write-in 進來者。此抽樣法完全沒有考量到樣本的代表性問題，因此無法推估母群體。

### (2)立意抽樣

又稱判斷抽樣(judgement sampling)，由研究者憑藉主觀的判斷去選取對研究主題有代表性的對象進行研究。例如探討健保的缺失，則針對醫界聯盟或基層醫療協會的專家加以訪問，以了解問題。此抽樣方法適用於預試(pilot study)，雖不一定具代表性，但有助於對問題的初步了解。

### (3)雪球抽樣

先找出一位受訪者，於調查後，請其提供其他受訪者以供繼續調查，如此受訪者將如滾雪球般不斷增加，稱之雪球抽樣。當樣本元素不易取得時，可考慮此抽樣法，但有受訪者同質性較高的缺點。

### (4)配額抽樣

依某特性比例來決定樣本數，如性別比、年齡比或學歷

比來決定特性中的各等級所應抽取的配額，當配額決定後，再由訪問者自行選擇構成樣本的元素，以達到所需的樣本大小。其缺點是無法考慮到所有重要特性的比例，並且當決定配額後的抽樣，單憑訪問者的主觀決定受訪者容易造成抽樣誤差。1948 年以前，美國多以配額抽樣進行一般政治性的民意調查，但在預測杜魯門與杜威的總統選舉結果，發生與預期相反的情形後，才改採機率抽樣。

## 五、實驗與樣本調查

統計資料除可藉樣本調查取得外，亦可由做實驗獲得。經由實驗所獲得的統計資料可比較受試個體在接受不同處理(treatment)下的反應。例如比較不同藥劑對受試者產生的有效性(efficacy)及安全性(safety)，或比較不同衛教方法對高血壓老人自我照顧行為執行的影響等。以上二例中的處理分別指的是藥劑及衛教方法，而所研究的反應則分別是藥劑的有效性和安全性，以及高血壓老人自我照顧行為的執行程度。這些反應可藉反應變數(response variable)或依變數(dependent variable)來表示，而造成這些反應變數變化的介入措施(intervention)，即藥劑及衛教方法等處理，則可以自變數(independent variable)表示，藉著實驗可釐清自變數是否會造成依變數的改變。前節中所介紹的樣本調查則沒有介入措施，所研究的變數一般也無自變數與依變數之分，均視為結果變數(outcome variable)，而樣本調查的主要目的在於藉由樣本去了解母群體，並進一步闡明結果變數間的關係。

## 六、隨機比較實驗

在實驗中，常存在一些非研究範圍內的外在變數(extraneous variable)，但卻對反應變數有所影響，這些外在變數與

自變數對反應變數的作用，因此混和在一起而無法區分出來，稱爲交絡(confounded)，爲了將這些外在變數的作用分離出來，可採比較實驗(comparative experiment)，也就是使用不同的處理並比較其間是否有差異。此時接受不同處理的受試者除了所接受的處理不同之外，其他的條件狀況都應該是幾近一致，爲達到受試個體的一致，則可由隨機化(randomi-zation)來達成，也就是利用隨機分配(random assignment)來保證各受試個體分配到各處理的機率均相等，因此外在變數對施用不同處理之受試個體的影響也可假設一致，在此條件下接受不同處理的受試個體之間的差異也就可歸因於處理不同而造成的差異。但接受不同處理的受試個體之個體數一般不能太少，這樣較可保證外在變數的分布一致。

綜合以上所述，我們可知道一個實驗應注意控制(control)外在變數的交絡作用，可利用比較實驗，而接受不同處理的受試個體條件一致，可藉隨機化來進行。最後應注意接受不同處理的受試個體數不要太少，也就是重複(replication)不要太少。

例如威而剛的臨床試驗即採隨機比較雙盲(double-blind-ed)實驗，受試者分爲兩群，一群使用威而剛，另一群使用安慰劑(placebo)，所謂安慰劑是外型等各方面均與所欲實驗的藥劑相同，但卻沒有眞實藥效的藥劑。由於是隨機決定何人服用威而剛或安慰劑，並且每個人只服用兩者間的任一種，所以兩群受試者間反應變數的差異也就代表威而剛的藥效。至於如何執行隨機分配？假設有 50 位受試者要隨機分爲兩群，可將此 50 位受試者依序排列後，由 01 編號到 50，然後隨機抽出 25 個 01 到 50 的號碼，對應此抽出號碼的受試者分配使用威而剛，剩下的 25 位則分配成使用安慰劑。這裡所謂的雙盲實驗，就是指受試者不知道自己服用的是威而剛或是安慰劑，並且研究人員也不知道誰服用威而剛，誰服用安慰劑，以避免影響試驗結果。如果僅有受試者不知道自己

所服用的是威而剛或是安慰劑時，則稱單盲實驗(single-blind-ed)。無論是單盲實驗或是雙盲實驗，其目的在於降低受試者和研究人員已事先知悉威而剛或安慰劑的分配情形，而影響到實驗的結果。

## 七、區集設計

在前面所介紹的實驗都是先把受試個體分組，組數與處理數相等，然後再隨機將各受試個體分配到不同的處理組別中，並且各受試個體均僅施用一種處理，這種實驗設計法，稱為「完全隨機設計」(completely randomized design)，簡稱 CRD。另一種可除去外在變數對依變數影響的方法，就是採區集設計(blocking design)。區集設計就是先把受試個體劃分成數個區集(block)，區集內就某重要的外在變數而言性質較為一致，然後再分別將同區集內的受試個體隨機分配到不同的處理組別中，這種設計方法稱為「隨機區集設計」(ran-domized block design)，簡稱 RBD。例如在醫學實驗中，年齡常是重要的外在變數，我們可依年齡的不同，將受試個體分成數個區集，亦即分成數個年齡群，例如 20～29 歲、30～39 歲、40～49 歲等三個區集，因此各區集內的受試者其年齡也就較為一致，然後再分別將這三個區集中的受試個體隨機分配到不同的處理組別中。事實上區集與前面所提到的分層觀念是相似的，但分層主要是用於樣本調查時，而隨機區集設計乃屬於一種實驗設計法。

## 習題

1. 解釋何謂母群體？
2. 解釋何謂參數？何謂統計量？
3. 解釋何謂機率抽樣？何謂非機率抽樣？
4. 分辨集群隨機抽樣法和分層隨機抽樣法的差異何在？
5. 說明系統抽樣（或稱等距抽樣）的抽樣流程。
6. 有一實驗的主題為「比較不同的音樂治療法對於減緩癌症病患憂鬱程度之成效」，在此實驗中，何者為自變數？何者為反應變數？
7. 說明隨機區集設計的流程。

# 第 3 章

# 資料的整理、摘要與呈現

對於所蒐集到的資料，在未經整理或摘要之前，我們稱之為原始資料(raw data)。原始資料無法提供我們有用的訊息，也無法就此做出正確的結論，因此，我們可以利用一些表、圖或摘要性的數值來整理(organizing)、摘要(summarizing)及呈現(presenting)所蒐集到的資料，幫助我們更加了解這些資料，進而從中萃取出重要的訊息，以做為決策的依據。事實上，這也就是敘述統計學中所探討的主要內容。

## 一、未分組資料及分組資料

資料整理的第一步，可將蒐集到的資料，由小到大或由大到小排列成有序數列，這些資料稱之為「未分組資料」(ungrouped data)。

【Q1】　某籃球隊上場的五位球員身高，分別是 156、180、164、220、180 公分，請依小到大及大到小的方式排列成數列？

【Ans】　由小到大，排列成 156、164、180、180、220（公分），稱為上升數列(ascending array)。由大到小，排列成 220、180、180、164、156（公分），則稱為下降數列(descending array)。經排列後我們可以很容易的得知，這五位球員身高最高的是 220 公分，最矮的則是 156 公分，其中有兩位球員身高均為 180 公分。

有序數列雖然能夠幫助我們了解所蒐集到的資料，但更有效的資料整理及摘要方法，就是將資料分組，製成表(table)，稱之為「分組資料」(grouped data)，此方法適用於所有

類型資料。

## 二、次數分布表

次數分布表(frequency distribution table)，簡稱「次數表」，是最常被用來摘要資料的一種表；而次數分布(frequency distribution)是指一個變數所有可能出現的數值及各數值所出現的次數。以下將分別介紹在不同類型的變數下之次數分布表，並以表 3.1 和表 3.2 為例，其中表 3.1 為某校公衛系一年級學生的調查資料，表 3.2 則為相同學生於大四畢業前重新調查的資料。

對於類別變數及序位變數，其次數分布表包含了變數的可能結果，以及各可能結果所出現的次數。

【Q2】 表 3.1 為某校公衛系一年級學生的調查資料，試以血型變數製作次數分布表。

【Ans】 該班 46 位學生中，A 型血型者有 11 人，B 型有 13 人，O 型有 19 人，另有 AB 型者 3 人，其次數分布表如下：

| 血型 | 次數 |
|------|------|
| A | 11 |
| B | 13 |
| O | 19 |
| AB | 3 |

對於等距變數及等比變數，其次數分布表的製作，則需先將原始資料分成若干組(class)，再列出各組的範圍，以及資料中落在各組的觀測值次數，其步驟簡述如下：

表 3.1 某校公衛系大一學生的調查資料

| ID | 性別 | 身高 | 體重 | 血型 | 是否抽菸 | 喜歡公衛程度 | 家中子女數 | 有無男女朋友 |
|----|------|------|------|------|----------|--------------|------------|--------------|
| 1 | 男 | 178 | 93 | A | YES | 喜歡 | 3 | NO |
| 2 | 男 | 176 | 65 | A | NO | 普通 | 2 | YES |
| 3 | 男 | 172 | 55 | O | YES | 不喜歡 | 5 | YES |
| 4 | 女 | 162 | 48 | O | NO | 普通 | 6 | NO |
| 5 | 女 | 159 | 51 | B | NO | 普通 | 2 | YES |
| 6 | 男 | 172 | 64 | AB | NO | 普通 | 2 | YES |
| 7 | 女 | 152 | 46 | B | NO | 普通 | 5 | NO |
| 8 | 女 | 156 | 50 | AB | NO | 普通 | 2 | NO |
| 9 | 女 | 158 | 58 | B | NO | 喜歡 | 4 | NO |
| 10 | 女 | 164 | 55 | O | NO | 普通 | 3 | YES |
| 11 | 女 | 160 | 50 | A | NO | 喜歡 | 2 | YES |
| 12 | 女 | 162 | 57 | O | YES | 喜歡 | 3 | YES |
| 13 | 女 | 167 | 59 | O | NO | 普通 | 3 | NO |
| 14 | 男 | 177 | 63 | O | NO | 普通 | 3 | YES |
| 15 | 男 | 168 | 50 | O | NO | 普通 | 3 | NO |
| 16 | 男 | 167 | 60 | A | NO | 普通 | 3 | YES |
| 17 | 男 | 175 | 68 | O | NO | 普通 | 3 | NO |
| 18 | 男 | 171 | 60 | A | NO | 喜歡 | 3 | NO |
| 19 | 女 | 163 | 60 | B | NO | 普通 | 4 | NO |
| 20 | 女 | 162 | 53 | O | NO | 普通 | 3 | YES |
| 21 | 男 | 177 | 63 | B | NO | 普通 | 4 | NO |
| 22 | 男 | 176 | 63 | O | YES | 普通 | 3 | NO |
| 23 | 男 | 175 | 62 | A | NO | 普通 | 3 | YES |
| 24 | 男 | 172 | 54 | A | YES | 喜歡 | 3 | YES |
| 25 | 男 | 176 | 53 | O | NO | 普通 | 2 | NO |
| 26 | 男 | 171 | 89 | A | YES | 普通 | 2 | YES |
| 27 | 男 | 171 | 62 | O | YES | 普通 | 2 | YES |
| 28 | 女 | 165 | 57 | O | NO | 喜歡 | 2 | NO |
| 29 | 女 | 156 | 43 | B | NO | 普通 | 2 | NO |
| 30 | 女 | 164 | 54 | A | NO | 喜歡 | 4 | NO |
| 31 | 男 | 168 | 52 | O | YES | 普通 | 2 | NO |
| 32 | 女 | 160 | 47 | AB | NO | 普通 | 3 | NO |
| 33 | 女 | 154 | 47 | O | NO | 普通 | 3 | NO |
| 34 | 女 | 157 | 58 | O | NO | 普通 | 4 | NO |
| 35 | 女 | 167 | 54 | O | NO | 普通 | 3 | NO |
| 36 | 女 | 167 | 49 | B | NO | 喜歡 | 4 | NO |
| 37 | 男 | 177 | 60 | B | NO | 普通 | 2 | NO |
| 38 | 男 | 176 | 73 | B | NO | 普通 | 3 | NO |
| 39 | 女 | 162 | 48 | B | NO | 喜歡 | 3 | NO |
| 40 | 女 | 155 | 48 | O | NO | 普通 | 5 | NO |
| 41 | 女 | 151 | 47 | B | NO | 喜歡 | 3 | NO |
| 42 | 女 | 152 | 48 | B | NO | 普通 | 3 | NO |
| 43 | 男 | 160 | 52 | O | NO | 普通 | 4 | NO |
| 44 | 男 | 183 | 70 | A | NO | 普通 | 2 | NO |
| 45 | 女 | 163 | 52 | B | NO | 普通 | 6 | YES |
| 46 | 女 | 157 | 48 | A | NO | 普通 | 3 | YES |

表 3.2 大四時再次調查的資料

| ID | 性別 | 身高 | 體重 | 血型 | 是否抽菸 | 喜歡公衛程度 | 家中子女數 | 有無男女朋友 |
|---|---|---|---|---|---|---|---|---|
| 1 | 男 | 178 | 83 | A | YES | 喜歡 | 3 | NO |
| 2 | 男 | 176 | 66 | A | NO | 普通 | 2 | NO |
| 3 | 男 | 172 | 55 | O | YES | 不喜歡 | 5 | YES |
| 4 | 女 | 163 | 48 | O | NO | 不喜歡 | 6 | YES |
| 5 | 女 | 159 | 53 | B | NO | 普通 | 2 | YES |
| 6 | 男 | 172 | 68 | AB | NO | 普通 | 2 | YES |
| 7 | 女 | 153 | 43 | B | NO | 喜歡 | 5 | YES |
| 8 | 女 | 156 | 50 | AB | NO | 普通 | 2 | YES |
| 9 | 女 | 159 | 52 | B | NO | 喜歡 | 4 | NO |
| 10 | 女 | 164 | 58 | O | NO | 喜歡 | 3 | YES |
| 11 | 女 | 160 | 44 | A | NO | 喜歡 | 2 | YES |
| 12 | 女 | 162 | 53 | O | YES | 不喜歡 | 3 | YES |
| 13 | 女 | 167 | 58 | O | NO | 普通 | 3 | NO |
| 14 | 男 | 177 | 68 | O | NO | 普通 | 3 | YES |
| 15 | 男 | 168 | 54 | O | NO | 喜歡 | 3 | YES |
| 16 | 男 | 168 | 65 | A | NO | 普通 | 3 | YES |
| 17 | 男 | 175 | 67 | O | NO | 普通 | 3 | YES |
| 18 | 男 | 171 | 63 | A | NO | 喜歡 | 3 | YES |
| 19 | 女 | 163 | 55 | B | NO | 普通 | 4 | YES |
| 20 | 女 | 162 | 50 | O | NO | 不喜歡 | 3 | YES |
| 21 | 男 | 176 | 67 | B | NO | 喜歡 | 4 | NO |
| 22 | 男 | 176 | 61 | O | YES | 普通 | 3 | YES |
| 23 | 男 | 175 | 65 | A | NO | 不喜歡 | 3 | YES |
| 24 | 男 | 171 | 55 | A | YES | 喜歡 | 3 | NO |
| 25 | 男 | 176 | 53 | O | NO | 普通 | 2 | NO |
| 26 | 男 | 172 | 96 | A | YES | 普通 | 2 | YES |
| 27 | 男 | 172 | 60 | O | YES | 不喜歡 | 2 | YES |
| 28 | 女 | 165 | 57 | O | NO | 喜歡 | 2 | YES |
| 29 | 女 | 157 | 46 | B | NO | 普通 | 2 | YES |
| 30 | 女 | 165 | 52 | A | NO | 喜歡 | 4 | YES |
| 31 | 男 | 169 | 54 | O | YES | 喜歡 | 2 | YES |
| 32 | 女 | 162 | 47 | AB | NO | 普通 | 3 | NO |
| 33 | 女 | 154 | 47 | O | NO | 普通 | 3 | NO |
| 34 | 女 | 157 | 59 | O | NO | 普通 | 4 | NO |
| 35 | 女 | 168 | 50 | O | NO | 普通 | 3 | YES |
| 36 | 女 | 167 | 51 | B | NO | 普通 | 4 | NO |
| 37 | 男 | 177 | 68 | B | NO | 喜歡 | 2 | YES |
| 38 | 男 | 176 | 78 | B | NO | 普通 | 3 | YES |
| 39 | 女 | 162 | 47 | B | NO | 喜歡 | 3 | YES |
| 40 | 女 | 155 | 47 | O | NO | 普通 | 5 | NO |
| 41 | 女 | 152 | 45 | B | NO | 喜歡 | 3 | NO |
| 42 | 女 | 152 | 48 | B | NO | 普通 | 3 | NO |
| 43 | 男 | 160 | 58 | O | NO | 普通 | 4 | YES |
| 44 | 男 | 184 | 73 | A | NO | 普通 | 2 | YES |
| 45 | 女 | 163 | 52 | B | NO | 普通 | 6 | YES |
| 46 | 女 | 157 | 48 | A | NO | 普通 | 3 | YES |

⑴計算全距

　　全距(range)為資料中最大值減去最小值，以 R 代表。

⑵決定組數

　　組數的決定雖然沒有一個絕對的標準，但不宜太多，因為如果組數太多，各組的範圍就太小，可能就無法整理或摘要出重要的訊息來。組數太少亦不適當，因為如果組數太少，各組的範圍就太大，可能造成一些訊息的遺失。一般建議不要少於 5 組，也不要大於 20 組。這裡，我們提供 Sturges 公式做為決定組數的參考，公式為：$k = 1 + 3.322(\log_{10}n)$。n 為資料中觀測值的總個數，k 則為所分成的組數。事實上，所求得的組數只做參考，可針對實際情況，加以增減調整。

⑶決定組寬

　　組寬(class width)可以全距除以組數來決定，若以 w 代表組寬，則 $w = \dfrac{R}{k}$。一般而言，組寬採整數為原則，可考慮 5 或 10 的倍數，各組寬也以相等為宜。

⑷決定各組的上下限

　　每組範圍的界限稱為組限(class limit)，所以每組中較小的組限，稱為下限(lower limit)，較大的組限，則稱為上限(upper limit)，上、下限的平均數則稱為組中點(class mid-point)。由於各組的範圍是由小而大，所以，第一組的下限應該等於或小於資料中的最小值，而最後一組的上限則應該等於或大於資料中的最大值。這將使得第一組會包含資料中的最小值，而最後一組則會包含資料中的最大值。

⑸計算次數

　　計算資料中屬於每一組的觀測值個數，這數目也就是組次數(class frequency)。

【Q3】　利用表 3.1 中的身高變數，製作次數分布表。

【Ans】　該班 46 位同學中身高最高者為 183 公分，最矮者

為 151 公分，所以全距 R 為 183 − 151 = 32，利用 Sturges 公式計算如下：

$$k = 1 + 3.322 \log_{10} 46 = 6.52 \approx 7$$

因此我們考慮分成 7 組，而組寬為：

$$w = \frac{32}{7} = 4.57 \approx 5$$

我們決定以 5 為組寬，而資料中最小值為 151，最大值為 183，因此各組的範圍決定如下：

150-154,　155-159,　160-164,　165-169,　170-174, 175-179,　180-184

由於測量儀器的準確度，資料可能四捨五入到整數位，因此落於 155-159 這組的值，可能稍小於 155 或稍大於 159，所以可考慮以 154.5 和 159.5 為真實組限(true class limit)或組界(class boundary)，154.5 及 159.5 分別是 155-159 這組的下組界(lower class boundary)及上組界(upper class boundary)。則次數分布表為：

| 組限 | 組界 | 組中點 | 次數 |
|:---:|:---:|:---:|:---:|
| 150-154 | 149.5-154.5 | 152 | 4 |
| 155-159 | 154.5-159.5 | 157 | 7 |
| 160-164 | 159.5-164.5 | 162 | 11 |
| 165-169 | 164.5-169.5 | 167 | 7 |
| 170-174 | 169.5-174.5 | 172 | 6 |
| 175-179 | 174.5-179.5 | 177 | 10 |
| 180-184 | 179.5-184.5 | 182 | 1 |
| | | | 46 |

　　有時我們想要知道落於各組的觀測值個數占總觀測值個數的比例時，則可計算各組的相對次數(relative frequency)如下：

$$相對次數 = \frac{組次數}{總觀測值個數}$$

除此之外，如果我們想要知道觀測值小於或等於某一數值的個數有多少時，則我們可計算累積次數(cumulative frequency)，也就是觀測值小於或等於每組上限的次數，若再除以總觀測值個數，則為累積相對次數(cumulative relative frequency)。

【Q4】 利用 Q3，分別計算相對次數、累積次數和累積相對次數。

【Ans】 利用前例的次數分布表，我們很容易求得相對次數，累積次數以及累積相對次數如下：

| 組限 | 次數 | 相對次數 | 累積次數 | 累積相對次數 |
|------|------|----------|----------|--------------|
| 150-154 | 4 | 0.09 | 4 | 0.09 |
| 155-159 | 7 | 0.15 | 11 | 0.24 |
| 160-164 | 11 | 0.24 | 22 | 0.48 |
| 165-169 | 7 | 0.15 | 29 | 0.63 |
| 170-174 | 6 | 0.13 | 35 | 0.76 |
| 175-179 | 10 | 0.22 | 45 | 0.98 |
| 180-184 | 1 | 0.02 | 46 | 1.00 |
|  | 46 | 1.00 |  |  |

## 三、圖

另外可用來整理及呈現資料的方法就是利用圖形(graph)。將資料以圖形來呈現，可以將資料的分布型態以極簡潔、生動的方式傳達給我們，讓我們對資料更加了解。

### 1. 長條圖

長條圖(bar chart)可用來呈現類別或序位變數的次數分布，其橫軸列出變數的可能結果，縱軸則以長條的高度代表屬於某結果的次數或相對次數，各長條在橫軸上等寬且彼此間互相分開。如圖 3.1 為某校公衛系大一學生血型資料的長條圖，而圖 3.2 則為台灣地區 84 年度各月份因溺水致死人數

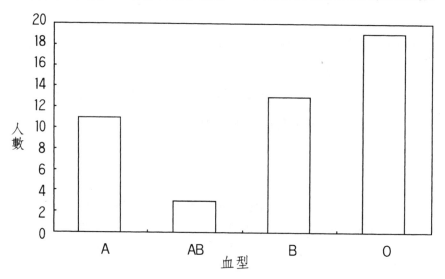

圖 3.1　某校公衛系大一學生血型資料的長條圖

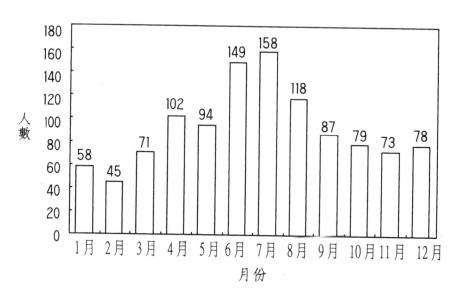

圖 3.2　台灣地區 84 年度各月份因溺水致死人數的長條圖

之長條圖。圖 3.1 中的血型爲類別變數，圖 3.2 中的月份則爲序位變數。

## 2.直方圖

　　直方圖(histogram)主要用於等距或等比變數，把變數可能出現的數值範圍分成幾組，各組寬度一般都相同，在橫軸上標示出各組的眞實組限，並以各組上的長條面積分別代表落在各組的次數，當各組的寬度相等時，長條的高度及面積均可用來代表落在各組的次數。在直方圖中各長條應互相連接，不可有空隙，除非落在某組的次數爲 0。如果我們以相對次數取代次數，則稱爲相對次數直方圖(relative frequency histogram)。圖 3.3 爲某校公衛系大一學生身高資料的直方圖。

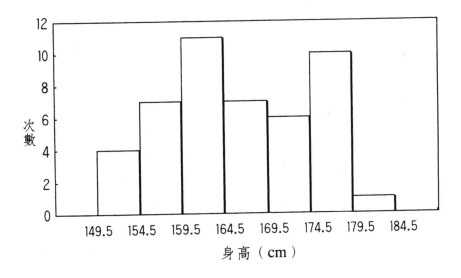

圖 3.3　某校公衛系大一學生身高資料的直方圖

## 3.次數多邊圖

　　次數多邊圖(frequency polygon)的繪製是先將直方圖中各組的中點相連。由於次數多邊圖是一個封閉圖，所以在第一組的左邊及最後一組的右邊，各額外多取一組，其次數爲

0，原連線再連接到兩個額外增加的組中點，而構成一個封閉的多邊圖。同樣的，如果我們以相對次數取代次數，則稱為相對次數多邊圖(relative frequency polygon)。圖 3.4 為某校公衛系大一學生身高資料的次數多邊圖。

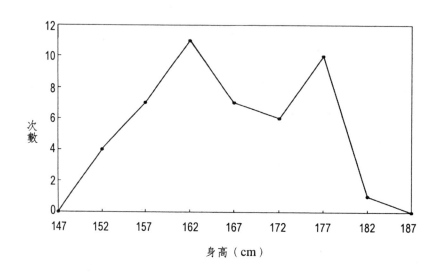

圖 3.4　某校公衛系大一學生身高資料的次數多邊圖

## 4.累積次數多邊圖

累積次數多邊圖(cumulative frequency polygon)又可稱為肩圖(ogive)，可用來表示低於某一組真實上組限的次數，對每一組的真實上組限，以高度代表此組的累積次數，然後將各真實上組限相連，而此多邊圖的起點，又由第一組之前一組的真實上組限開始，其次數為 0，如以累積相對次數取代累積次數，則稱為累積相對次數多邊圖或相對次數肩圖(relative frequency ogive)。圖 3.5 為某校公衛系大一學生身高資料的相對次數肩圖。

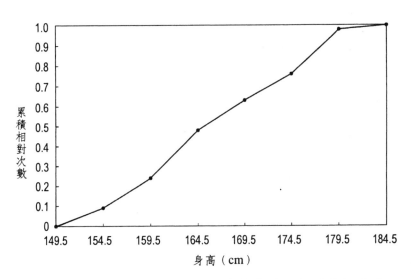

圖 3.5　某校公衛系大一學生身高資料的相對次數肩圖

## 5.線圖

線圖(line graph)主要用來顯示某變數隨時間的變動情況，橫軸是時間變數，縱軸則是某變數的值。圖 3.6 為台灣地區歷年來因溺水致死人數的線圖，圖中分別顯示出男性與女性從民國 75 年到民國 84 年因溺水致死人數的趨勢。

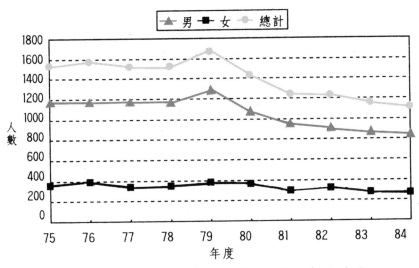

圖 3.6　台灣地區歷年來因溺水致死人數的線圖

## 6.散布圖

　　散布圖(scatter plot)主要用來判斷兩個變數間的關係。如圖3.7為某校公衛系大一46位學生身高與體重的散布圖,由圖中我們可發現身高與體重似乎有著相同的趨勢,也就是說,一般而言,身高越高則體重也較重。

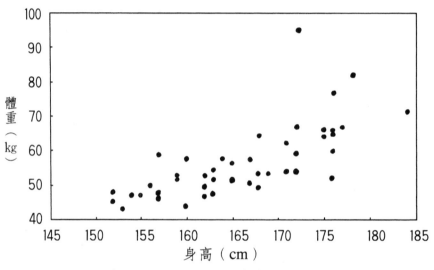

圖 3.7　某校公衛系大一學生身高與體重之散布圖

## 7.莖葉圖

　　莖葉圖(stem-and-leaf plot)是一種類似於直方圖的圖形,但其保留著每個觀測值,並且每個觀測值分別構成圖形中的莖(stem)及葉(leaf)兩部分。例如圖 3.8(a)為某校公衛系大一46位學生身高資料的莖葉圖,位於圖形最左邊的兩行分別是每一個身高觀測值的百位及十位數字,構成莖的部分,並且由小到大垂直而下,莖的右邊有一條直線,而每一個身高觀測值的個位數字則構成了葉的部分,例如全班最矮的4位同學身高分別是 151、152、152 及 154 公分。在莖葉圖中莖可以是任何位數,但葉只能是一位數。此莖葉圖中葉的部分可分為兩組,第一組由 0 到 4,第二組由 5 到 9,而得到一個比較分散的莖葉圖,如圖 3.8(b)。莖葉圖並不適用於觀測值

數目太多的資料，因為葉的數目會過於龐大，從莖葉圖中我們可以看到身高最矮的是 151 公分，最高的則是 183 公分，並且從圖 3.8(b)中，我們可以發覺這身高資料有兩個高峰，因為一個是男同學，另一個則是女同學的分布混合在一起。圖 3.8(c)及(d)則分別是男、女同學的身高莖葉圖。

(a)

| 15 | 1 2 2 4 5 6 6 7 7 8 9 |
|----|----|
| 16 | 0 0 0 2 2 2 2 3 3 4 4 5 7 7 7 7 8 8 |
| 17 | 1 1 1 2 2 2 5 6 6 6 6 6 7 7 7 8 |
| 18 | 3 |

(b)

| 15 | 1 2 2 4 |
|----|----|
| 15 | 5 6 6 7 7 8 9 |
| 16 | 0 0 0 2 2 2 2 3 3 4 4 |
| 16 | 5 7 7 7 7 8 8 |
| 17 | 1 1 1 2 2 2 |
| 17 | 5 6 6 6 6 6 7 7 7 8 |
| 18 | 3 |

(c)

| 16 | 0 |
|----|----|
| 16 | 7 8 8 |
| 17 | 1 1 1 2 2 2 |
| 17 | 5 6 6 6 6 6 7 7 7 8 |
| 18 | 3 |

(d)

| 15 | 1 2 2 4 |
|----|----|
| 15 | 5 6 6 7 7 8 9 |
| 16 | 0 0 2 2 2 2 3 3 4 4 |
| 16 | 5 7 7 7 |

圖 3.8　某校公衛系大一 46 位學生身高資料的莖葉圖

## 8.盒子圖

　　圖 3.9 爲某校公衛系大一 46 位學生男女體重的盒子圖 (box plot)，盒子兩端分別標示資料的第 25 百分位數及第 75 百分位數，盒子中央則標示第 50 百分位數（中位數），「＋」爲資料的平均數，而內四分位全距爲第 75 百分位數減去第 25 百分位數，盒子兩端延長出去的線，分別由第 25 百分位數延伸到資料中未超出內四分位全距 1.5 倍的最小觀測值及由第 75 百分位數延伸到資料中未超出內四分位全距 1.5 倍的最大觀測值，兩個觀測值稱爲毗鄰值(adjacent value)，最後再標示超出的觀測值，這些觀測值稱爲極端值(outlier)，藉著盒子圖很容易對資料的分散情況有所了解，如比較男女體重的分散情況，男同學的平均體重爲 63.38 公斤，中位數則爲 62 公斤，第 25 百分位數爲及第 75 百分位數分別是 55 公斤及 65 公斤，兩個毗鄰值則爲 50 公斤及 73 公斤，另外有兩個極端值以圓點標出分別是 89 公斤及 93 公斤（參考本章習題 5 解答），女同學的平均體重則爲 51.48 公斤，中位數爲 50 公斤，第 25 百分位數及第 75 百分位數分別是 48 公斤及 55 公斤，兩個毗鄰值則爲 43 公斤及 60 公斤，並無極端值，至於平均值，中位數及百分位數的觀念將留待第四章介紹。

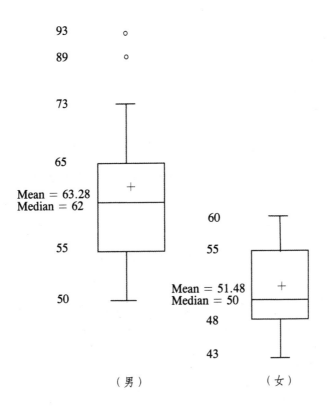

圖 3.9　某校公衛系大一學生男女體重資料的盒子圖

## 🦅習題

1. 試以某校公衛系大一 46 位同學的體重資料，依照步驟製作次數分布表：
   (1)計算全距。
   (2)決定組數。
   (3)決定組寬。
   (4)決定各組的組限及組界。
   (5)計算次數、相對次數、累積次數及累積相對次數。

2. 利用上題結果分別製作體重資料的次數直方圖及相對次數直方圖。

3. 在相同的組數及組寬下，改變第一組的上組限，重製次數直方圖，並與第 2 題的次數直方圖比較，有何發現，是否相似？

4. 利用不同的組數且組寬改變下，重製次數直方圖，與第 2 題的次數直方圖比較，有何發現，是否相似？

5. 製作 46 位同學體重的莖葉圖，並分別製作男、女同學體重的莖葉圖，有何發現？請討論。

# 第4章

## 資料集中趨勢及變異性的測度

對於我們所蒐集到的資料經整理之後，除可使用圖或表的方式來加以呈現之外，我們也可以藉由這些資料獲得一些測度來說明資料的中間值或是大部分觀測值的聚集所在，也就是藉以描述資料的集中趨勢(central tendency)。以下將先介紹常被用來描述資料集中趨勢的測度(measures of central tendency)，包括：算術平均數、中位數、眾數、加權平均數及幾何平均數；然後再介紹資料的分散性測度。

# 一、集中趨勢的測度

## 1.算術平均數

　　算術平均數(arithmetic mean)又簡稱為「平均數」(mean)或「平均」(average)，即一個變數所觀測到的數值總和除以觀測值的個數。如果是由樣本計算而得的平均數，稱為樣本平均數(sample mean)，以符號 $\bar{x}$ （讀成 x bar）代表。因為是由樣本資料計算而得，所以是樣本的一個統計量。我們通常以大寫英文字母代表所欲探討的變數，例如 X、Y、Z 等。當 $x_i$ 表示 i 是 1 到 n 中的任何一個觀測值時，則樣本平均數可以表示如下：

$$\bar{x} = \frac{1}{n}\sum_{i=1}^{n}x_i$$

這裡 n 是樣本大小(sample size)，希臘字母 $\Sigma$(讀成 sigma)為連加符號，請讀者參考附錄一。

【Q1】　考慮 10 位同學的收縮壓資料，這裡如以 X 代表收縮壓變數，另外分別以 $x_1$、$x_2$、…、$x_{10}$ 代表這 10 位同學的收縮壓數值。當 $x_1 = 120$ ， $x_2 = 118$ ，

$x_3 = 140$，$x_4 = 120$，$x_5 = 136$，$x_6 = 128$，
$x_7 = 112$，$x_8 = 120$，$x_9 = 123$，$x_{10} = 115$（單 位：mmHg，毫米汞柱），求收縮壓的算術平均數。

【Ans】 $\bar{x} = (\dfrac{1}{10})\sum\limits_{i=1}^{10} x_i$

$= (\dfrac{1}{10})(120 + 118 + 140 + 120 + 136 +$

$128 + 112 + 120 + 123 + 115)$

$= 123.2 \text{(mmHg)}$

假如我們的資料是有關於整個母群體時，則以希臘符號 μ（讀成 mu）代表母群體平均數(population mean)，定義成：

$$\mu = \dfrac{1}{N}\sum\limits_{i=1}^{N} x_i$$

這裡 N 是母群體大小(population size)，對於這個母群體的參數 μ，我們可以 $\bar{x}$ 來估計它。一般而言，平均數適用於以等距及等比尺度量測的資料。

當在計算平均數時，如果其中有一個觀測值其數值大小與其餘觀測值的數值差距很大時，則平均數會受到此極端值的嚴重影響。

【Q2】 在上述學生收縮壓資料中，如果其中有一個學生的收縮壓是 136 mmHg，但卻誤寫成 236 mmHg，重新計算平均數，並與先前所求得的平均數相比較。

【Ans】 $\bar{x} = (\dfrac{1}{10})(120 + 118 + 140 + 120 + 236 + 128 +$

$112 + 120 + 123 + 115)$

$= 133.2 \text{(mmHg)}$

此值較原平均數大 10

由此例可知，平均數極易受到不尋常值(unusual value)的

影響。下面將介紹一個對不尋常值比較不敏感的集中趨勢測度。

## 2.中位數

當我們把所蒐集的資料，依照數值的大小，由小到大排序後的中間值，即為中位數(median)，對一個樣本大小為 n 的樣本，會有 $\frac{n}{2}$ 個觀測值小於或等於中位數，也會有 $\frac{n}{2}$ 個觀測值大於或等於中位數。因此：

(1)當 n 為奇數(odd)時，其中位數就是經由小到大排序後的資料中位於第 $\frac{n+1}{2}$ 位置的那個數值。

(2)當 n 為偶數(even)時，中位數則為位於第 $\frac{n}{2}$ 位置與第 $(\frac{n}{2}+1)$ 位置的數值平均。

中位數除了類別尺度資料不適用外，其餘尺度資料均可採用。

【Q3】　試以前面所提 10 位同學的收縮壓資料，求中位數，同時計算誤把收縮壓 136 mmHg 寫成 236 mmHg 的資料之中位數，並比較此二中位數。

【Ans】　前述 10 位同學的收縮壓資料，經由小到大排序後如下：

112、115、118、120、120、120、123、128、136、140

因為我們現有偶數個觀測值，其中位數為位於第 $\frac{10}{2} = 5$ 位置及第 $5 + 1 = 6$ 位置的數值平均，也就是 $\frac{120+120}{2} = 120$(mmHg)

當我們計算前述誤把收縮壓 136 mmHg 寫成

　　　　236 mmHg 的資料時，經由小到大排序後，為 112、
　　　　115、118、120、120、120、123、128、140、
　　　　236，其中位數仍為 120 mmHg，所以誤把 136 寫成
　　　　236，對平均數的影響很大，但中位數卻完全不受
　　　　影響。

### 3.眾數

　　眾數(mode)就是資料當中出現次數最多的那個數值。以
10 位同學的收縮壓資料為例，其中有 3 位同學的收縮壓均為
120 mmHg，其餘 7 位同學的收縮壓均不相同，此資料的眾數
為 120 mmHg。又由於此資料的分布只有一個高峰（眾數），
所以我們稱為單峰分布(unimodel distribution)。眾數適用於任
何尺度資料。

### 4.加權平均數

　　假如我們所蒐集到資料中各觀測值的重要性不相同，而
分別給予相對於其重要性的權數(weight)後，可計算加權平
均數(weighted mean)如下：

$$\bar{x}_w = \frac{\sum\limits_{i=1}^{n} w_i x_i}{\sum\limits_{i=1}^{n} w_i} \quad , \quad w_i \text{ 代表給予的權數}$$

【Q4】　計算某學生的學期總成績，其平時考成績為 80 分，
　　　　期中考成績 90 分及期末考成績 70 分，權數分別是
　　　　2、3、5，試求其學期平均成績。

【Ans】　其學期平均成績為：

$$\bar{x}_w = \frac{\sum\limits_{i=1}^{3} w_i x_i}{\sum\limits_{i=1}^{3} w_i}$$

$$= \frac{2 \times 80 + 3 \times 90 + 5 \times 70}{10} = 78 （分）$$

【Q5】　考慮前述10位學生收縮壓資料的次數分布表如下，試求其加權平均數。

| 收縮壓 | 次數 |
|:---:|:---:|
| 112 | 1 |
| 115 | 1 |
| 118 | 1 |
| 120 | 3 |
| 123 | 1 |
| 128 | 1 |
| 136 | 1 |
| 140 | 1 |

【Ans】　$\bar{x}_w = (\frac{1}{10})(1 \times 112 + 1 \times 115 + 1 \times 118 + 3 \times$

$\quad 120 + 1 \times 123 + 1 \times 128 + 1 \times 136 + 1 \times 140)$

$\quad = 123.2(\text{mmHg})$

$\quad = \bar{x}$

所以算術平均數可以視爲以次數爲其權數，而得到的加權平均數。

## 5.幾何平均數

樣本中，n 個觀測值的連乘積開 n 次方根，稱爲樣本幾何平均數(geometric mean)，寫成下式：

$$\bar{x}_g = \sqrt[n]{x_1 x_2 \cdots x_n}$$

　　凡觀測值的大小差距很大，或觀測值的變化成比例增加時，可考慮利用幾何平均數來描述資料。例如當觀察細菌生長時，在某些區域中數目只有數百或數千，但某些區域卻可高達百萬甚至千萬，並且，細菌的增長往往和前時期的細菌數目成比例，因此適用幾何平均數。除此之外，幾何平均數亦可用於人口統計學及生物族群增長的資料。幾何平均數的定義事實上和算術平均數類似，因爲我們將所有觀測值取對數之後的平均數，會等於幾何平均數取對數，也就是：

$$\log \bar{x}_g = \frac{1}{n} \sum_{i=1}^{n} \log x_i$$

只要在等號兩端同時取反對數(antilog)之後，就可得到幾何平均數。

【Q6】 如在四個不同區域所發現細菌的數目分別是 100、1000、10000、100000，試求幾何平均數，並與算術平均數比較。

【Ans】 因爲 100、1000、10000、100000 在取對數後分別爲 2、3、4、5，平均數爲 3.5，所以幾何平均數等於 3162.28，也就是 3.5 取反對數，即

$$\log \bar{x}_g = \frac{1}{4}(2 + 3 + 4 + 5) = 3.5$$

因此，$\bar{x}_g = $ antilog(3.5) $= 3162.28$

而算術平均數

$$\bar{x} = \frac{1}{4}(100 + 1000 + 10000 + 100000) = 27775,$$

我們發現此算術平均數遠大於幾何平均數，並且此算術平均數大於 4 個觀測值中的 3 個。

## 二、變異性的測度

　　上節中所介紹的一些測度，雖然可以讓我們知道所蒐集
到資料的集中趨勢，但卻無法告訴我們這資料中的數值是否
都非常接近，或是大小間差距很大？例如有兩籃球隊上場球
員的身高資料如下：甲隊：156、164、180、180、220（公
分），乙隊：179、180、180、180、181（公分），這兩隊
上場球員身高的平均數、中位數及眾數都為 180 公分，但很
顯然的這兩隊上場球員身高的變異情形或是遠離平均數的程
度卻不相同，因此以下將介紹描述資料變異性的測度(measures of variability)，或稱為分散性的測度(measures of dispersion)，包括全距、內四分位全距、變異數、標準差及變異係
數。

### 1.全距

　　全距(range)是所有觀測值中最大值與最小值的差，例如
甲隊上場球員身高的全距是 220 − 156 = 64（公分），而乙
隊則為 181 − 179 = 2（公分）。全距具有易於計算的優點，
但在描述資料的分散性上，不論觀測值數目的多寡，全距只
使用了兩個觀測值（最大及最小），而忽略了其他觀測值的
訊息，另外全距還有一個缺點，就是當觀測值數目增加時，
全距只會增加或不變，不可能變小。

### 2.內四分位全距

　　內四分位全距(interquartile range)為第 75 百分位數(the 75th
percentile)和第 25 百分位數(the 25th percentile)的差，內四分
位全距描述位於中間 50 ％的觀測值的分散情況。這裡先解釋
百分位數的意義，例如婦產科醫生藉超音波檢查以預測台灣
地區男新生兒的體重時，當懷孕週數為 39 週時，男新生兒

出生標準體重的第 25 百分位數為 3,050 克，指的是有 25 ％的男新生兒的出生標準體重低於或等於 3,050 克；又如男新生兒出生標準體重的第 75 百分位數為 3,550 克，表示有 75％的男新生兒的出生標準體重低於或等於 3,550 克；另外，懷孕週數為 39 週的男新生兒出生標準體重的第 10 百分位數及第 90 百分位數，分別是 2,819 克和 3,775 克，而第 50 百分位數則為 3,297 克，此值事實上即為中位數；而內四分位全距為 3550 － 3050 ＝ 500（克）。藉著同時考慮以上五個百分位數，即第 10、第 25、第 50、第 75 和第 90，則可很容易的知道資料的集中與分散趨勢。

### 3.變異數和標準差

變異數(variance)與標準差(standard deviation)為利用所有觀測值計算資料變異性的測度。主要在測量資料中各觀測值與平均數的分散程度。母群體變異數以 $\sigma^2$ 代表，對於一個有 N 個觀測值的母群體，定義：

$$\sigma^2 = \frac{\sum_{i=1}^{N}(x_i - \mu)^2}{N}$$

這裡μ為母群體平均數。對於一個有 n 個觀測值的樣本，樣本變異數以 $s^2$ 代表，被定義為：

$$s^2 = \frac{\sum_{i=1}^{n}(x_i - \overline{x})^2}{n - 1}$$

$\overline{x}$ 為樣本平均數，變異數計算公式中的分子部分，我們稱之為平方和(sum of squares)，是將每一個觀測值與平均數的差予以平方後，再求總和。而樣本變異數計算公式中的分母部分是 n － 1 而不是 n 的原因，是因為如果以 n 取代 n － 1 會造成當以樣本變異數來估計母群體變異數時，會發生低估(underestimate)的現象，這裡的 n － 1 稱為自由度(degrees of freedom)，主要代表當有參數要估計時，如以 $\overline{x}$ 估計μ，當

求得樣本平均數之後，將只有 n － 1 個觀測值可以自由變動了。例如，樣本中有三個觀測值，如樣本平均數為 10，其中兩個觀測值是 7 與 12 時，那麼第三個觀測值就一定要是 3 × 10 － 7 － 12 ＝ 11 了。所以當樣本大小是 3(＝ n)時，只有 2 (＝ n － 1)個觀測值能夠自由變動。在變異數的計算中，有兩個重要的性質應該記住，那就是：

　　各觀測值同時加減一個常數 c 時，其變異數不改變，及各觀測值同時乘上一個常數 c 時，則新變異數等於原變異數乘上 $c^2$。

　　由變異數的計算公式可知，變異數的單位是原觀測值單位的平方。如原觀測值的單位是公分，則變異數的單位為平方公分。因此，常將變異數開平方後的值，來描述資料的變異性，此值稱為「標準差」，通常以 σ 來代表母群體的標準差，而以 s 代表樣本的標準差。

【Q7】　以甲乙兩籃球隊員身高資料，分別計算變異數及標準差。

【Ans】　甲隊身高分別是 156、164、180、180、220（公分），乙隊身高則分別是 179、180、180、180、181（公分），甲隊身高平均數為 180 公分，樣本變異數 $s^2$（甲隊）為：

$$s^2（甲隊）=\frac{1}{(5-1)}\sum_{i=1}^{5}(x_i-180)^2$$

$$=(\frac{1}{4})[(-24)^2+(-16)^2+(0)^2+(0)^2+(40)^2]$$

$$= 608（平方公分）$$

乙隊身高平均數亦為 180 公分，樣本變異數 $s^2$（乙隊）則為：

$$s^2（乙隊）=\frac{1}{(5-1)}\sum_{i=1}^{5}(y_i-180)^2$$

$$=(\frac{1}{4})〔(-1)^2+(0)^2+(0)^2+(0)^2+(1)^2〕$$

$$= 0.5（平方公分）$$

甲乙兩隊球員身高的標準差則分別是：

s（甲隊）$=\sqrt{s^2}=\sqrt{608}=24.66$（公分）

s（乙隊）$=\sqrt{s^2}=\sqrt{0.5}=0.71$（公分）

由此可知，甲乙兩球隊隊員的身高雖然具有相同的平均數、中位數和眾數，但甲隊球員身高的標準差卻遠大於乙隊球員的標準差，也就是說甲隊球員身高的變異性較大。


## 4.變異係數

當要比較測量單位不同的兩組資料的變異性時，可考慮使用變異係數(coefficient of variation, CV)，其公式為：

$$\frac{\sigma}{\mu}\times 100\%$$ 　　　　　　（母群體變異係數）

$$\frac{s}{x}\times 100\%$$ 　　　　　　　（樣本變異係數）

變異係數主要測量的是一個相對變異性，不再具有測量單位，因此可以避免因測量單位不同時，無法相互比較其變異性大小的問題。另外，變異係數也可用來判斷是否資料的變異性太大，使得以平均數來描述資料的集中趨勢不再有效。

【Q8】　試計算 Q7 中，甲、乙兩隊的變異係數。

【Ans】　甲隊 $\frac{24.66}{180}\times 100\% = 13.7\%$

　　　　乙隊 $\frac{0.71}{180}\times 100\% = 0.39\%$

## ⌒習題

1. 計算某校公衛系大一 46 位同學體重樣本的算術平均數、中位數、眾數、變異數、標準差及變異係數。

2. 上題中，分別就男、女同學分開計算上述統計量。

3. 若從甲、乙兩籃球隊中分別抽出五位球員，測量其身高資料（公分）如下：

   甲隊：156、164、180、180、220

   乙隊：179、180、180、180、181

   (1)試分別求這兩隊所抽出五位球員身高的幾何平均數。

   (2)如測量單位改爲英呎（1 英呎＝ 30 公分），試分別求甲、乙兩隊五位球員身高的變異數、標準差及變異係數，並與內文 Q7 和 Q8 之結果比較。

4. 若 4、9、3、6、4、7 的變異數爲 5.1，試分別求下列兩資料的變異數：

   (1) 12、27、9、18、12、21

   (2) 9、14、8、11、9、12

5. 某班生物統計學小考，20 位同學的樣本，其成績如下：

| 考試成績 | 學生人數 |
|---|---|
| 58 | 2 |
| 85 | 5 |
| 87 | 3 |
| 90 | 2 |
| 95 | 5 |
| 96 | 2 |
| 98 | 1 |

   計算此班同學成績的平均數及標準差。

6. 上題中，全班同學各加 2 分後的成績平均數及標準差爲

何？

7. 計算樣本變異數時為什麼分母是 $n-1$，而不是 $n$？

8. 試問何謂第 25 百分位數及第 75 百分位數？

# 第 5 章

## 機率理論

在前面的章節中，我們曾經利用一些敘述統計量來描述資料的特性，除了描述所蒐集到的樣本資料外，我們更希望由樣本資料中所得到的訊息，對此樣本所來自的母群體做推論，而這統計推論的基礎就建立在以下所要介紹的機率理論。

## 一、實驗及事件

在機率學中，實驗泛指任何資料蒐集過程，例如：我們可藉實驗來獲得以下資料：

- 擲一個骰子可能出現的點數。
- 服用威而剛(VIAGRA)後是否出現副作用。
- 70 歲以上老人參加健檢，所測得的膽固醇值。
- 台灣地區因意外事故死亡的原因順序。

一個實驗包含了許多在相同的條件下互相獨立的試行(trial)或稱為重複，例如每擲一次骰子就是一次試行。其結果(outcome)則為 1、2、3、4、5、6 中任一點數。而樣本空間(sample space)，以 S 代表，是一個實驗所有可能結果所形成的集合，每一個可能的結果則稱為樣本點(sample point)。例如觀察擲一個骰子正面所出現點數的實驗，其樣本空間為 S = { 1, 2, 3, 4, 5, 6 }。而事件(event)是一個實驗的結果或可能的結果，例如在擲骰子的實驗中，我們可考慮「出現的點數為奇數」或「出現的點數為偶數」的事件外，也可以單單考慮「出現的點數為 1 點」的事件，因此事件也就是樣本空間的部分集合。事件為定義機率的基本要素，一般以大寫英文字母代表。如 A、B、C…。例如，考慮某縣 14,100 名 70 歲以上老人參加健檢時，其膽固醇的測量值及性別資料如下：

表 5.1 某縣 70 歲以上老人參加健檢所測得的膽固醇值及性別分布

| 膽固醇測量值 (mg/100ml) | 性 別 | | 總 計 |
| --- | --- | --- | --- |
| | 女 | 男 | |
| 小於 110 | 61 | 65 | 126 |
| 110 至 220 | 4689 | 4719 | 9408 |
| 大於 220 | 2850 | 1716 | 4566 |
| 總 計 | 7600 | 6500 | 14100 |

因此，如果我們觀察性別，那麼樣本空間為 $S_1$ ＝ ｛女，男｝；如果考慮膽固醇測量值，則樣本空間為 $S_2$ ＝ ｛膽固醇測量值小於 110，膽固醇測量值在 110 至 220，膽固醇測量值大於 220｝。我們可以：

A：代表在 14,100 位 70 歲以上的受檢老人中性別為女的事件。

A'：則代表 14,100 位 70 歲以上的受檢老人中性別為男的事件。

$B_1$：代表在 14,100 位 70 歲以上的受檢老人中測得的膽固醇量低於 110 mg/100 ml 的事件。

$B_2$：代表在 14,100 位 70 歲以上的受檢老人中測得的膽固醇量在 110 到 220 mg/100 ml 間的事件。

$B_3$：代表在 14,100 位 70 歲以上的受檢老人中測得的膽固醇量高於 220 mg/100 ml 的事件。

## 二、事件的運算

事件既然是集合，那麼我們定義以下的運算：

### 1.兩事件的交集

上例中，事件 A 與事件 $B_3$ 的交集(intersection)，以符號

A∩B₃ 表示，定義成「A 且 B₃」，指的是 70 歲以上參加健檢的老人中其性別爲女性，並且測得膽固醇量高於 220 mg/100 ml 者所構成的事件，也就是 A 與 B₃ 同時發生的事件。

### 2.兩事件的聯集

在上例中，事件 A 與事件 B₃ 的聯集(union)，以符號 A∪B₃ 表示，定義成「A 或 B₃」，指的是受檢老人其性別是女性者，或是受檢老人所測得的膽固醇量高於 220 mg/100 ml 者，或是膽固醇測量值高於 220 mg/100 ml 的女性受檢老人，也就是 A 發生或 B₃發生或兩者皆發生的事件。

### 3.一事件的餘事件

上例中，事件 A 的餘事件(complement event)，以符號 A′ 表示，定義爲「非 A」，指的是 70 歲以上參加健檢的老人中，性別爲男性者所構成的事件，也就是 A 不發生的事件。

## 三、機率的定義

假如在相同的條件下，有一個實驗被重複 N 次，其中事件 E 總共出現 n 次，當 N 逐漸增大時，則 $\frac{n}{N}$ 會趨近一個定值，則事件 E 的機率可定義爲：

$$P(E) = \frac{n}{N}$$

也就是說，一個事件 E 的機率，是指在相同的條件下，重複實驗的次數逐漸變大時，則事件 E 的相對次數，即爲事件 E 的機率，其值介於 0 與 1 之間，即 $0 \leq P(E) \leq 1$。此種機率亦稱爲相對次數機率 (relative frequency probability)。

【Q1】 在老人健檢資料中，分別求事件 A 及事件 $B_3$ 的機率。

【Ans】 事件 A 的機率 P(A)指的是從 14,100 位年齡在 70 歲以上的受檢老人中，隨機找出一位老人，其性別是女性的機率，其值爲：

$$P(A) = \frac{7600}{14100} = 0.539$$

而事件 $B_3$ 的機率 $P(B_3)$，指的則是從 14,100 位年齡在 70 歲以上的受檢老人中，隨機找出一位老人，其測得的膽固醇量高於 220 mg/100 ml 的機率，其值爲：

$$P(B_3) = \frac{4566}{14100} = 0.324$$

【Q2】 試求 $P(A) + P(A')$ 及 $P(B_1) + P(B_2) + P(B_3)$。

【Ans】 根據相對次數機率定義可得：

$$P(A) + P(A') = \frac{7600}{14100} + \frac{6500}{14100} = 1$$

且 $P(B_1) + P(B_2) + P(B_3) = \frac{126}{14100} + \frac{9408}{14100} + \frac{4566}{14100}$

$$= 1$$

也就是說，樣本空間中所包含的所有事件之機率總和等於 1。

【Q3】 求事件 A 與事件 $B_3$ 交集的機率。

【Ans】 事件 A 與事件 $B_3$ 交集的機率 $P(A \cap B_3)$，是指從 14,100 位年齡在 70 歲以上的受檢老人中，隨機找出一老人，其膽固醇量大於 220 mg/100 ml 的女性

的機率，其值爲：

$$P(A \cap B_3) = \frac{2850}{14100} = 0.202$$

由於機率的範圍介於 0 與 1 之間，我們分別考慮當機率等於 0 或 1 的情形。

【Q4】　試求事件 A 與其餘事件 A' 的聯集的機率。

【Ans】　因爲 $P(A \cup A') = P(A 或 A') = P(70 歲以上參加健檢的老人中，性別爲女性者，或 70 歲以上參加健檢的老人中，性別爲男性者) = 1$

也就是說，某事件的機率爲 1 時，代表此事件一定發生。

【Q5】　計算事件 A 與其餘事件 A' 的交集的機率。

【Ans】　因爲 $P(A \cap A') = P(A 且 A') = P(70 歲以上參加健檢的老人中，性別爲女性者，且 70 歲以上參加健檢的老人中，性別爲男性者) = 0$

當某事件的機率爲 0 時，代表此事件一定不發生，稱之爲虛無事件(null event)以 $\phi$ 表示。而當兩事件不可能同時發生時，則兩事件稱爲互斥(mutually exclusive)，例如上例中，事件 A 與其餘事件 A' 爲互斥，寫成 $A \cap A' = \phi$ 且 $P(A \cap A') = 0$。換句話說，兩互斥事件其交集機率爲 0。

## 四、機率加法規則

1.當事件 A 與事件 B 互斥時，則機率加法規則(additive rule of probability)可寫成以下公式：

$$P(A \cup B) = P(A) + P(B)$$

也就是事件 A 與事件 B 聯集的機率，等於事件 A 的機率加上事件 B 的機率。

【Q6】 在老人健檢資料中，計算事件 $B_1$ 與事件 $B_2$ 聯集的機率。

【Ans】 由於事件 $B_1$ 與 $B_2$ 互斥，所以：

$$P(B_1 \cup B_2) = P(B_1) + P(B_2) = \frac{126}{14100} + \frac{9408}{14100} = 0.676$$

其代表的意思是，從所有 70 歲以上參加健檢的老人中隨機找出一位老人其測得的膽固醇量小於 110 mg/100 ml，或介於 110 至 220 mg/100 ml 之間的機率爲 0.676。

2.當事件 A 與事件 B 不爲互斥時，則：
$$P(A \cup B) = P(A) + P(B) - P(A \cap B)$$
也就是事件 A 與事件 B 聯集的機率，等於事件 A 的機率加上事件 B 的機率，再減去事件 A 與事件 B 交集的機率。

【Q7】 同樣考慮老人健檢資料，求事件 A 與事件 $B_3$ 聯集的機率。

【Ans】 因爲事件 A 與事件 $B_3$ 不爲互斥，所以
$$P(A \cup B_3) = P(A) + P(B_3) - P(A \cap B_3)$$
$$= \frac{7600}{14100} + \frac{4566}{14100} - \frac{2850}{14100}$$
$$= 0.661$$

其代表的意思是，從所有 70 歲以上參加健檢的老人中隨機找出一位老人，其性別爲女性，或測得的膽固醇量大於 220 mg/100 ml 者，或者膽固醇大於 220 mg/100 ml 的女性之機率爲 0.661。

由於事件 A 與其餘事件 A'互斥且 P(A∪A')＝ 1，根據機率加法規則，可寫成：P(A∪A')＝ P(A)＋ P(A')＝ 1，因此事件 A 的餘事件 A'，其機率 P(A')等於 1 － P(A)，所以在 Q1 中，求得 P(A)＝ 0.539，則 P(A')＝ 1 － 0.539 ＝ 0.461，也就是說從 14,100 位年齡在 70 歲以上的受檢老人中，隨機找出一位老人，其性別是男性的機率是 0.461。

## 五、條件機率

我們經常想知道某一事件發生後，另一事件才發生的機率，也就是想要了解，當事件 A 發生後，是否會造成事件 B 機率的改變，因此我們可以 P(B│A)代表在事件 A 發生的條件下，事件 B 才發生的機率(the probability of event B given event A)，寫成公式：

$$P(B|A) = \frac{P(A \cap B)}{P(A)}$$

這裡 P(A)≠ 0，此即條件機率(conditional probability)。

【Q8】　試求從所有 70 歲以上女性受檢老人中，隨機找出一人，其測得的膽固醇值大於 220 mg/100 ml 的條件機率。

【Ans】　以 P(B₃│A) 代表從所有 70 歲以上女性受檢老人中，隨機找出一人，其測得的膽固醇值大於 220 mg/100 ml 的條件機率，則：

$$P(B_3|A) = \frac{P(A \cap B_3)}{P(A)}$$

$$= \frac{\frac{2850}{14100}}{\frac{7600}{14100}} = \frac{2850}{7600} = 0.375$$

## 六、機率乘法規則

　　由上面的條件機率公式，我們可寫成 $P(A\cap B)=P(A)P(B\mid A)$，稱為機率乘法規則(multiplication rule of probability)。也就是說，事件 A 與事件 B 同時發生的機率，等於事件 A 發生的機率乘上事件 A 發生後，事件 B 才發生的條件機率，當然，如果 $P(B)\neq0$，我們也可以寫成：

$$P(A\cap B)=P(B)P(A\mid B)$$

【Q9】　利用機率乘法規則求 $P(A\cap B_3)$。

【Ans】　因為 $P(A\cap B_3)=P(A)P(B_3\mid A)$

$$=\frac{7600}{14100}\times\frac{2850}{7600}$$

$$=\frac{2850}{14100}=0.202$$

我們得到與 Q3 相同的答案。

## 七、獨立事件

　　當一個事件的發生與否，不會影響到另一事件發生的機率時，則此兩事件獨立，稱為「獨立事件」(independent event)。事件 A 與事件 B 獨立時，因為 $P(B|A)=P(B)$，又根據機率乘法規則，所以可寫成：

$$P(A\cap B)=P(A)P(B\mid A)=P(A)P(B)$$

【Q10】老人健檢資料中，事件 A 與事件 $B_3$ 是否獨立？

【Ans】　已知 $P(A\cap B_3)=\dfrac{2850}{14100}$

$$P(A)=\frac{7600}{14100}$$

$$P(B_3) = \frac{4566}{14100}$$

因為 $P(A \cap B_3) \neq P(A)P(B_3)$，所以事件 A 與事件 $B_3$ 不獨立。

## 八、貝氏定理

貝氏定理(Bayes theorem)是由 Reverend Thomas Bayes (1702~1761)首先提出，假設 $B_1$、$B_2$、$\cdots$、$B_n$，是 n 個互斥且周延(exhaustive)的事件，也就是說：

$$P(B_1 \cup B_2 \cup \cdots \cup B_n) = P(B_1) + P(B_2) + \cdots + P(B_n) = 1$$

那麼對每一個 i，$1 \leq i \leq n$ 藉由事件 A 和 $B_i$，貝氏定理可以寫成：

$$P(B_i \mid A) = \frac{P(B_i)P(A \mid B_i)}{P(B_1)P(A \mid B_1) + \cdots + P(B_n)P(A \mid B_n)}$$

【Q11】 同樣以 70 歲以上老人參加健檢所測得的膽固醇值為例，計算 $P(B_3 \mid A)$ 之值。

【Ans】 因為 $P(B_1) = \dfrac{126}{14100}$，$P(A \mid B_1) = \dfrac{61}{126}$

$P(B_2) = \dfrac{9408}{14100}$，$P(A \mid B_2) = \dfrac{4689}{9408}$

$P(B_3) = \dfrac{4566}{14100}$，$P(A \mid B_3) = \dfrac{2850}{4566}$

所以$P(B_3 \mid A)$

$$= \frac{P(B_3)P(A \mid B_3)}{P(B_1)P(A \mid B_1) + P(B_2)P(A \mid B_2) + P(B_3)P(A \mid B_3)}$$

$$= \frac{\dfrac{2850}{14100}}{\dfrac{7600}{14100}} = 0.375$$

這與利用條件機率公式所得到的答案一致。而此值指的是有一個受檢的 70 歲以上老人，在這老人必須是女性的條件下，測得其膽固醇值大於 220 mg/100 ml 的機率為 0.375。

貝氏定理可幫我們了解在獲得新的訊息下，某事件機率的改變，例如 $P(B_3|A) = 0.375$，但 $P(B_3) = 0.324$，代表當我們知道某一受檢的 70 歲以上老人為女性時，其測得的膽固醇值大於 220 mg/100 ml 的機率，會比不知其性別是男或是女時的機率稍高。

## 九、敏感度、特異性、僞陰性率及僞陽性率

藉著診斷檢查(diagnostic testing)的結果，可以決定受檢者是否罹患某疾病，但是經常會發現診斷檢查的結果是陽性時，但受檢者實際卻未罹患此疾病，同樣的，診斷檢查的結果是陰性，但受檢者實際卻罹患此疾病。因此為了要了解一個診斷檢查的正確性，可借助以下幾個條件機率。

首先介紹敏感度(sensitivity)，一個檢查的敏感度就是當受檢者罹患某疾病下，檢查的結果呈陽性反應的機率，而特異性(specificity)則為當受檢者未罹患某疾病下，檢查的結果呈陰性反應的機率，而 1 減去敏感度為僞陰性(false-negative)率，1 減去特異性為僞陽性(false-positive)率。

為了便於說明，我們定義以下符號：

$T^+$：代表診斷檢查呈陽性反應。

$T^-$：代表診斷檢查呈陰性反應。

$D^+$：代表實際罹患某疾病的事件。

$D^-$：代表實際未罹患某疾病的事件。

因此敏感度為 $P(T^+|D^+)$，特異性為 $P(T^-|D^-)$，僞陰性率為 $P(T^-|D^+) = 1 - P(T^+|D^+)$，僞陽性率為 $P(T^+|D^-) = 1 -$

$P(T^-|D^-)$。

【Q12】新試劑用來診斷受檢人是否罹患某疾病，若以 $T^+$ 代表經試劑檢查結果為陽性， $T^-$ 則代表陰性結果，另以 $D^+$ 代表受檢人實際罹患此疾病，而以 $D^-$ 代表實際未罹患此疾病，所得數據為：敏感度為 $P(T^+|D^+) = 0.97$ ，特異性為 $P(T^-|D^-) = 0.98$ ，並且知道 $P(D^+) = 0.000001$ ，試求 $P(D^+|T^+)$ 及 $P(D^-|T^-)$ 。

【Ans】 因為 $P(D^+|T^+) = \dfrac{P(T^+\cap D^+)}{P(T^+)}$ , $P(D^-|T^-) = \dfrac{P(T^-\cap D^-)}{P(T^-)}$ ,

而 $P(D^-) = 0.999999$ , $P(T^+|D^-) = 0.02$

又知 $P(T^+) = P(T^+\cap D^+) + P(T^+\cap D^-)$

$\qquad = P(D^+)P(T^+|D^+) + P(D^-)P(T^+|D^-)$

$\qquad = 0.000001 \times 0.97 + 0.999999 \times 0.02$

$\qquad = 0.00000097 + 0.01999998$

$\qquad = 0.02000095$

$P(T^-) = P(T^-\cap D^+) + P(T^-\cap D^-)$

$\qquad = P(D^+)P(T^-|D^+) + P(D^-)P(T^-|D^-)$

$\qquad = 0.000001 \times 0.03 + 0.999999 \times 0.98$

$\qquad = 0.00000003 + 0.97999902$

$\qquad = 0.97999905$

所以 $P(D^+|T^+) = \dfrac{0.00000097}{0.02000095} = 4.85 \times 10^{-5}$

$\qquad P(D^-|T^-) = \dfrac{0.97999902}{0.97999905} = 0.999999969$

## 習題

1. 擲一個銅板兩次的實驗中，試寫出樣本空間及樣本點。

2. 擲骰子兩次的實驗中，定義事件 A 為兩次之和為 3 的事件，即 A＝{(1, 2), (2, 1)}，B 則為第一次出現 2 的事件，即 B＝{(2, 1), (2, 2), (2, 3), (2, 4), (2, 5), (2, 6)}，C 為第二次出現 2 的事件，所以 C＝{(1, 2), (2, 2), (3, 2), (4, 2), (5, 2), (6, 2)}，試求：

   (1) $A \cap B$

   (2) $B \cap C$

   (3) $A \cap C$

   (4) $A \cup B$

   (5) $A \cup C$

3. 投擲兩個骰子的實驗中，若以 A 代表至少有一個骰子出現奇數點的事件，B 代表二個骰子均出現奇數點的事件，試求以下機率：

   (1) $P(A)$

   (2) $P(B)$

   (3) $P(A \cap B)$

   (4) $P(A \cup B)$

   (5) $P(B \mid A)$

   (6) $P(A \mid B)$

   (7) $P(A')$

   (8) $P(B')$

   (9) 試問事件 A 與事件 B 是否獨立？

   (10) 試問事件 A 與事件 B 是否互斥？

4. 在 200 位曾修習某名師所教授的生物統計課程的學生中，有 150 位未曾被當，其中 80 位是男性，70 位是女性。50 位曾被當的學生中，有 35 位男性，15 位女性，資料如下：

|  | 未曾被當 | 曾經被當 | 總計 |
|---|---|---|---|
| 男 | 80 | 35 | 115 |
| 女 | 70 | 15 | 85 |
| 總計 | 150 | 50 | 200 |

假如從這 200 位同學中隨機抽出一位同學，若 A 爲抽中的同學爲男性的事件，B 爲抽中的同學曾經被當的事件，試求：

(1) P(A)

(2) P(B)

(3) P(A∩B)

(4) P(A│B)

(5) P(B│A)

(6) P(A∩B')

(7) P(A'∩B)

(8) P(A'∩B')

5. 上題中，事件 A 與事件 B 是否獨立？爲什麼？

6. 內文 Q12 中，求 $P(D^-|T^+)$ 及 $P(D^+|T^-)$。

7. 在一個評估利用某徵候來診斷某疾病發生與否的可行性之研究中，於 387 位罹患此疾病的患者中發現有 372 位具有此徵候，另外 690 位未罹患此疾病的人中發現有 11 位亦具有此徵候，試計算利用此徵候來診斷此疾病發生與否的敏感度、特異性、僞陰性率及僞陽性率。

# 第 6 章

## 隨機變數及分立機率分布

> 　　我們常稱所研究的特性為變數，例如身高變數，如果一個變數可能出現不同的數值，並且出現的結果也是經由隨機所決定時，我們稱此變數為隨機變數(random variable)。例如對身高變數而言，假如我們從某一班學生所構成的母群體中，隨機抽出一個樣本來測量樣本中學生的身高時，因為身高是受遺傳及環境因子所影響，每個學生的身高無法事先被完全預測，所以身高變數也就是一個隨機變數。

## 一、隨機變數的種類

　　隨機變數可依其所可能出現的數值是否為連續，分為以下兩類：

### 1.分立隨機變數

　　當隨機變數可能出現的數值是有限個，或者可能出現的數值雖是無限個，但卻為可數時(countable)，稱之為分立或間斷隨機變數(discrete random variable)。例如：

　　・以 X 代表擲一個骰子所出現的點數，其可能出現的數值為 1、2、3、4、5、6。

　　・以 Y 代表病人手術後是否存活，其可能出現的數值為 0 和 1，當病人存活時，讓 Y 等於 1，反之，Y 則等於 0。

　　・以超音波連續檢查多名孕婦，當檢查出懷有唐氏症嬰兒時才停止篩檢，總共被篩檢過的總孕婦人數以 Z 代表之，則 Z 可能出現的數值為 1、2、3、…，雖然數值可能很大，但仍是可數的。

### 2.連續隨機變數

　　當隨機變數可以是某一區間內的任何一個數值時，我們

稱此隨機變數爲連續隨機變數(continuous random variable)。
例如以H代表某班學生身高的隨機變數，如果其可能出現的
數值在 149.5 公分到 150.5 公分之間，則 H 的數值可能是
149.51 公分，也可能是 149.55 公分，甚至可能是 149.555 公
分，端視測量工具的精確度。

## 二、機率分布

　　任何隨機變數都有其自己的機率分布(probability distribu-
tion)，所以分立隨機變數及連續隨機變數的機率分布分別稱
爲：

### 1.分立機率分布

　　如果有一個分立隨機變數 X，其可能出現的數值以 $x_i$ 代
表，而出現的機率表示爲 $P(X = x_i)$ ，或以函數 $f(x_i)$ 表示，
則隨機變數 X 其所可能出現的數值及其相對應的機率，構成
分立機率分布(discrete probability distribution)。

### 2.連續機率分布

　　一個連續隨機變數的機率分布稱爲連續機率分布(con-
tinuous probability distribution)，常可寫成一個公式，藉以計
算連續隨機變數落在某區間內的機率。本章將先討論分立機
率分布，連續機率分布則留待下章說明。

## 三、分立隨機變數的期望值與變異數

　　在上一節中，我們已經介紹了分立機率分布，當一個分
立隨機變數可能出現的數值只有少數幾個時，則分立機率分
布可以整理成下表：

| X = $x_i$ | $x_1$ | $x_2$ | $\cdots$ | $x_i$ | $\cdots$ | $x_k$ |
|---|---|---|---|---|---|---|
| P(X = $x_i$) | P(X = $x_1$) | P(X = $x_2$) | $\cdots$ | P(X = $x_i$) | $\cdots$ | P(X = $x_k$) |

　　這裡 P(X = $x_i$) 或是以 f($x_i$) 表示，代表當隨機變數 X 等於某一個特定值 $x_i$ 時的機率，因此， $0 \leq f(x_i) \leq 1$ ，且 $\sum_{i=1}^{k} f(x_i) = 1$，例如：以 X 代表擲一粒骰子所出現點數的分立隨機變數，則其機率分布可寫成：

| X = $x_i$ | 1 | 2 | 3 | 4 | 5 | 6 |
|---|---|---|---|---|---|---|
| P(X = $x_i$) | $\dfrac{1}{6}$ | $\dfrac{1}{6}$ | $\dfrac{1}{6}$ | $\dfrac{1}{6}$ | $\dfrac{1}{6}$ | $\dfrac{1}{6}$ |

　　因為一個隨機變數其所有可能出現的數值及其機率構成機率分布，因此我們可以測量機率分布的集中趨勢或分散趨勢，也就是計算此隨機變數的平均數及變異數。

### 1.期望值及其性質

　　測量機率分布的集中趨勢，就是計算隨機變數的平均數，對某一分立隨機變數 X 而言，X 的平均數也被稱為 X 的期望值(expected value or expectation of X)，以 E(X)代表，當 X 所有可能出現的值為 $x_1$、$x_2$、$\cdots$、$x_k$ 時，並且 f($x_i$) = P(X = $x_i$)，則 X 的期望值定義為：

$$E(X) = \sum_{i=1}^{k} x_i f(x_i)$$

【Q1】 擲一粒骰子所出現點數的分立隨機變數 X，試求其期望值。

【Ans】 利用 X 的機率分布可很容易的求得 E(X)如下：

$$E(X) = \sum_{i=1}^{6} x_i f(x_i)$$

$$= 1 \times \frac{1}{6} + 2 \times \frac{1}{6} + 3 \times \frac{1}{6} + 4 \times \frac{1}{6} + 5 \times \frac{1}{6} +$$

$$6 \times \frac{1}{6}$$

$$= \frac{21}{6}$$

$$= 3.5$$

而 E(X)＝ 3.5 的意思，就是説當投擲一粒骰子無限多次時，則平均出現點數會趨近 3.5 點。

當計算 E(X)時，考慮 X 所有可能出現的數值，因我們把 E(X)視爲機率分布的平均數，所以 E(X)也被稱爲母群體平均數，以符號$\mu$或 $\mu_x$ 代表。

### ※有關期望值的性質

假設 X 爲一隨機變數，而 a、b 爲常數，則：

(1) $E(a) = a$

(2) $E(a + X) = a + E(X)$

(3) $E(bX) = bE(X)$

(4) $E(a + bX) = a + bE(X)$

## 2.變異數及其性質

因爲$\mu = E(X)$提供了隨機變數 X 的機率分布之集中趨勢，同樣我們可考慮藉著 X 與$\mu$的差來決定 X 的機率分布之分散趨勢，我們定義隨機變數 X 的變異數如下：

$$Var(X) = E((X - \mu)^2) = \sum_{i=1}^{k}(x_i - \mu)^2 f(x_i)$$

$Var(X)$亦可表示爲 $\sigma^2$ 或 $\sigma_x^2$

由於 $(X - \mu)^2 = X^2 - 2\mu X + \mu^2$ ，所以隨機變數 X 的變異數亦可寫成：

$$Var(X) = E(X^2 - 2\mu X + \mu^2)$$

$$= E(X^2) - 2\mu E(X) + \mu^2$$

$$= E(X^2) - 2\mu\mu + \mu^2$$
$$= E(X^2) - \mu^2$$

另外，我們可定義隨機變數 X 的標準差如下：

$$\sigma_x = \sqrt{\sigma_x^2}$$

【Q2】　擲一粒骰子所出現點數的分立隨機變數 X，試求其變異數及標準差。

【Ans】　因為 $Var(X) = \sum_{i=1}^{6}(x_i - \mu)^2 f(x_i)$

$$= (1-3.5)^2 \times \frac{1}{6} + (2-3.5)^2 \times \frac{1}{6} +$$

$$(3-3.5)^2 \times \frac{1}{6} + (4-3.5)^2 \times \frac{1}{6} +$$

$$(5-3.5)^2 \times \frac{1}{6} + (6-3.5)^2 \times \frac{1}{6}$$

$$= 2.92$$

$$\sigma = \sqrt{2.92} = 1.71$$

### ※有關變異數的性質

假設 X 為一隨機變數，而 a、b 為常數，則：

(1) $Var(a) = 0$

(2) $Var(a + X) = Var(X)$

(3) $Var(bX) = b^2 Var(X)$

(4) $Var(a + bX) = b^2 Var(X)$

## 四、二項分布

二項分布(Binomial distribution)是一種常見的分立機率分布，為了易於說明二項分布，我們首先將介紹伯努利試行(Bernoulli trial)。前面已經介紹過在重複實驗下，每次重複就是一次試行，而伯努利試行指的是每次試行只有兩個可能的

結果，常以成功(success)或失敗(failure)稱之，一般將我們所有興趣的結果稱為成功。例如：

· 觀察病人存活狀態的實驗中，每位病人的狀態就是一次試行，其結果不是存活就是死亡，如觀察重點是存活與否，則可把存活稱為成功。

· 調查鉛蓄電池工廠的工人是否曾出現過鉛中毒的實驗中，每位被調查的工人其結果不是曾經出現過鉛中毒，就是沒有出現過鉛中毒，此時可把曾經出現過鉛中毒稱為成功。

對於伯努利試行而言，每次試行成功的機率均固定為 p，可寫成 $P(S) = p$，而失敗的機率則為 $1 - p$，寫成 $P(F) = 1 - p$，常以 q 代表失敗的機率，所以 $p + q = 1$。在伯努利試行中，試行與試行間彼此獨立，也就是說某次試行成功的機率不會影響到其他次試行成功的機率。在了解何謂伯努利試行後，我們將正式介紹二項分布。

當我們重複伯努利試行 n 次，而每次試行成功的機率均為 p 時，定義隨機變數 X 為 n 次伯努利試行中成功的次數，則我們稱此隨機變數 X 的機率分布為成功機率為 p 的二項分布，而 X 可能出現的數值為 0 到 n 間的任何正整數。例如，當 $n = 3$ 時，每次試行的結果不是 S 就是 F，所以 3 次試行總共有 $2 \times 2 \times 2 = 8$ 個可能的結果，如下：

| 試行 1 | 試行 2 | 試行 3 | 出現的機率 | X 的值 |
|--------|--------|--------|-----------|--------|
| F | F | F | $q \times q \times q$ | 0 |
| S | F | F | $p \times q \times q$ | 1 |
| F | S | F | $q \times p \times q$ | 1 |
| F | F | S | $q \times q \times p$ | 1 |
| S | S | F | $p \times p \times q$ | 2 |
| S | F | S | $p \times q \times p$ | 2 |
| F | S | S | $q \times p \times p$ | 2 |
| S | S | S | $p \times p \times p$ | 3 |

可知當 X = 0，也就是 3 次試行的結果均爲失敗時，由於各試行間都互相獨立，且失敗機率都爲 q，所以根據機率乘法規則，當 X = 0 時的機率爲 $q \times q \times q = q^3$，當 X = 1 時，也就是 3 次試行中只有一次成功，另兩次失敗。由上表中，我們可以發現到共有三種可能性，即 SFF、FSF 和 FFS，並且三者間彼此互斥，所以根據機率加法規則，當 X = 1 時，機率爲 $p \times q \times q + q \times p \times q + q \times q \times p = 3pq^2$，同樣的當 X = 2 時的機率爲 $3p^2q$，X = 3 時機率爲 $p \times p \times p = p^3$，因此當 n = 3 時的二項分布可寫成下表：

| x | 0 | 1 | 2 | 3 |
|---|---|---|---|---|
| p(X = x) | $\binom{3}{0}p^0q^3$ | $\binom{3}{1}p^1q^2$ | $\binom{3}{2}p^2q^1$ | $\binom{3}{3}p^3q^0$ |

所以當有 n 次伯努利試行構成的二項分布，如成功的次數爲 x，且成功的機率爲 p 時的機率分布公式可寫成：

$$P(X = x) = \binom{n}{x}p^xq^{n-x} = b(x; n, p)\text{；} x = 0, 1, \cdots, n$$

這裡 $\binom{n}{x}$ 就是在 n 次伯努利試行下，x 次成功，n − x 次失敗的組合數，並且每個組合的機率都是 $p^xq^{n-x}$，而

$$\binom{n}{x} = \frac{n!}{x!(n-x)!}$$

我們知道 $n! = n \times (n-1) \times (n-2) \times \cdots \times (3) \times (2) \times (1)$，且 $0! = 1$

【Q3】　由於子宮頸癌爲台灣女性癌症發生率的前幾名，而子宮頸抹片檢查爲早期發現是否罹患子宮頸癌的主要方法。假設婦女的受檢率爲 20 ％，即 p = 0.2，現在隨機找到 5 位婦女，詢問其是否曾接受過子宮

頸抹片檢查，試求以下的機率：

(1)沒有 1 位婦女曾接受過子宮頸抹片檢查的機率。

(2)至少有 3 位婦女曾接受過子宮頸抹片檢查的機率。

【Ans】　由於 5 位婦女中，每位婦女是否接受子宮頸抹片檢查的試行互為獨立，我們視為伯努利試行，並以曾接受過抹片檢查為成功，其機率為 P(S)= p = 0.2，讓隨機變數 X 代表 5 位婦女中曾經接受過子宮頸抹片檢查的人數，因此 X 的機率分布是 n = 5，p = 0.2 的二項分布，所欲求之機率為：

(1) $P(X = 0) = \binom{5}{0}(0.2)^0(1-0.2)^5 = 0.328$

(2) $P(X \geq 3) = P(X = 3) + P(X = 4) + P(X = 5)$

$= \binom{5}{3}(0.2)^3(1-0.2)^2 + \binom{5}{4}(0.2)^4(1-0.2)^1 +$

$\binom{5}{5}(0.2)^5(1-0.2)^0$

$= 10(0.2)^3(0.8)^2 + 5(0.2)^4(0.8) + 1(0.2)^5(0.8)^0$

$= 0.0512 + 0.0064 + 0.00032$

$= 0.0579$

### ※二項分布的平均數及變異數

假如隨機變數 X 的機率分布寫成 $b(x; n, p)$，則其平均數及變異數分別為 $\mu_x = np$ 及 $\sigma_x^2 = np(1 - p) = npq$，當 p = 0.5 時，變異數最大，當 p 接近 0 或 1 時，則變異數變小。圖 6.1 為 n = 10 時，不同 p 值的二項隨機變數的機率分布。我們可發現當 p < 0.5 時，分布為右偏斜(skew positive)，p > 0.5 時，分布為左偏斜(skew negative)，當 p = 0.5 時，機率分布則為對稱(symmetric)。

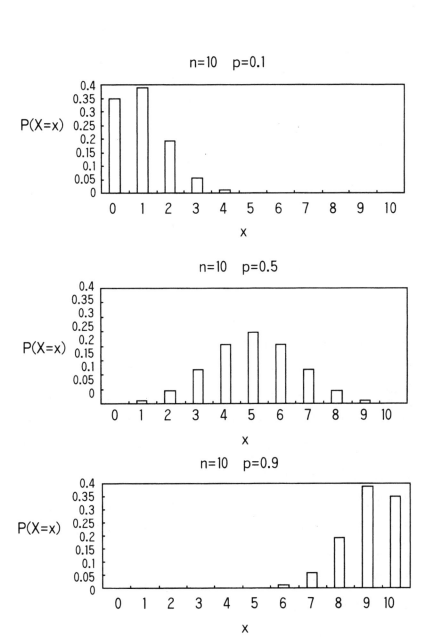

圖 6.1　當 n = 10 時，不同 p 值下二項隨機變數的機率分布

【Q4】　以前面子宮頸抹片檢查的例子，分別求 X 的平均
　　　　數、變異數及標準差。

【Ans】　平均數指的是在 n 次伯努利試行所構成的二項分布

中平均的成功次數，即 np ＝ 5(0.2)＝ 1，代表如從
母群體中隨機找出 5 位婦女，則平均有 1 位婦女曾
經接受過子宮頸抹片檢查，且其變異數與標準差分
別是：

$$\sigma^2 = np(1 - p) = 5(0.2)(0.8) = 0.8$$
$$\sigma = \sqrt{np(1 - p)} = \sqrt{0.8} = 0.894$$

## 五、布瓦松分布

　　布瓦松分布(Poisson distribution)爲十八世紀末、十九世
紀初法國數學家 Simeon-Denis Poisson 所發展出來，主要是
描述在特定時間或空間中不常發生的事件，因此，也被稱爲
「稀有事件的分布」(distribution of rare events)。布瓦松分布
也是二項分布在 n 很大，而 p 很小的情況下的近似分布(ap-
proximating distribution)，因爲在 n 很大而 p 很小的情況下如
仍採用二項分布，會造成計算上的繁瑣。當我們考慮的是某
特定的時間區間時，在其間的每一個時間點都可視爲一個試
行，所以整個可視爲有無數個試行，試行的結果是事件發生
與不發生，但在此時間的區間內，事件發生的次數很少，而
平均發生的次數爲 np 次。現在讓我們藉此來定義布瓦松分
布。若隨機變數 X 爲在某區間內，某事件發生的次數，所以
X 可能的數值可從 0 到無限大，若 μ 代表在某區間內某事件
的平均發生次數，那麼 X 的機率分布可寫成：

$$P(X = x) = \text{Poisson}(\mu) = \frac{e^{-\mu}\mu^x}{x!} \; ; \; x = 0, 1, 2, \cdots$$

我們稱此隨機變數 X 的機率分布爲布瓦松分布，且其參數
爲 μ，這裡 $e = 2.71828$ 爲自然對數底。

　　而布瓦松分布的基本前提爲：

　　*1.*在一個區間內，單一事件發生的機率與區間的大小成

比例。

　　2.在一個區間內，事件發生次數超過一次以上的機率幾乎等於 0。

　　3.在同一區間內，或不互相重疊的區間，事件的發生彼此互相獨立。

　　布瓦松分布的平均數及變異數為：$\mu_x = \mu$，$\sigma_x^2 = \mu$，也就是說布瓦松分布的平均數及變異數都等於布瓦松分布的參數$\mu$。

【Q5】　當 np 固定等於 1 時，n 逐漸增加但 p 逐漸減小時，試分別計算在 n = 10、50、100、500、1000 時，X = 2 的機率，藉以說明布瓦松分布是二項分布的近似分布。

【Ans】

| n | p | np | b(2; n, p) |
|---|---|---|---|
| 10 | 0.1 | 1 | 0.1937 |
| 50 | 0.02 | 1 | 0.1858 |
| 100 | 0.01 | 1 | 0.1849 |
| 500 | 0.002 | 1 | 0.1841 |
| 1000 | 0.001 | 1 | 0.1840 |

在布瓦松分布下，當$\mu = np = 1$時，

$$P(X = 2) = \frac{e^{-1}1^2}{2!} = 0.1840，$$

所以當 n 逐漸變大，而 p 逐漸減小時，布瓦松分布是二項分布的近似分布。

【Q6】　某醫學中心追蹤經過冠狀動脈手術康復出院後的病患，在 10 年間重新住院的次數，假設重新住院的次數很少，經觀察發現 10 年間共有 100 個病患總共重新住院了 120 次，試求以下機率：

　(1)此醫學中心經過冠狀動脈手術康復出院後，病患
　　不再重新住院的機率。

　(2)病患至少重新住院 3 次的機率。

【Ans】　由題意知，每個病患平均住院次數爲 120/100 ＝ 1.2
　　次，根據布瓦松分布，假設隨機變數 X 爲重新住院
　　的次數，則：

$$P(X = x) = \frac{e^{-\mu}\mu^x}{x!} \text{，這裡} \mu = 1.2$$

(1) $P(X = 0) = \dfrac{e^{-1.2}1.2^0}{0!} = 0.3012$

(2) $P(X = 0) = 0.3012$

　$P(X = 1) = 0.3614$

　$P(X = 2) = 0.2169$

　$P(X \geq 3) = 1 - P(X = 0) - P(X = 1) - P(X = 2)$

　　　　　$= 0.1205$

　　　圖 6.2 爲不同 μ 時的機率分布圖，當 μ 很小時，則分布爲
偏歪，當 μ 逐漸增加時，則分布漸成對稱。

## 六、兩個隨機變數的聯合機率分布

　　　在一個實驗中，我們常常會同時觀察兩個隨機變數，以
便了解此兩個隨機變數間的關係。在前面，我們已經討論過
單獨一個隨機變數的機率分布，也就是一個隨機變數的所有
可能出現值及其所相對應的機率值。當同時考慮兩個隨機變
數時，則可擴充此觀念，定義兩個隨機變數的聯合機率分布
(joint probability distribution)，讓 X 和 Y 爲兩個分立的隨機
變數，分別有 r 個和 s 個可能出現的值，所以共可構成 r × s
個 $(x_i, y_i)$ 可能的組合，我們以 $f(x_i, y_i)$ 代表當 X 等於 $x_i$、Y 等
於 $y_i$ 時的機率，或寫成：

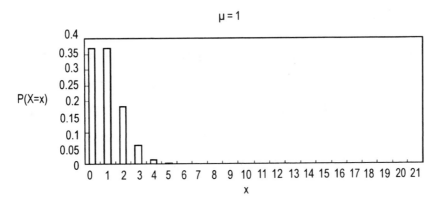

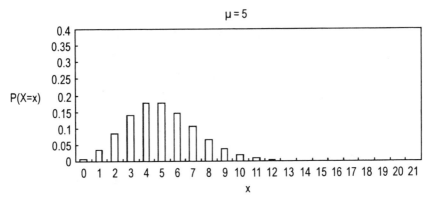

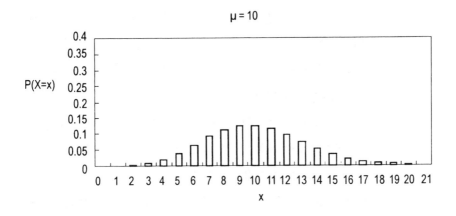

圖 6.2　不同 μ 值下，布瓦松隨機變數的機率分布

$$f(x_i, y_i) = P(X = x_i, Y = y_i)$$

這裡 $(X = x_i, Y = y_i)$ 表示事件 $(X = x_i)$ 與事件 $(Y = y_i)$ 的交集。因此分立隨機變數 X 與 Y 的聯合機率分布就是所有 $(x_i, y_i)$

的可能組合及其相對應的機率值。

【Q7】 某醫學院護理系學生上課時間分別在上午及下午，現在想了解學生缺席的情況，定義隨機變數X為上午上課缺席的學生人數，而Y為同天下午上課時缺席的學生人數，連續記錄一年內的出缺情況後，製成 X 和 Y 的聯合機率分布表如下：

| x＼y | 0 | 1 | 2 | 列總和 |
|---|---|---|---|---|
| 0 | 0.1 | 0.2 | 0.1 | 0.4 |
| 1 | 0.05 | 0.25 | 0.15 | 0.45 |
| 2 | 0.05 | 0.05 | 0.05 | 0.15 |
| 行總和 | 0.2 | 0.5 | 0.3 | 1 |

試求：⑴ $P(X + Y = 2)$ 之值。

⑵隨機變數 $W = X + Y$ 的機率分布。

【Ans】 在 X 和 Y 的聯合機率分布中，每一細格(cell)的機率，代表由連續一年的出缺席紀錄中所得到的相對次數，如 0.15(x ＝ 1, y ＝ 2)，代表在出缺席紀錄中，早上有一位學生缺席，下午則有兩人缺席的日數，占總紀錄日數的 15 ％。

⑴求 $P(X + Y = 2)$，我們知道當(x, y)＝(0, 2)或(1, 1)或(2, 0)時，$X + Y = 2$，所以 $P(X + Y = 2) = 0.1 + 0.25 + 0.05 = 0.4$

⑵隨機變數 $W = X + Y$，代表上、下午缺席的總人數，其可能出現的值為 0, 1, 2, 3, 4，其所相對應的機率可仿照⑴求得，因此 $W = X + Y$ 的聯合機率分布如下：

| w | 0 | 1 | 2 | 3 | 4 |
|---|---|---|---|---|---|
| f(w) | 0.1 | 0.25 | 0.4 | 0.2 | 0.05 |

　　藉著 X 與 Y 的聯合機率分布，我們亦可單獨求得 X 的機率分布，稱爲隨機變數 X 的邊際分布(marginal distribution of X)，也就是 X 所有可能出現的數值及其列總和。同樣的，隨機變數 Y 的邊際分布，也就是 Y 所有可能出現的值及其行總和，藉著 X 和 Y 的邊際分布，我們可以直接計算隨機變數 X 和 Y 的平均數及變異數。

【Q8】試求上例中 X 及 Y 的邊際分布及平均數、變異數和標準差。

【Ans】X 及 Y 的邊際分布分別是：

| x | 0 | 1 | 2 | 總計 |
|---|---|---|---|---|
| f(x) | 0.4 | 0.45 | 0.15 | 1 |

| y | 0 | 1 | 2 | 總計 |
|---|---|---|---|---|
| f(y) | 0.2 | 0.5 | 0.3 | 1 |

則：

$\mu_x = 0 \times 0.4 + 1 \times 0.45 + 2 \times 0.15$

　　　$= 0.75$

$\sigma_x^2 = E(X^2) - \mu_x^2$

　　　$= (0 \times 0.4 + 1 \times 0.45 + 4 \times 0.15) - 0.75^2$

　　　$= 0.4875$

$\sigma_x = 0.6982$

$\mu_y = 0 \times 0.2 + 1 \times 0.5 + 2 \times 0.3$

　　　$= 1.1$

$\sigma_y^2 = (0 \times 0.2 + 1 \times 0.5 + 4 \times 0.3) - 1.1^2$

　　　$= 0.49$

$\sigma_y = 0.7$

## 七、共變異數

　　共變異數(covariance)主要是用來測定兩個隨機變數的聯合變異，此測量值定義成 $(X - \mu_x)(Y - \mu_y)$ 的期望值，即 $E((X - \mu_x)(Y - \mu_y))$ ，其值的正負與數值大小，可反應出 X 與 Y 線性關係的方向與強弱，我們寫成：

$$Cov(X, Y) = E((X - \mu_x)(Y - \mu_y))$$

$$= E(XY) - \mu_x\mu_y$$

這裡 E(XY) 等於所有可能的 XY 值乘上其相對應的機率值後相加。當 X 可能的值變大，則 Y 可能的值也變大，或 X 可能的值變小，則 Y 可能的值也變小時，則共變異數為正值，反之則為負值。

【Q9】 利用 Q7 的資料，計算 Cov(X, Y) 之值。

【Ans】 首先計算 XY 所有可能的值如下：

| x \ y | 0 | 1 | 2 |
|---|---|---|---|
| 0 | 0 (0.1) | 0 (0.2) | 0 (0.1) |
| 1 | 0 (0.05) | 1 (0.25) | 2 (0.15) |
| 2 | 0 (0.05) | 2 (0.05) | 4 (0.05) |

然後再乘上其相對應的機率值(括號內的值)，總加而得：

$$E(XY) = 1 \times 0.25 + 2 \times 0.15 + 2 \times 0.05 + 4 \times 0.05$$
$$= 0.85$$
$$Cov(X, Y) = E((X - \mu_x)(Y - \mu_y))$$
$$= E(XY) - \mu_x\mu_y$$
$$= 0.85 - 0.75 \times 1.1$$
$$= 0.025$$

## 八、兩隨機變數間互相獨立

當兩隨機變數 X 和 Y 的聯合機率分布中所有可能 $(x_i, y_j)$ 的組合，如可寫成 $f(x_i, y_j) = f(x_i)f(y_j)$ 時，則稱此兩隨機變數間互相獨立，並且 $Cov(X, Y) = 0$。其逆不真。

【Q10】Q9 中的 X 與 Y 是否獨立？

【Ans】讓我們考慮 $(x, y) = (0, 0)$，由於

$f(x = 0, y = 0) = 0.1$

$f(x = 0) = 0.1 + 0.2 + 0.1 = 0.4$

$f(y = 0) = 0.1 + 0.05 + 0.05 = 0.2$

因此可知 $f(x = 0, y = 0) \neq f(x = 0)f(y = 0)$，所以 X 與 Y 不互相獨立。

## 九、兩隨機變數的期望值及變異數性質

1. $E(X + Y) = E(X) + E(Y)$

2. $Var(X + Y) = Var(X) + Var(Y) + 2Cov(X, Y)$

3. $Var(X - Y) = Var(X) + Var(Y) - 2Cov(X, Y)$

4. 當 X 與 Y 互相獨立時，$Var(X + Y) = Var(X) + Var(Y)$，且 $Var(X - Y) = Var(X) + Var(Y)$

【Q11】隨機變數 X 及 Y 互相獨立，若 $E(X) = 1$，$E(Y) = 3$，$Var(X) = 2$ 及 $Var(Y) = 4$，試求：

(1) $E(X - Y)$

(2) $E(X + Y)$

(3) $Var(X - Y)$

(4) $Var(X + Y)$

【Ans】 (1) $E(X - Y) = E(X) - E(Y) = 1 - 3$

$$= -2$$

(2) $E(X + Y) = E(X) + E(Y) = 1 + 3 = 4$

(3) $Var(X - Y) = Var(X) + Var(Y) = 2 + 4 = 6$

(4) $Var(X + Y) = Var(X) + Var(Y) = 2 + 4 = 6$

【Q12】 若 $Var(X) = 1$，$Var(Y) = 2$ 及 $Cov(X, Y) = 1$，求 $Var(X + Y)$ 及 $Var(X - Y)$。

【Ans】 $Var(X + Y) = Var(X) + Var(Y) + 2Cov(X, Y)$

$$= 1 + 2 + 2$$

$$= 5$$

$Var(X - Y) = Var(X) + Var(Y) - 2Cov(X, Y)$

$$= 1 + 2 - 2$$

$$= 1$$

## 習題

1. 若 X 為分立隨機變數，其機率分布如下：

| x | − 1 | 0 | 1 | 2 | 3 | 4 |
|---|---|---|---|---|---|---|
| P(X = x) | 0.05 | 0.1 | 0.4 | 0.3 | 0.05 | 0.1 |

試求：

(1) $\mu$

(2) $\sigma^2$

(3) $E(X^2)$

(4) $E(X + 3)$

(5) $E(3X)$

(6) $E(3X + 3)$

(7) $Var(X + 3)$

(8) $Var(3X)$

(9) $Var(3X + 3)$

(10) $E((X - \mu)^2)$

(11) $E(X^2) - (E(X))^2$

2. 若 X 為一個二項分布的隨機變數，當 n = 10 時，分別計算 p = 0.1、0.5、0.9 時的機率分布。

3. 計算第 2 題三種情況下的平均數及變異數。

4. 若 X 是一個二項分布的隨機變數，試求當 n = 10，p = 0.1 時，X 等於 8 的機率，以及當 n = 10，p = 0.9 時，X 等於 2 的機率。此二機率是否相等，為什麼？

5. 若 X 為一個二項分布的隨機變數，當 n = 100 時，分別求 p 等於 0.1、0.3、0.5、0.7、0.9 時的變異數，何者最大？

6. 某醫院平均一天進入加護病房的病患數為 4 人，試求某天

有 1 位病患進入加護病房的機率為何？至少有 1 位病患及至多有 1 位病患進入加護病房的機率又分別是多少？

7. 若 X 為一個布瓦松分布的隨機變數，計算當 $\mu = 1$、4 及 7 時的機率分布，並製作長條圖，比較三種情況下，機率分布的長條圖是否對稱？

8. 若 X 為一個二項分布的隨機變數，其 n = 10，p = 0.1，求 $P(X \leq 2)$，另以布瓦松分布來近似，比較其結果。

9. 若 X 與 Y 的聯合機率分布如下：

| x \ y | 0 | 1 | 2 |
|-------|-----|------|------|
| 0 | 0.2 | 0.1 | 0.15 |
| 1 | 0.3 | 0.05 | 0.2 |

試求：

(1) $P(X = Y)$。

(2) 隨機變數 $Z = X + Y$ 的機率分布。

(3) X 及 Y 的邊際分布及平均數，變異數和標準差？

(4) $Cov(X, Y)$ 之值。

(5) 隨機變數 X 及 Y 是否互相獨立？

10. 隨機變數 X 及 Y 互相獨立，若 $E(X) = 1$，且 $E(Y) = -1$，$Var(X) = 4$，$Var(Y) = 4$，試求：

(1) $E(X - Y)$ 及 $E(2X + Y)$。

(2) 求 $Var(X - Y)$，$Var(X + Y)$ 及 $Var(2X + Y)$。

11. 若 $Var(X) = 9$，$Var(Y) = 4$ 及 $Cov(X, Y) = 2$，求 $Var(X + Y)$ 及 $Var(X - Y)$。

# 第7章

## 連續機率分布及常態分布

到目前為止，我們已經討論過分立機率分布中的二項分布以及布瓦松分布，接下來，讓我們繼續討論連續機率分布，以及最重要的一個連續機率分布—常態分布。

## 一、連續機率分布

在前一章中，我們就已經指出所謂連續隨機變數，指的是一個隨機變數可以是某一區間內的任何一個數值，如身高、體重及溫度等變數，均為連續隨機變數。例如圖 7.1A 為 46 位同學的身高直方圖，當觀測值數目逐漸增加，我們可使用較多的組數及較小的組寬（圖 7.1B）。一般而言，當觀測值數目增加到無限大時，各組組寬會趨近於 0，此時直方圖也會形成一個平滑曲線。這個平滑曲線被用來代表一個連續隨機變數的機率分布，此曲線稱為「機率密度曲線」(probability density curve)，產生此曲線的數學函數則稱為連續隨機變數的「機率密度函數」(probability density function)，見圖 7.1C。如以 X 代表一個連續隨機變數，則其機率密度函數表示為 f(x)，其值必須是正或 0，而在機率密度曲線下的面積總和會等於 1，當 X 可能出現的值落在 $x_1$ 與 $x_2$ 間的機率，則等於 $x_1$ 與 $x_2$ 之間曲線下的面積。這裡特別要說明的是，連續隨機變數的機率密度函數 f(x)，並不像在分立機率分布時所指的當 X = x 時的機率，指的是機率密度(probability density)，藉著機率密度我們可以求得連續隨機變數 X 在 $x_1$ 與 $x_2$ 間的機率，也就是計算在 $x_1$ 與 $x_2$ 之間，機率密度曲線下的面積（圖 7.2），可寫成：

$$P(x_1 \leq X \leq x_2) = \int_{x_1}^{x_2} f(x)dx$$

因此，對單獨一個 x 值，其 P(X = x) = 0，也就是說，

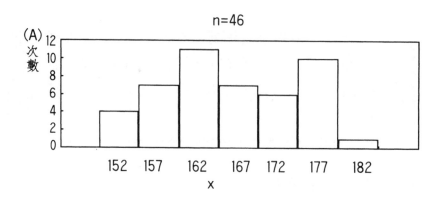

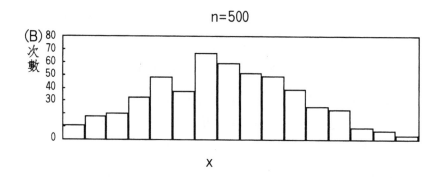

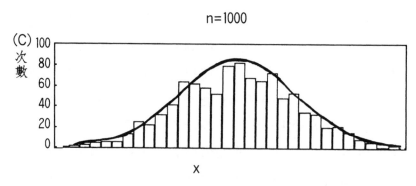

圖 7.1　逐漸增加觀測值數目之身高直方圖

對連續隨機變數 X 而言，當 X 等於某一個特定值 x 時的機
率等於 0，所以連續隨機變數的機率為隨機變數在某範圍間
的機率。或許有人對 $P(X = x) = 0$ 產生疑惑，例如在前面所
提到的身高例子，我們寫成 $P(X = 150\ 公分) = 0$，是否代表
沒有一個人的身高等於 150 公分呢？這個問題，主要在於所

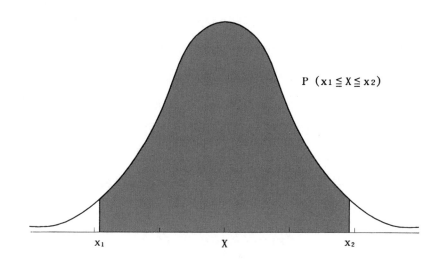

$$P（x_1 \leqq X \leqq x_2）$$

圖 7.2　連續隨機變數 X 在 $x_1$ 與 $x_2$ 間的機率

有的測量工具的精確度都有其極限，150 公分事實上有時很難和在 149.5 到 150.5 公分之間的值來區別，因此考慮落在某一個範圍間的機率。由於當 $X = x_1$ 及 $x_2$ 時的機率都等於 0，我們可寫成：

$$P(x_1 \leq X \leq x_2) = P(x_1 < X \leq x_2) = P(x_i \leq X < x_2)$$
$$= P(x_1 < X < x_2)$$

這在分立機率分布下，就不會相等了。

　　當一個連續隨機變數 X 的機率密度函數 f(x) 確定後，如果要計算在某範圍間的機率，也就是計算在某範圍曲線下的面積，必須利用微積分中的積分，但因為一些重要分布的面積計算均已被做成各種表，所以我們只需要知道如何從所需要的表中，查到所要的面積即可。

## 二、常態分布

　　現在我們要介紹一個重要的連續機率分布，就是「常態分布」(normal distribution)，也稱為「高斯分布」(Gaussian distribution)。高斯(Carl Gauss, 1777～1855)是最早將常態曲線

(normal curve)運用於實際資料的學者，他主要是將常態曲線運用於測量誤差(measurement error)的研究中。為了紀念這位偉大的德國籍數學家，故以高斯分布為名。迄今，常態分布在統計學中仍然扮演著重要的角色，並且一些常見的隨機變數，如身高、體重、血壓、膽固醇及智商的機率分布都是非常近似常態分布。常態分布的機率密度函數是一個對稱的鐘形(bell-shaped)機率密度曲線，對一個常態隨機變數 X，其機率密度函數可寫成：

$$f(x) = \frac{1}{\sqrt{2\pi}\,\sigma}\; e^{\,-\frac{1}{2}(\frac{x-\mu}{\sigma})^2}$$

這裡 $-\infty < x < \infty$，$\pi$是圓周率(3.1416)，$e$ 是自然對數底，等於 2.7183，而$\mu$與$\sigma$分別是此常態分布的平均數與標準差。當一個常態分布的$\mu$與$\sigma$確定之後，則此常態分布的中心所在位置及變異性大小也就被確定，如圖 7.3 為不同平均數及標準差時的常態分布曲線。

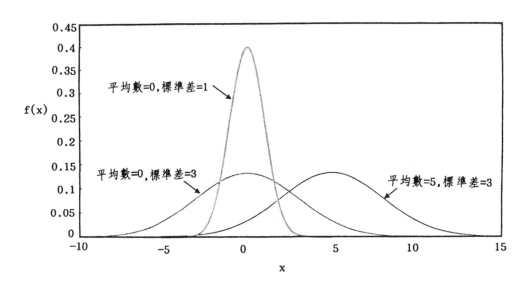

圖 7.3 不同平均數及標準差的常態分布曲線

我們進一步可以發現到任何一個常態分布曲線都會對稱於分布的平均數，並且常態分布的平均數、中位數和衆數都

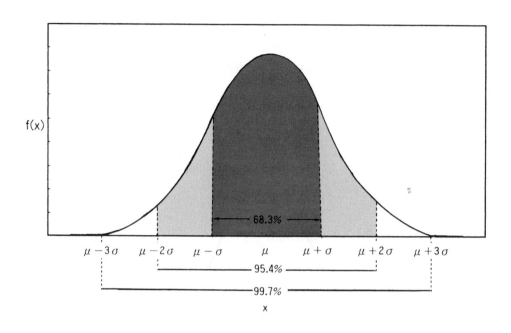

圖 7.4　常態分布曲線下的面積

相同。從圖 7.4 中，我們得知，對任何常態分布，大約有：

　　‧68.3 %的觀測值落在距平均數一個標準差的範圍內。

　　‧95.4 %的觀測值落在距平均數二個標準差的範圍內。

　　‧99.7 %的觀測值落在距平均數三個標準差的範圍內。

　　對於一個平均數為μ，標準差為σ的常態分布，我們可以
N(μ, σ)來代表，另外，當一個常態隨機變數 X 的機率分布是
N(μ, σ)時，我們可以直接寫成 X～N(μ, σ)。在前面我們曾提
到可藉著查表法來計算常態隨機變數 X 在某範圍間的機率，
也就是計算在某範圍間位於常態分布曲線下的面積，但是對
於不同平均數或不同標準差的常態分布，就必須要使用不同
的表，這勢必造成諸多不便，所以我們將介紹一個平均數為
0，標準差為 1 的常態分布，稱為標準常態分布(standard nor-
mal distribution)，僅需就此一特定的常態分布製表，以供使
用。對一個平均數為μ，標準差為σ的常態隨機變數 X，經過
以下轉換(transform)後，產生標準常態隨機變數 Z：

$$Z = \frac{X - \mu}{\sigma}$$

我們可寫成 Z～N(0, 1)，此種轉換我們稱之為標準化 (standarization)或 Z 轉換(Z-transformation)，所以標準常態分布也稱為 Z 分布。（圖 7.5）

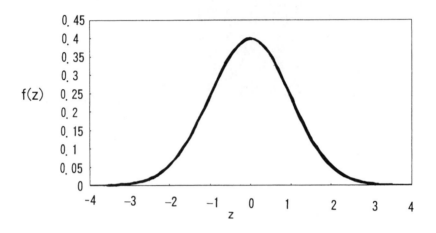

圖 7.5　標準常態分布的曲線

附表 2 中的標準常態分布表，列出了標準常態隨機變數 Z 小於或等於某一個特定值 z 的機率，寫成 P(Z≤z)，這也就是標準常態分布的累積分布函數(cumulative distribution function)，可以Φ(z)代表，見圖 7.6。

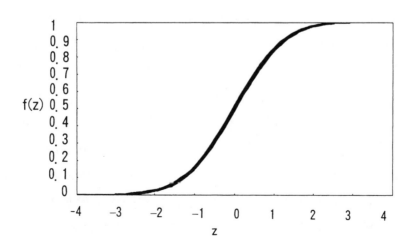

圖 7.6　標準常態分布的累積分布函數

【Q1】　試求 P(Z≤1.96) 及 P(Z > 1.96)。

【Ans】　從附表 2 中，我們可查得在 1.96 左邊的面積，也就
　　　　是機率值等於 0.9750，

　　　　所以寫成　　P(Z≤1.96)＝ 0.9750 ＝Φ(1.96)

　　　　　　　並且　P(Z > 1.96)＝ 1 － P(Z≤1.96)

　　　　　　　　　　　　　　　　＝ 1 － 0.9750

　　　　　　　　　　　　　　　　＝ 0.0250

　　　　　　　　　　　　　　　　＝ 1 －Φ(1.96)

　　　　我們也可以利用標準常態分布對稱於 0 的性質，直
　　　　接藉由 P(Z > 1.96)＝ P(Z < － 1.96)，從附表 2 中
　　　　查得 0.025。

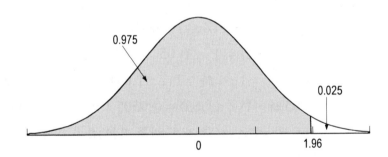

【Q2】　計算 P(－ 1 < Z < 1)。

【Ans】　從附表 2 中，查得 P(Z≤1)＝ 0.8413 及 P(Z≤－ 1)＝
　　　　0.1587，因此：

　　　　　　P(－ 1 < Z < 1)＝ P(Z≤1)－ P(Z≤－ 1)

　　　　　　　　　　　　　　＝ 0.8413 － 0.1587

　　　　　　　　　　　　　　＝ 0.6826

　　　　同樣可以利用標準常態分布對稱性質，得到：

　　　　　　P(0 < Z < 1)＝ P(Z≤1)－ P(Z≤0)

　　　　　　　　　　　　　＝ 0.8413 － 0.5

$$= 0.3413$$

$$P(-1 < Z < 1) = 2 \times P(0 < Z < 1)$$

$$= 0.6826$$

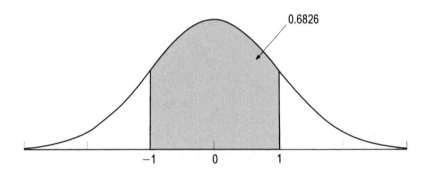

【Q3】　試求符合 $P(Z > z) = 0.05$ 的 z 值。

【Ans】　由於標準常態分布曲線下面積總和為 1，所以：

　　　　$P(Z > z) = 1 - P(Z \leq z)$，藉此我們可求得 $P(Z \leq z) = 1 - P(Z > z) = 1 - 0.05 = 0.95$。由附表 2 中查得，當 z = 1.64 時，$P(Z \leq 1.64) = 0.9495$，而當 z = 1.65 時，$P(Z \leq 1.65) = 0.9505$，因此如欲求 $P(Z \leq z) = 0.95$ 時之 z 值，可利用內插法，求得當 z = 1.645 時，$P(Z \leq 1.645) = 0.95$，所以 $P(Z > 1.645) = 0.05$。

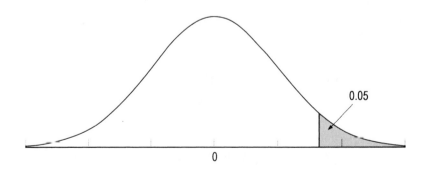

【Q4】 假如某醫學院大一新生所構成的母群體其體重分布近似常態，且知其平均數為58公斤，標準差為2公斤，若以X代表體重的隨機變數，試求從此一母群體當中，隨機找出一位新生來，其體重大於 61.92 公斤的機率。

【Ans】 由題意知 $X \sim N(58, 2)$，現要計算 $P(X > 61.92)$，藉著標準化，可得

$$P(X > 61.92) = P(\frac{X - 58}{2} > \frac{61.92 - 58}{2})$$
$$= P(Z > 1.96)$$
$$= 0.025$$

所以，隨機從某醫學院所有大一新生中找出一位大一新生，其體重會大於61.92公斤的機率為0.025。

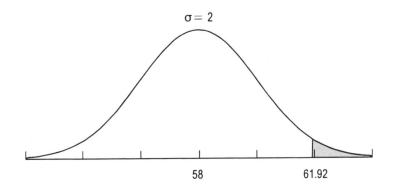

【Q5】 試求大一新生體重在 56 公斤與 60 公斤間的人數，占所有大一新生人數的百分比。

【Ans】 $P(56 < X < 60) = P(\frac{56 - 58}{2} < \frac{X - 58}{2} < \frac{60 - 58}{2})$
$$= P(-1 < Z < 1)$$
$$= 68.26\%$$

也就是說，所有大一新生中，約有 68.26 % 的新生

體重會落在 56 公斤與 60 公斤間。

【Q6】　試問在大一新生中，95％的新生體重會低於多少公斤？

【Ans】　欲求 x，使得 $P(X < x) = 0.95$

因為 $P(X < x) = P(\dfrac{X - 58}{2} < \dfrac{x - 58}{2})$

$$= P(Z < \dfrac{x - 58}{2})$$

$$= 0.95$$

而由 Q3 知，當 $\dfrac{x - 58}{2} = 1.645$ 時，可滿足上式，

解此方程式，可得 $x = 58 + 2 \times 1.645 = 61.29$

所以，所有大一新生中，約有 95％的新生體重會低於 61.29 公斤，換言之，假如我們隨機從大一新生中找出一位新生來，其體重會低於 61.29 公斤的機率是 0.95。此值也就是大一新生體重的第 95 百分位數(the 95th percentile)。

標準常態分布的百分位數常會被使用到，經常以 $z_i$ 代表標準常態分布的第 100(i)百分位數，例如從附表 2 中，可知：$z_{0.95} = 1.645$，$z_{0.975} = 1.96$，$z_{0.995} = 2.575$；藉著常態分布的對稱性質，可得 $z_{0.05} = -1.645$，$z_{0.025} = -1.96$，$z_{0.005} = -2.575$。

另外，我們再介紹一些有關常態分布的性質：

1. 假如 $X \sim N(\mu, \sigma)$，a 與 b 為兩常數，若 $Y = a + bX$，則 $Y \sim N(a + b\mu, |b|\sigma)$，也就是當一個常態分布的隨機變數乘上一常數再加上一個常數後，所構成新的隨機變數仍是常態分布，但平均數及標準差均已改變。

2. 假如 $X \sim N(\mu_1, \sigma_1)$，$Y \sim N(\mu_2, \sigma_2)$，且 X 與 Y 互相獨立時，則 $X + Y \sim N(\mu, \sigma)$，這裡 $\mu = \mu_1 + \mu_2$ 且 $\sigma = \sqrt{\sigma_1^2 + \sigma_2^2}$，就是，兩個獨立常態隨機變數相加，所構成新的隨機變數仍是

常態分布。

## 三、常態分布近似二項分布

在前章中曾提到當 n 很大，而 p 很小時，可以布瓦松分布近似二項分布，但當 n 很大，而 p 不會太接近於 0 或 1 時，則可以常態分布來近似二項分布。一般而言，只要 np 且 n(1 − p)均大於或等於 5 時，可得到令人滿意的近似結果。對於一個二項分布的隨機變數 X，其平均數為 np，變異數為 np(1 − p)，當 n 很大，而 p 不會太接近於 0 或 1 時，且 np 且 n(1 − p)均大於或等於 5 時，則：

$$Z = \frac{X - np}{\sqrt{np(1 - p)}}$$

的機率分布會是標準常態分布，所以，$P(a \leq X \leq b) \approx P\left(\frac{a - np}{\sqrt{np(1 - p)}} \leq Z \leq \frac{b - np}{\sqrt{np(1 - p)}}\right)$，因為二項分布是分立機率分布，而常態分布為連續機率分布，所以以上的近似需進行連續性矯正(continuity correction)，寫成：

$$P(a \leq X \leq b) \approx P\left(\frac{a - 0.5 - np}{\sqrt{np(1 - p)}} \leq Z \leq \frac{b + 0.5 - np}{\sqrt{np(1 - p)}}\right)$$

【Q7】　一項「2000 年大專院校畢業生生涯規劃」的大型問卷調查中，有 40 ％的畢業生認為就讀科系與興趣不符合，假如自畢業生中隨機抽出 400 名來構成樣本，試求就讀科系與興趣不符合的畢業生人數小於等於 170 人的機率為何？

【Ans】　由於 p = 0.4，n = 400

　　　　　所以 np = 160 及 np(1 − p) = 96

　　　　　未經連續性矯正

$$P(X \leq 170) \approx P(Z \leq \frac{170 - 160}{\sqrt{96}}) = P(Z \leq 1.02) = 0.8461$$

連續性矯正

$$P(X \leq 170) \approx P(Z \leq \frac{170.5 - 160}{\sqrt{96}}) = P(Z \leq 1.07)$$
$$= 0.8577$$

## 習題

1. 計算 P (−2 < Z < 2)及 P(− 3 < Z < 3)。

2. 計算 z 值，使得：
   (1) P(Z > z)= 0.9772
   (2) P(Z > z)= 0.9987
   (3) P(− z < Z < z)= 0.99

3. 如果 X 是一個平均數μ未知，但標準差σ為 2 的常態隨機變數，若 P(X > 7)= 0.8159，求μ的值。

4. 如果 X 是一個平均數為 2，但標準差未知的常態隨機變數，若 P(X < 5)= 0.9332，求σ的值。

5. 若 X 是一個平均數μ及變異數 σ² 均未知的常態隨機變數，但知道 X 大於 6 的機率為 0.9772，及 X 大於 5 的機率為 0.9987，試求μ及 σ² 之值。

6. 假設 X 是一個平均數為 72，標準差為 9 的常態隨機變數，試求 X 在 60 與 80 間的機率為何？

7. 某縣 70 歲以上老人健康檢查中發現，收縮壓大於 140 mmHg 的老人，約佔受檢老人的 47 %，若從受檢老人中隨機抽出 20 位老人所構成的樣本，試問其中至少有 3 位老人收縮壓大於 140 mmHg 的機率為何？若隨機抽出 100 位老人所構成的樣本，試問至少有 30 人收縮壓大於 140 mmHg 的機率又為何？

8. 某縣所有 70 歲以上的男性所構成的母群體，其膽固醇值近似常態，平均數為 193 mg/100 ml，標準差為 24 mg/100 ml，試求隨機抽出一位 70 歲以上的男性，其膽固醇量高於 241 mg/100 ml 的機率。

9. 上題中，試問膽固醇量在 181 mg/100 ml 及 205 mg/100 ml 之間的 70 歲以上男性，佔該縣所有 70 歲以上男性的百分比？

10. 第 8 題中，該縣 95 ％的 70 歲以上男性膽固醇量會低於多少 mg/100 ml？

11. 若 X～N(1, 3)，且 Y = 3 + 2X，則 Y 的機率分布為何？平均數及標準差為多少？

12. 若 X～N(1, 3)，Y～N(2, 5)，且 X 與 Y 互相獨立，則 X + Y 的機率分布為何？平均數及標準差為多少？

# 第 8 章

## 抽樣分布

統計學主要的研究主題之一，就是從母群體中隨機抽出樣本來，藉著樣本資料所計算而得的統計量，對母群體中的參數做推論，此過程也就是所謂的統計推論(statistical inference)。例如我們想要針對某縣內 70 歲以上老人的平均膽固醇值做推論，那麼我們可以從該縣所有 70 歲以上老人所構成的母群體中，隨機抽出一個樣本來，計算樣本的平均膽固醇值，藉以推估母群體的平均膽固醇值，但是每次從母群體中找出的樣本，所計算得到的平均膽固醇值，一般都不會相等，因此樣本平均數也就是一個隨機變數。對於此隨機變數的機率分布加以探討，可以提供我們單從一個隨機樣本就能對母群體平均數做推論的基礎。

## 一、樣本平均數的抽樣分布

我們首先定義抽樣分布(sampling distribution)，所謂抽樣分布指的是一個統計量的機率分布，例如樣本平均數 $\overline{X}$ 的機率分布，就稱為樣本平均數的抽樣分布(sampling distribution of the sample mean)。我們習慣把某統計量的抽樣分布之標準差，稱之為該統計量的標準誤(standard error, SE)，例如樣本平均數的抽樣分布之標準差就稱為樣本平均數的標準誤(standard error of the sample mean)。當我們考慮膽固醇值的變數時，對於某一特定的母群體其平均膽固醇值為 $\mu$，變異數為 $\sigma^2$，假設我們從此母群體隨機抽出一個樣本大小為 n 的樣本，計算其樣本平均數，稱為 $\overline{x}_1$，我們可以繼續抽出樣本大小同為 n 的樣本，並分別計算其樣本平均數，稱為 $\overline{x}_2$、$\overline{x}_3$、…，一直到所有樣本大小為 n 的樣本都被抽出，並計算其樣本平均數，這所有計算所得的樣本平均數也就是這個隨機變

數 $\overline{X}$ 所有可能出現的數值，這也建立了當樣本大小為 n 時，樣本平均數 $\overline{X}$ 的抽樣分布。

## 二、中央極限定理

對於一個不論為何種分布的母群體，若其平均數為μ，變異數為 $\sigma^2$，當樣本大小為 n 時，樣本平均數 $\overline{X}$ 的抽樣分布具有以下三個重要的性質：

*1.*樣本平均數的抽樣分布，其平均數會等於母群體的平均數，寫成 $\mu_{\bar{x}}=\mu$。

*2.*樣本平均數的抽樣分布之標準差，也就是標準誤，會等於母群體的標準差，除以 $\sqrt{n}$，寫成 $\sigma_{\bar{x}}=\dfrac{\sigma}{\sqrt{n}}$。

*3.*當 n 足夠大時，則樣本平均數的抽樣分布會趨近常態分布。

以上的結果，稱為中央極限定理(central limit theorem)。

由中央極限定理，我們可以知道，每次抽樣所求得的樣本平均數應該圍繞著母群體平均數變動，並且其抽樣分布的變異會較母群體的變異小，抽樣分布的變異會隨著 n 增加而減小。除此之外，當 n 足夠大時，樣本平均數的抽樣分布會趨近常態。至於 n 要大到多少才算夠大呢？這主要取決於母群體的分布型態，當母群體的分布與常態分布相距很大時，則需要較大的 n，反之，如果與常態分布相距不大時，所需要的 n 則可較小。一般而言，不論母群體的分布型態為何，n≥30 時，樣本平均數的抽樣分布趨近常態的情況會很好；當 n < 30 時，只要母群體的分布與常態分布差距不大時，則樣本平均數的抽樣分布離常態分布也不會太遠。如果母群體本身就是常態分布，那麼就算 n = 1，樣本平均數的抽樣分布也會是常態。根據中央極限定理，我們知道當 n 夠大

時，$\overline{X}$ 的抽樣分布會是常態分布，並且平均數爲μ，標準差爲 $\dfrac{\sigma}{\sqrt{n}}$，所以我們可寫成：

$$Z = \dfrac{\overline{X} - \mu}{\dfrac{\sigma}{\sqrt{n}}} \sim N(0,1)$$

中央極限定理適用於任何型態的母群體，只要此母群體的變異數爲有限(finite)存在，此定理可幫助我們處理抽樣分布中的機率問題，以及進行統計推論的工作。

【Q1】　假設某縣所有 70 歲以上的老人所構成的母群體，其膽固醇值的分布近似常態，並且其平均數爲 200 mg/100 ml，標準差則爲 42 mg/100 ml，如果我們從這個母群體中隨機抽出一個包含 10 位老人的樣本，試求：

(1)此樣本的平均膽固醇值會大於 220 mg/100 ml 的機率有多大？

(2)隨機抽出一個樣本，其平均膽固醇值落在 180 mg/100 ml 至 220 mg/100 ml 間的機率？

(3)假設有 5 ％老人的平均膽固醇值會小於某特定值，試求此值。

【Ans】　(1)由於此母群體近似常態，利用中央極限定理可得知 $\overline{X}$ 的抽樣分布會趨近常態，且其平均數爲 200 mg/100 ml，標準差則爲 $42/\sqrt{10} = 13.28$

因此可寫成 $Z = \dfrac{\overline{X} - 200}{13.28}$

假如 $\bar{x} = 220$，那麼 $z = \dfrac{220 - 200}{13.28} = 1.51$

查附表 2 可知，在 z ＝ 1.51 左邊的機率是 0.9345，因此，大於1.51的機率爲 0.0655(＝ 1 －

0.9345)，也就是說此樣本平均數會大於 220 mg/100 ml 的機率是 0.0655。

(2)我們希望求得以下機率：

$P(180 \leq \overline{X} \leq 220)$

$= P(\dfrac{180 - 200}{13.28} \leq \dfrac{\overline{X} - 200}{13.28} \leq \dfrac{220 - 200}{13.28})$

$= P(-1.51 \leq Z \leq 1.51)$

$= 2(0.5 - 0.0655)$

$= 0.869$

(3)查表得知，在 $z = -1.645$ 左邊的機率為 0.05，因此

$-1.645 = \dfrac{\overline{x} - 200}{13.28}$

得 $\overline{x} = 178.15$。也就是大約有 5％的膽固醇平均值會小於或等於 178.15 mg/100 ml。

## 三、兩樣本平均數差的抽樣分布

經常我們研究的重點著重於兩個不同的母群體，我們想要知道這兩個母群體的平均數是否相同，如果不相同，那麼這兩個母群體的平均數差異又有多大。例如我們研究年齡在 70 歲以上的老人中，男性母群體及女性母群體間膽固醇平均值是否不同？如果有不同時，其差異又是多大？因此了解兩樣本平均數差的抽樣分布(sampling distribution of the difference between two sample means)，將有助於回答類似問題。

假設現有兩個母群體，第一個母群體的平均數及變異數分別是 $\mu_1$ 及 $\sigma_1^2$，第二個母群體的平均數及變異數則分別為 $\mu_2$ 及 $\sigma_2^2$，如果從第一個母群體中，隨機抽出樣本大小為 $n_1$ 的樣本，並以 $\overline{X}_1$ 代表來自第一個母群體的樣本平均數的隨機變數，而從第二個母群體中，則隨機抽出樣本大小為 $n_2$ 的樣本，且以 $\overline{X}_2$ 代表來自第二個母群體的樣本平均數的隨機

變數，如果來自不同母群體的樣本彼此間互相獨立時，那麼所有可能 $\overline{X}_1 - \overline{X}_2$ 值的分布，就構成兩樣本平均數差的抽樣分布。並且 $\overline{X}_1 - \overline{X}_2$ 的抽樣分布會趨近常態，平均數及變異數分別是：

$$\mu_{\overline{X}_1 - \overline{X}_2} = \mu_1 - \mu_2$$

$$\sigma^2_{\overline{X}_1 - \overline{X}_2} = \frac{\sigma^2_1}{n_1} + \frac{\sigma^2_2}{n_2}$$

因此可寫成：

$$Z = \frac{(\overline{X}_1 - \overline{X}_2) - (\mu_1 - \mu_2)}{\sqrt{\dfrac{\sigma^2_1}{n_1} + \dfrac{\sigma^2_2}{n_2}}} \sim N(0,\ 1)$$

當兩母群體與常態相距不遠時， $n_1$ 和 $n_2$ 就算是分別小於 30， $\overline{X}_1 - \overline{X}_2$ 的抽樣分布也一樣會是趨近常態，如果 $n_1$ 和 $n_2$ 都大於或等於 30 時，則不論兩母群體的分布型態， $\overline{X}_1 - \overline{X}_2$ 的抽樣分布必會趨近常態。

【Q2】　假設有二個常態分布的母群體其平均數相等，變異數分別為 $\sigma^2_1 = 100$ 及 $\sigma^2_2 = 150$ ，試求當 $n_1 = 25$ ， $n_2 = 30$ 時， $\overline{X}_1 - \overline{X}_2$ 的值會大於或等於 8 的機率。

【Ans】　假設兩母群體的平均數為 $\mu$，因為 $\overline{X}_1 - \overline{X}_2$ 的抽樣分布會趨近常態，且其平均數與變異數分別是：

$\mu_{\overline{X}_1 - \overline{X}_2} = \mu - \mu = 0$

$\sigma^2_{\overline{X}_1 - \overline{X}_2} = \dfrac{100}{25} + \dfrac{150}{30} = 9$

所以 $\overline{X}_1 - \overline{X}_2$ 的值會大於或等於 8 的機率為：

$$P(\overline{X}_1 - \overline{X}_2 \geq 8) = P(\frac{(\overline{X}_1 - \overline{X}_2) - 0}{\sqrt{9}} \geq \frac{8 - 0}{\sqrt{9}})$$

$$= P(Z \geq 2.67)$$

$$= 1 - 0.9962$$

$$= 0.0038$$

【Q3】 某醫學院男、女同學體重（公斤）的平均數及變異數分別是男同學 $\mu_1 = 64$，$\sigma_1^2 = 105$，女同學 $\mu_2 = 54$，$\sigma_2^2 = 40$，假如我們隨機抽出 35 位男同學及 40 位女同學，試求男、女同學體重平均數的差小於 5 公斤的機率。

【Ans】 因為 $\overline{X}_1 - \overline{X}_2$ 的抽樣分布會趨近常態，其平均數及變異數分別為：

$$\mu_{\overline{X}_1 - \overline{X}_2} = 64 - 54 = 10$$

$$\sigma_{\overline{X}_1 - \overline{X}_2}^2 = \frac{105}{35} + \frac{40}{40} = 4$$

男、女同學體重平均數的差小於 5 公斤的機率為：

$$P(\overline{X}_1 - \overline{X}_2 < 5) = P(\frac{(\overline{X}_1 - \overline{X}_2) - 10}{\sqrt{4}} < \frac{5 - 10}{\sqrt{4}})$$
$$= P(Z < -2.5)$$
$$= 0.0062$$

## 四、樣本比例的抽樣分布

在我們的研究當中，經常想要知道某一特殊事件的發生比例，例如：

- 大台北地區國小學童患有過敏性鼻炎的比例。
- 有過失眠經驗的民眾比例。
- 台灣地區死於肺癌者中與吸煙有關的比例。

如果我們現在要探討大台北地區國小學童患有過敏性鼻炎的比例時，總共 n 位接受檢查的國小學童中，有 x 位患有過敏性鼻炎，因此從罹患過敏性鼻炎比例為 p 的母群體中，我們求得樣本中罹患過敏性鼻炎的比例 $\hat{p} = \frac{x}{n}$，此樣本比例唸做「p-hat」。

　　在母群體中，我們可以把患有過敏性鼻炎的國小學童以 1 代表，未罹患者則以 0 代表，這時的母群體平均數也就等於 1 所占的比例，就是 p，變異數則等於 p(1 － p)。假如我們從這母群體中隨機抽出 n 個觀測值構成一個樣本，則可計算在此樣本中 1 所占的比例，如果我們繼續抽出樣本大小為 n 的樣本，直到所有可能的樣本均被抽出，這樣我們就建立了樣本比例的抽樣分布(sampling distribution of a sample proportion)，根據中央極限定理，樣本比例的抽樣分布有以下的性質：

　　*1.*樣本比例的抽樣分布，其平均數等於母群體平均數，即 $\mu_{\hat{p}} = p$ 。

　　*2.*樣本比例的抽樣分布，其變異數等於母群體變異數除以 n，即：

$$\sigma_{\hat{p}}^2 = \frac{p(1 - p)}{n}$$

　　*3.*當 n 夠大時，樣本比例的抽樣分布會趨近常態分布，所以我們可寫成：

$$Z = \frac{\hat{p} - p}{\sqrt{\dfrac{p(1 - p)}{n}}} \sim N(0, 1)$$

　　至於 n 需要多大呢？一般而言，當 np 及 n(1 － p)都大於或等於 5 時，則樣本比例的抽樣分布會趨近常態。

【Q4】　假設大台北地區國小學童患有過敏性鼻炎的比例是 p = 0.33，我們從此母群體中隨機抽出 50 位同學，試問此樣本中罹患過敏性鼻炎的比例大於或等於 0.5 的機率為何？

【Ans】　因為 np = 50 × 0.33 = 16.5，n(1 － p) = 50 × 0.67 = 33.5 均大於 5，所以樣本的罹患過敏性鼻炎比例 $\hat{p}$ 其抽樣分布會趨近常態，且平均數及標準差分別

$$\text{為 } \mu_{\hat{p}} = p = 0.33 \text{ , } \sigma_{\hat{p}} = \sqrt{\frac{0.33(1 - 0.33)}{50}} = 0.066$$

$$P(\hat{p} \geq 0.5) = P(\frac{\hat{p} - 0.33}{0.066} \geq \frac{0.5 - 0.33}{0.066})$$

$$= P(Z \geq 2.58)$$

$$= 1 - 0.9951$$

$$= 0.0049$$

## 五、兩樣本比例差的抽樣分布

當我們研究的重點，在於分別探討在兩個不同的母群體中，某一特殊事件發生的比例時，那麼我們就必須先清楚兩樣本比例差的抽樣分布(sampling distribution of the difference between two sample proportions)。例如想比較使用傳統三合一疫苗和新型三合一疫苗的幼童會有發燒副作用的比例，那麼可分別從使用傳統三合一疫苗及新型三合一疫苗的幼童母群體中，分別抽出 $n_1$ 及 $n_2$ 個孩童所構成的隨機樣本，樣本彼此間互相獨立，而兩母群體中有發燒副作用的比例分別是 $p_1$ 及 $p_2$，在 $n_1$ 及 $n_2$ 位幼童中也分別發現各有 $x_1$ 及 $x_2$ 位幼童有發燒的現象，因此我們可分別以 $\hat{p}_1 = \frac{x_1}{n_1}$ 及 $\hat{p}_2 = \frac{x_2}{n_2}$ 來估計 $p_1$ 及 $p_2$，而重複相同抽樣，則所有可能 $\hat{p}_1 - \hat{p}_2$ 值的分布，就構成了兩樣本比例差的抽樣分布，兩樣本比例差的抽樣分布有以下的性質：

　　1.兩樣本比例差的抽樣分布其平均數等於兩母群體比例之差，即：

$$\mu_{\hat{p}_1 - \hat{p}_2} = p_1 - p_2$$

　　2.兩樣本比例差的抽樣分布其變異數等於兩樣本比例抽樣分布的變異數之和，即：

$$\sigma_{\hat{p}_1 - \hat{p}_2}^2 = \frac{p_1(1 - p_1)}{n_1} + \frac{p_2(1 - p_2)}{n_2}$$

*3.* 當 $n_1$ 及 $n_2$ 夠大時，兩樣本比例差的抽樣分布會趨近常態。我們可寫成：

$$Z = \frac{(\hat{p}_1 - \hat{p}_2) - (p_1 - p_2)}{\sqrt{\dfrac{p_1(1 - p_1)}{n_1} + \dfrac{p_2(1 - p_2)}{n_2}}}$$

一般而言，當 $n_1 p_1$、$n_2 p_2$、$n_1(1 - p_1)$、$n_2(1 - p_2)$ 都大於或等於 5 時，則 $n_1$ 和 $n_2$ 視為夠大。

【Q5】　假設注射傳統三合一疫苗後，幼童會發燒的比例為 0.48，而注射新型三合一疫苗後發燒的比例則為 0.15，若從各母群體中都隨機抽出 60 位幼童的樣本時，試求 $\hat{p}_1 - \hat{p}_2$ 會大於 0.30 的機率。

【Ans】　本題中 $n_1 p_1 = 60 \times 0.48 = 28.8$

$n_2 p_2 = 60 \times 0.15 = 9$

$n_1(1 - p_1) = 60 \times 0.52 = 31.2$ ， $n_2(1 - p_2) = 60 \times 0.85 = 51$，均大於 5，並且：

$\mu_{\hat{p}_1 - \hat{p}_2} = p_1 - p_2 = 0.48 - 0.15 = 0.33$

$\sigma^2_{\hat{p}_1 - \hat{p}_2} = \dfrac{(0.48)(0.52)}{60} + \dfrac{(0.15)(0.85)}{60} = 0.006285$

所以 $P(\hat{p}_1 - \hat{p}_2 > 0.30)$

$$= P\left(\frac{(\hat{p}_1 - \hat{p}_2) - (p_1 - p_2)}{\sqrt{\dfrac{p_1(1 - p_1)}{n_1} + \dfrac{p_2(1 - p_2)}{n_2}}} > \frac{0.3 - 0.33}{\sqrt{0.006285}}\right)$$

$= P(Z > -0.380)$

$= 1 - 0.352$

$= 0.648$

## ✐習題

1. 根據研究資料顯示，年齡在 20 至 70 歲之間的墨西哥裔美人，其平均膽固醇值爲 203 mg/100 ml，標準差爲 44 mg/100 ml，試求：

   (1)從此母群體中隨機抽出 1 人，其膽固醇值在 181 及 225 mg/100 ml 間的機率？

   (2)從此母群體中隨機抽出 1 人，其膽固醇值大於 220 mg/100 ml 的機率？

2. 假設某班同學生物統計學期中考平均成績爲 72 分，標準差爲 9 分，若隨機由班上抽出 10 位同學，其平均成績低於 60 分的機率爲何？

3. 假設某中年男性所構成的母群體，其三酸甘油脂近似常態分布，平均數及標準差則分別爲 130 mg/100 ml 及 30 mg/100 ml，今隨機抽出一個 9 個人所構成的樣本，求以下機率：

   (1)平均數大於 150 mg/100 ml 時。

   (2)平均數在 40 至 150 mg/100 ml 間。

   (3)平均數小於 40 mg/100 ml 時。

4. 假設 $\mu = 25$、$\sigma = 8$ 且 $n = 25$，求：

   (1) $P(20 \leq \overline{X} \leq 30)$

   (2) $P(\overline{X} > 40)$

   (3) $P(\overline{X} < 15)$

5. 假設一個常態且 $\mu_1 = 45$、$\sigma_1^2 = 16$ 的分布中隨機抽出一個樣本大小爲 5 的樣本，計算平均數爲 $\overline{X}_1$，另從一個同樣是常態，$\mu_2 = 40$、$\sigma_2^2 = 9$ 的分布抽出一個與前述樣本互相獨立且樣本大小爲 9 的樣本，計算平均爲 $\overline{X}_2$，試求

$P(\overline{X}_1 - \overline{X}_2 < 5)$。

6. 某母群體 $p = 0.5$，今隨機抽出一個 $n = 81$ 的樣本，試求：

   ⑴ $P(\hat{p} \leq 0.45)$

   ⑵ $P(\hat{p} \geq 0.6)$

   ⑶ $P(0.52 \leq \hat{p} \leq 0.58)$

7. 某地區癌症患者未接受正統治療的比例為 0.42，若從此地區隨機抽出 20 位癌症患者，試問此樣本未接受正統治療的比例小於 0.5 的機率為何？

8. 全細胞型三合一疫苗使接種幼童發生紅腫現象的比例為 0.4，而無細胞型三合一疫苗則為 0.12，若接受全細胞及無細胞型三合一疫苗的隨機樣本分別有 16 位及 49 位幼童，試求 $\hat{p}_1 - \hat{p}_2$ 大於 0.2 的機率。

# 第9章

# 估　計

統計推論是藉由母群體中所抽出的隨機樣本來對母群體做出結論的過程，在一般生物醫學領域的研究中，研究人員有興趣的可能是平均數、比例等有關母群體的參數，但由於成本、時間等因素的限制，所以無法針對母群體中的每一個觀測值來研究，因此只能藉助從隨機樣本中所得到的訊息來推論母群體的參數值。統計推論包含估計(estimation)及假設檢定(tests of hypotheses)兩部分，而估計又分為點估計(point estimation)及區間估計(interval estimation)兩種。

## 一、點估計

我們知道，樣本平均數 $\overline{X}$ 可被用來估計（estimate，動詞用）母群體平均數$\mu$，而 $\overline{X} = \frac{1}{n}\sum_{i=1}^{n}X_i$，這裡 $\overline{X}$ 稱為$\mu$的估式(estimator)，估式以公式呈現，是樣本觀測值的函數，當把樣本觀測值代入估式後所得到的數值，則稱為$\mu$的估值（estimate，名詞用）。這種從母群體中抽出隨機樣本，計算單一數值來估計母群體參數的估計過程，稱為「點估計」(point estimation)，所得到的估式及估值就稱為「點估式」(point estimator)及點估值(point estimate)。一般而言，一個母群體參數可以用多個估式來估計，所以我們就必須根據不同的準則來決定哪一個估式較佳，其中一個準則就是無偏性(unbiasedness)，某估式 $\hat{\theta}$ 抽樣分布的平均數如果等於其參數$\theta$，則 $\hat{\theta}$ 為$\theta$的無偏估式(unbiased estimator)，寫成 $E(\hat{\theta})=\theta$，如果不成立，則 $\hat{\theta}$ 為有偏估式(biased estimator)，例如 $\overline{X}$ 抽樣分布的平均數等於$\mu$，所以 $\overline{X}$ 是$\mu$的無偏估式。

對於μ的點估式 $\overline{X}$ 而言，它並未提供任何 $\overline{X}$ 抽樣變異的訊息。而以下所要介紹的區間估計，也就是用可能包含μ的值來構成區間，藉以估計μ。

## 二、單一母群體平均數的信賴區間

　　為了建立母群體平均數μ的信賴區間(confidence interval)，我們必須利用μ的點估式 $\overline{X}$ 及其抽樣分布性質。根據中央極限定理得知，若母群體的平均數及變異數分別是μ及 $\sigma^2$ 時，$\overline{X}$ 的抽樣分布會趨近常態，可寫成 $\overline{X} \sim N(\mu, \frac{\sigma}{\sqrt{n}})$，當母群體為常態時，n 不論是大是小，以上定理均成立，但當母群體不為常態時，只要 n 夠大，以上定理也成立。我們也可寫成 $Z = \dfrac{\overline{X} - \mu}{\frac{\sigma}{\sqrt{n}}} \sim N(0, 1)$，對一個標準常態分布，約有 95 %的觀測值會落於 $-1.96$ 與 $1.96$ 之間，

所以　　　　　　　　$P(-1.96 \leq Z \leq 1.96) = 0.95$

進一步寫成　　　　$P(-1.96 \leq \dfrac{\overline{X} - \mu}{\frac{\sigma}{\sqrt{n}}} \leq 1.96) = 0.95$

同乘 $\frac{\sigma}{\sqrt{n}}$，得　　$P(-1.96\frac{\sigma}{\sqrt{n}} \leq \overline{X} - \mu \leq 1.96\frac{\sigma}{\sqrt{n}}) = 0.95$

同減 $\overline{X}$，得　$P(-1.96\frac{\sigma}{\sqrt{n}} - \overline{X} \leq -\mu \leq 1.96\frac{\sigma}{\sqrt{n}} - \overline{X}) = 0.95$

同乘$(-1)$，得　$P(1.96\frac{\sigma}{\sqrt{n}} + \overline{X} \geq \mu \geq -1.96\frac{\sigma}{\sqrt{n}} + \overline{X}) = 0.95$

整理得　　　　　$P(\overline{X} - 1.96\frac{\sigma}{\sqrt{n}} \leq \mu \leq \overline{X} + 1.96\frac{\sigma}{\sqrt{n}}) = 0.95$

我們讓　　　　　$L = \overline{X} - 1.96\frac{\sigma}{\sqrt{n}}$ ，$U = \overline{X} + 1.96\frac{\sigma}{\sqrt{n}}$

這裡 L 和 U 分別是 $\mu$ 的 95 ％信賴下限(lower confidence limit)和信賴上限(upper confidence limit)，由於 $\overline{X}$ 是隨機變數，所以在樣本被抽出之前即確定此區間包含 $\mu$ 的機率是 0.95。這裡假設 $\sigma^2$ 是已知，所以只要隨機抽出一個樣本後，L 和 U 就可直接被求得。綜合言之，當 $\sigma$ 為已知且 n 夠大，則 $\mu$ 的 $100(1-\alpha)$ ％信賴區間可寫成：

$$(\overline{X} - Z_{1-\frac{\alpha}{2}}\frac{\sigma}{\sqrt{n}} , \overline{X} + Z_{1-\frac{\alpha}{2}}\frac{\sigma}{\sqrt{n}})$$

這裡的 $Z_{1-\frac{\alpha}{2}}$ 代表標準常態分布的第 $100(1-\frac{\alpha}{2})$ 百分位數，而 $1-\alpha$ 則稱為信賴係數(confidence coefficient)或信心水準(confidence level)，以下列出幾個常用的 $Z_{1-\frac{\alpha}{2}}$ 值：

| $1-\alpha$ | 0.90 | 0.95 | 0.99 |
|---|---|---|---|
| $Z_{1-\frac{\alpha}{2}}$ | 1.645 | 1.96 | 2.575 |

對於以上所建立的 $100(1-\alpha)$ ％信賴區間，可以利用機率或實用的角度分別詮釋如下：

1.假如我們從一個 $\sigma^2$ 已知且為常態分布的母群體中隨機抽樣，或是從非常態的母群體中抽樣，則 n 要夠大時，利用抽出的隨機樣本計算樣本平均數，並建立信賴區間，如此重複抽樣很多次後，所建立所有的區間中，有 $100(1-\alpha)$ ％的區間會包含 $\mu$。

2.同樣假如我們從一個 $\sigma^2$ 已知且為常態分布的母群體中隨機抽樣，若是從非常態的母群體中抽樣，則 n 要夠大時，利用抽出的隨機樣本計算樣本平均數，並建立信賴區間，我們有 $100(1-\alpha)$ ％的信心(confidence)相信，此區間會包含 $\mu$。

除了我們常用的 95 ％信賴區間外，有時如需要對 $\mu$ 的估計有較大的準確度時，我們可考慮建立 99 ％的信賴區間如

下：

$$(\overline{X} - 2.575\frac{\sigma}{\sqrt{n}}, \ \overline{X} + 2.575\frac{\sigma}{\sqrt{n}})$$

代表從 100 個獨立的隨機樣本所建立的信賴區間中，估計約有 99 個區間會包含μ，可以預期的是，99 ％的信賴區間會較 95 ％信賴區間爲寬，信賴區間的寬度(width)即信賴上限減去信賴下限，也就是說信賴區間愈寬，我們相信區間會包含μ的信心也就愈大。在不改變信心水準下，可藉著增加樣本大小n，降低 $\frac{\sigma}{\sqrt{n}}$ ，使得信賴區間變窄。所以信賴區間的寬與窄受到 n、σ和信賴係數的影響。

【Q1】 在σ固定下，分別求 n 等於 10、50、100、500、1000 時，μ的 95 ％信賴區間及寬度。

【Ans】

| n | 95 ％信賴區間 | 信賴區間寬度 |
|---|---|---|
| 10 | $(\overline{X} - 1.96\frac{\sigma}{\sqrt{10}}, \ \overline{X} + 1.96\frac{\sigma}{\sqrt{10}})$ | $1.240\sigma$ |
| 50 | $(\overline{X} - 1.96\frac{\sigma}{\sqrt{50}}, \ \overline{X} + 1.96\frac{\sigma}{\sqrt{50}})$ | $0.554\sigma$ |
| 100 | $(\overline{X} - 1.96\frac{\sigma}{\sqrt{100}}, \ \overline{X} + 1.96\frac{\sigma}{\sqrt{100}})$ | $0.392\sigma$ |
| 500 | $(\overline{X} - 1.96\frac{\sigma}{\sqrt{500}}, \ \overline{X} + 1.96\frac{\sigma}{\sqrt{500}})$ | $0.175\sigma$ |
| 1000 | $(\overline{X} - 1.96\frac{\sigma}{\sqrt{1000}}, \ \overline{X} + 1.96\frac{\sigma}{\sqrt{1000}})$ | $0.124\sigma$ |

由此得知，當信賴係數不變，增加樣本大小，可以找到比較窄的信賴區間。

【Q2】 某縣所有 70 歲以上的老人所構成的母群體，其膽固醇值的分布近似常態，並且其標準差爲 40 mg/100ml，如想以區間估計母群體膽固醇值的

平均數μ，今隨機抽出一個 16 位老人的樣本，膽固醇值的平均數為 200 mg/100ml，試建立μ的 95 ％及 99 ％信賴區間。

【Ans】 因為 $\sigma_{\bar{x}} = \dfrac{\sigma}{\sqrt{n}} = \dfrac{40}{4} = 10$，$\bar{x} = 200$，根據此樣本，μ的信賴區間為：

95 ％信賴區間為(200 － 1.96× 10, 200 ＋ 1.96× 10)或(180.4, 219.6)

99 ％信賴區間為(200 － 2.575× 10, 200 ＋ 2.575× 10)或(174.3, 225.8)

所以我們有 95 ％的信心相信，(180.4, 219.6)這區間會包含母群體膽固醇值平均數μ。有 99 ％的信心相信，(174.3, 225.8)這區間會包含母群體膽固醇值平均數μ。並且可知，99 ％的信賴區間較 95 ％信賴區間為寬。

## 三、t 分布

我們在建立母群體平均數μ的信賴區間時，需要假定母群體的變異數 $\sigma^2$ 是已知的，但事實上，假如μ未知，則 $\sigma^2$ 往往也是未知。這時可利用樣本資料所求得的樣本變異數 $S^2$ 來估計 $\sigma^2$，但從不同樣本中所求得的樣本變異數 $S^2$ 彼此間有差異，這時 $\dfrac{\bar{X} - \mu}{\dfrac{S}{\sqrt{n}}}$ 不再是標準常態分布的隨機變數，現在我們將討論其機率分布。

如果從一個常態或呈鐘型分布的母群體中，隨機抽出樣本大小為 n 的樣本時，則隨機變數 $t = \dfrac{\bar{X} - \mu}{\dfrac{S}{\sqrt{n}}}$ 的機率分布是一個自由度為 n － 1 的 t 分布，可以 $t_{n-1}$ 表示。t 分布是由

Gosset 以「Student」爲筆名於刊物中發表，所以也稱爲學生氏 t 分布(Student's t distribution)。t 分布與標準常態分布一樣，對稱於平均數，且平均數爲 0，並且也是鐘型分布，但 t 分布的變異性較大，主要是由於有 $\overline{X}$ 和 S 兩個造成變異的來源，t 分布的尾部會較標準常態分布高而扁平，但分布曲線下的面積總和仍爲 1，如圖 9.1。t 分布中的自由度(degrees of freedom, df)，也就是可用來計算 S 的獨立觀測值個數，並且自由度不同會有不同的 t 分布，當自由度小時，分布較分散，當自由度逐漸增加到無限大時，t 分布會接近標準常態分布。如圖 9.2。

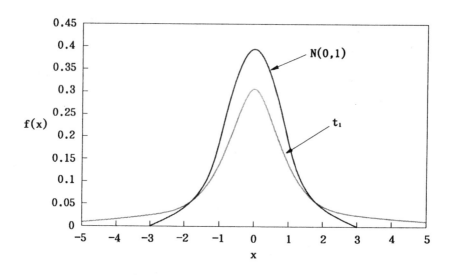

圖 9.1 標準常態分布和自由度爲 1 的 t 分布

t 分布也和標準常態分布一樣，已製成表，當要使用附表 3 中的 t 分布表時，我們必須要考慮自由度，表 9.1 是幾個不同自由度下的 t 分布之百分位數。

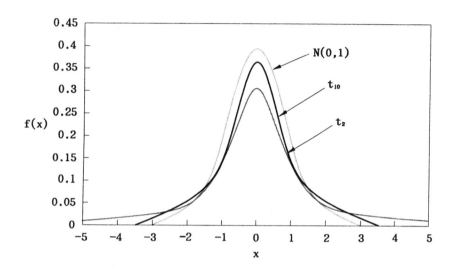

圖 9.2  不同自由度下的 t 分布與標準常態分布

因此當母群體的分布為常態或近似常態，但變異數未知，並且無法得到足夠大的 n 時，如想要建立μ的信賴區間時，必須利用 t 分布，藉著整理：

$$P(-t_{n-1,1-\frac{\alpha}{2}} \le \frac{\overline{X}-\mu}{\frac{S}{\sqrt{n}}} \le t_{n-1,1-\frac{\alpha}{2}}) = 1-\alpha$$

可得到μ的 100(1 −α)%信賴區間為：

表 9.1  幾個不同自由度的 t 分布之百分位數

| 自由度 | 百分位數 | | | | |
|---|---|---|---|---|---|
| | $t_{0.90}$ | $t_{0.95}$ | $t_{0.975}$ | $t_{0.99}$ | $t_{0.995}$ |
| 1 | 3.078 | 6.314 | 12.706 | 31.821 | 63.657 |
| 5 | 1.476 | 2.015 | 2.571 | 3.365 | 4.032 |
| 10 | 1.372 | 1.812 | 2.228 | 2.764 | 3.169 |
| 30 | 1.310 | 1.697 | 2.042 | 2.457 | 2.750 |
| 60 | 1.296 | 1.671 | 2.000 | 2.390 | 2.660 |
| 100 | 1.290 | 1.660 | 1.984 | 2.364 | 2.626 |
| ∞ | 1.282 | 1.645 | 1.960 | 2.326 | 2.576 |

$$(\overline{X} - t_{n-1,1-\frac{\alpha}{2}}\frac{S}{\sqrt{n}}, \overline{X} + t_{n-1,1-\frac{\alpha}{2}}\frac{S}{\sqrt{n}})$$

這裡 $t_{n-1,1-\frac{\alpha}{2}}$ 為自由度 $n-1$ 的 t 分布中的第 $100(1-\frac{\alpha}{2})$ 百分位數。

【Q3】 假設上例中母群體膽固醇值的標準差未知，仍想以區間估計母群體膽固醇值的平均數，今隨機抽出一個 36 個人的樣本，膽固醇值的平均數仍為 200 mg/100 ml，標準差為 42 mg/100 ml，試建立μ的 95 ％信賴區間。

【Ans】 因為 $\overline{x} = 200$ mg/100 ml，$s = 42$ mg/100 ml，對於一個自由度為 $36 - 1 = 35$ 的 t 分布約有 95 ％的觀測值會落於 $-2.030$ 及 $2.030$ 之間，藉此我們可建立μ的 95 ％信賴區間如下：

$$(200 - 2.030\frac{42}{\sqrt{36}},\ 200 + 2.030\frac{42}{\sqrt{36}})$$
$$= (185.79, 214.21)$$

【Q4】 為了解某鉛蓄電池工廠內男性員工血中鉛之平均濃度，以預防發生鉛中毒的情形，我們隨機抽出 11 位男性員工所構成的隨機樣本，分別測量其血中鉛濃度，發現血中鉛濃度的平均數為 67 μg/100 ml，而標準差則為 15 μg/100 ml，今假設母群體分布近似常態，試求母群體血中鉛濃度平均數μ的 95 ％信賴區間。

【Ans】 由於 $\overline{x} = 67$ μg/100 ml 及 $s = 15$ μg/100 ml，並且假設母群體分布近似常態，所以我們可利用 t 分布來建立μ的信賴區間，對一個自由度為 $11 - 1 = 10$ 的 t 分布，約有 95 ％的觀測值落在 $-2.228$ 及 $2.228$ 之間，因此μ的 95 ％信賴區間為 $(67 - 2.228\frac{15}{\sqrt{11}},$

$67 + 2.228\dfrac{15}{\sqrt{11}}$ )，即 $(56.92, 77.08)$，也就是説，我

們有 95 % 的信心相信，此區間會包含母群體血中

鉛濃度的平均數。

## 四、兩個母群體平均數差的信賴區間

假如我們有兩個母群體，其平均數分別是 $\mu_1$ 及 $\mu_2$，變異數則爲 $\sigma_1^2$ 及 $\sigma_2^2$，兩個母群體平均數差 $\mu_1 - \mu_2$，可以 $\overline{X}_1 - \overline{X}_2$ 這個無偏點估式來估計，所以我們如果從兩母群體分別取出獨立的隨機樣本，樣本大小分別是 $n_1$ 及 $n_2$，並計算 $\overline{X}_1$ 及 $\overline{X}_2$，則 $\mu_1 - \mu_2$ 的點估式爲 $\overline{X}_1 - \overline{X}_2$。假如兩母群體皆爲常態，我們可藉著 $\overline{X}_1 - \overline{X}_2$ 的抽樣分布性質來建立 $\mu_1 - \mu_2$ 的信賴區間。根據前章我們知道 $\overline{X}_1 - \overline{X}_2$ 的抽樣分布會趨近常態，且其平均數爲 $\mu_{\overline{X}_1 - \overline{X}_2} = \mu_1 - \mu_2$，標準差則爲：

$$\sigma_{\overline{X}_1 - \overline{X}_2} = \sqrt{\dfrac{\sigma_1^2}{n_1} + \dfrac{\sigma_2^2}{n_2}}$$

因此藉著

$$Z = \dfrac{(\overline{X}_1 - \overline{X}_2) - (\mu_1 - \mu_2)}{\sqrt{\dfrac{\sigma_1^2}{n_1} + \dfrac{\sigma_2^2}{n_2}}} \sim N(0, 1)$$

我們可寫成

$$P(-Z_{1-\frac{\alpha}{2}} \leq \dfrac{(\overline{X}_1 - \overline{X}_2) - (\mu_1 - \mu_2)}{\sqrt{\dfrac{\sigma_1^2}{n_1} + \dfrac{\sigma_2^2}{n_2}}} \leq Z_{1-\frac{\alpha}{2}}) = 1 - \alpha$$

仿照前節建立單一母群體平均數的信賴區間，當 $\sigma_1^2$ 及 $\sigma_2^2$ 爲已知時，藉著上式，我們可很容易的求得 $\mu_1 - \mu_2$ 的 $100(1 - \alpha)$ %信賴區間如下：

$$((\overline{X}_1 - \overline{X}_2) - Z_{1-\frac{\alpha}{2}}\sqrt{\dfrac{\sigma_1^2}{n_1} + \dfrac{\sigma_2^2}{n_2}}, \ (\overline{X}_1 - \overline{X}_2) + Z_{1-\frac{\alpha}{2}}\sqrt{\dfrac{\sigma_1^2}{n_1} + \dfrac{\sigma_2^2}{n_2}})$$

這裡 $Z_{1-\frac{\alpha}{2}}$ 爲標準常態分布的第 $1-\frac{\alpha}{2}$ 百分位數。

【Q5】　爲比較兩校學生的收縮壓是否相等，分別調查A與B兩校各100名學生的收縮壓，結果 $\bar{x}_A = 140$ mmHg 而 $\bar{x}_B = 136$ mmHg，但知 $\sigma_A = 15$ mmHg，$\sigma_B = 14$ mmHg。假設兩母群體近似常態且互相獨立，試求 $\mu_A - \mu_B$ 的 90 % 的信賴區間。

【Ans】　$\mu_A - \mu_B$ 的 90 % 信賴區間爲：

$$((140-136) - 1.645\sqrt{\frac{15^2}{100} + \frac{14^2}{100}}\ ,\ (140-136) +$$
$$1.645\sqrt{\frac{15^2}{100} + \frac{14^2}{100}})$$
$$= (0.625,\ 7.375)$$

　　在前面我們已經分別討論過當 $\sigma_1^2$ 和 $\sigma_2^2$ 已知時，於此情況下如何建立 $\mu_1 - \mu_2$ 的信賴區間。當母群體爲常態或近似常態分布的條件下時，如 $\sigma_1^2$ 和 $\sigma_2^2$ 未知，我們仍可借助 t 分布來建立 $\mu_1 - \mu_2$ 的信賴區間。

　　首先讓我們考慮有兩個常態或近似常態的母群體，$\sigma_1^2$ 和 $\sigma_2^2$ 未知，但 $\sigma_1^2 = \sigma_2^2 = \sigma^2$ 的情況下，如何建立 $\mu_1 - \mu_2$ 的 $100(1-\alpha)$% 信賴區間？由於 $\sigma_1^2$ 和 $\sigma_2^2$ 未知但卻相等，所以，我們可以藉著合併兩個樣本變異數 $S_1^2$ 及 $S_2^2$ 來估計共同的變異數 $\sigma^2$，我們以 $S_P^2$ 代表此合併的變異數估式，寫成：

$$S_P^2 = \frac{(n_1-1)S_1^2 + (n_2-1)S_2^2}{n_1 + n_2 - 2}$$

此時 $\mu_1 - \mu_2$ 的點估式仍爲 $\bar{X}_1 - \bar{X}_2$，但其抽樣分布的標準差爲：

$$S_{\bar{X}_1 - \bar{X}_2} = \sqrt{\frac{S_P^2}{n_1} + \frac{S_P^2}{n_2}} = S_P\sqrt{\frac{1}{n_1} + \frac{1}{n_2}}$$

因此 $\mu_1 - \mu_2$ 的 $100(1-\alpha)$% 信賴區間爲：

$$((\overline{X}_1 - \overline{X}_2) - t_{n_1+n_2-2,1-\frac{\alpha}{2}}\, S_P \sqrt{\frac{1}{n_1} + \frac{1}{n_2}}, (\overline{X}_1 - \overline{X}_2) + t_{n_1+n_2-2,1-\frac{\alpha}{2}}$$

$$S_P \sqrt{\frac{1}{n_1} + \frac{1}{n_2}})$$

這裡 $S_P$ 爲母群體標準差 $\sigma$ 的合併估值，$t_{n_1+n_2-2,1-\frac{\alpha}{2}}$ 則爲自由度 $n_1 + n_2 - 2$ 的 t 分布中第 $100(1 - \frac{\alpha}{2})$ 百分位數。

【Q6】　爲比較兩校學生收縮壓，分別調查 A 與 B 兩校各 16 名學生的收縮壓，結果 $\overline{x}_A = 140$ mmHg，$s_A = 15$ mmHg，$\overline{x}_B = 136$ mmHg，$s_B = 14$ mmHg。假設兩母群體近似常態且互相獨立，並且兩母群體變異數也相等，試求 $\mu_A - \mu_B$ 的 99％的信賴區間。

【Ans】　由於兩母群體變異數未知但卻相等 $(\sigma_A^2 = \sigma_B^2 = \sigma^2)$，所以計算 $S_P^2$ 來估計共同的變異數：

$$S_P^2 = \frac{(n_A - 1)S_A^2 + (n_B - 1)S_B^2}{n_A + n_B - 2}$$

$$= \frac{(16 - 1)15^2 + (16 - 1)\times 14^2}{16 + 16 - 2} = 210.5$$

$$S_P = 14.51$$

$$t_{30,0.995} = 2.75$$

$\mu_A - \mu_B$ 的 99％的信賴區間爲：

$$((140 - 136) - 2.75 \times 14.51 \times \sqrt{\frac{1}{16} + \frac{1}{16}},$$

$$(140 - 136) + 2.75 \times 14.51 \times \sqrt{\frac{1}{16} + \frac{1}{16}})$$

$$= (-10.11, 18.11)$$

其次讓我們考慮，當兩個母群體爲常態或近似常態且 $\sigma_1^2$ 及 $\sigma_2^2$ 未知，並且在 $\sigma_1^2 \neq \sigma_2^2$ 的情況下，如何建立 $\mu_1 - \mu_2$ 的 $100(1 - \alpha)\%$ 信賴區間。如果兩個母群體爲常態或近似常態，在

$\sigma_1^2 \neq \sigma_2^2$ 下，則必須使用下面的統計量：

$$\frac{(\overline{X}_1 - \overline{X}_2) - (\mu_1 - \mu_2)}{\sqrt{\dfrac{S_1^2}{n_1} + \dfrac{S_2^2}{n_2}}}$$

此統計量為近似 t 分布，自由度 $\upsilon$ 寫成：

$$\upsilon = \frac{(\dfrac{S_1^2}{n_1} + \dfrac{S_2^2}{n_2})^2}{\dfrac{(\dfrac{S_1^2}{n_1})^2}{n_1 - 1} + \dfrac{(\dfrac{S_2^2}{n_2})^2}{n_2 - 1}}$$

此值一般都不會等於整數，可刪除小數點以後數字，僅取整數。藉此我們可求得 $\mu_1 - \mu_2$ 的 $100(1 - \alpha)\%$ 近似信賴區間如下：

$$((\overline{X}_1 - \overline{X}_2) - t_{v,1-\frac{\alpha}{2}} \sqrt{\frac{S_1^2}{n_1} + \frac{S_2^2}{n_2}}, \ (\overline{X}_1 - \overline{X}_2) + t_{v,1-\frac{\alpha}{2}} \sqrt{\frac{S_1^2}{n_1} + \frac{S_2^2}{n_2}})$$

這裡 $t_{v,1-\frac{\alpha}{2}}$ 為自由度 $\upsilon$ 的 t 分布中的第 $100(1 - \frac{\alpha}{2})$ 百分位數。

【Q7】 肥胖與糖尿病關係密切，美國一項研究調查男女糖尿病病患的身體質量指數(Body Mass Index, BMI)，隨機抽出 20 位男性，其 BMI 的平均及標準差分別是 $\overline{x}_1 = 26$ kg/m²，$s_1 = 3$ kg/m²；另隨機抽出 12 位女性，其BMI的平均及標準差則為 $\overline{x}_2 = 25$ kg/m²，$s_2 = 5$ kg/m²，假設男女糖尿病病患 BMI 的母群體近似常態，但變異數卻不相等，試求 $\mu_1 - \mu_2$ 的 95 % 信賴區間。

【Ans】 由於兩母群體變異數未知，且不相等 $(\sigma_1^2 \neq \sigma_2^2)$，所以先計算 $\upsilon$：

$$\upsilon = \frac{(\dfrac{S_1^2}{n_1} + \dfrac{S_2^2}{n_2})^2}{\dfrac{(\dfrac{S_1^2}{n_1})^2}{n_1 - 1} + \dfrac{(\dfrac{S_2^2}{n_2})^2}{n_2 - 1}} = 15.84 \approx 15$$

$t_{15,0.975} \approx 2.131$

$$((26 - 25) - 2.131\sqrt{\frac{3^2}{20} + \frac{5^2}{12}},$$

$$(26 - 25) + 2.131\sqrt{\frac{3^2}{20} + \frac{5^2}{12}})$$

$$= (1 - 2.131 \times 1.59, 1 + 2.131 \times 1.59)$$

$$= (-2.39, 4.39)$$

## 五、配對樣本下兩個母群體平均數差的信賴區間

在前一節中,從兩個母群體中所抽出的隨機樣本彼此之間互相獨立,這裡我們將介紹配對樣本(paired sample)。所謂配對樣本即來自兩個母群體的樣本,其觀測值是配對出現,彼此間不互相獨立,最常見的就是前測-後測(pre-post test)試驗。例如想要探討某瘦身食譜是否有效,我們分別測量受測者使用前與使用後的體重;或者是想要了解高血壓衛教對提昇高血壓患者有關該疾病的認知效果時,可分別測量患者參加衛教前後的高血壓認知得分。另外一種配對的情況雖然是使用不同的對象,但不同的對象儘量使其相似。如想要了解兩種不同教學方法對大一新生學習的效果是否有不同,我們可以把性別、IQ,甚至入學成績相近的同學分在同一配對,分別施行兩種不同教學方法中的任一種,然後比較成效。而配對的主要目的就是要控制外在的變異。

假如我們想要比較使用瘦身食譜前後體重變化,可將資料整理如下:

| 使用前 | 使用後 | 差值 |
|--------|--------|------|
| $x_{11}$ | $x_{12}$ | $x_{11} - x_{12} = d_1$ |
| $x_{21}$ | $x_{22}$ | $x_{21} - x_{22} = d_2$ |
| · | · | · |
| · | · | · |
| · | · | · |
| $x_{n1}$ | $x_{n2}$ | $x_{n1} - x_{n2} = d_n$ |

我們假設 $d_1$、$d_2$、…、$d_n$ 是來自一個平均數為 $\mu_D = \mu_1 - \mu_2$，變異數 $\sigma_D^2$ 的常態母群體，這裡 $\mu_1$ 與 $\mu_2$ 分別是使用前與使用後兩母群體的平均數，由於假設 $\sigma_D^2$ 未知，所以可以 $S_D^2$ 來估計，而 $\mu_D$ 則可以點估式 $\overline{D}$ 來估計，$\overline{D}$ 和 $S_D^2$ 分別寫成：

$$\overline{D} = \frac{\sum\limits_{i=1}^{n} d_i}{n} \ , \ S_D^2 = \frac{\sum\limits_{i=1}^{n}(d_i - \overline{D})^2}{n-1}$$

因此，可寫成 $P(-t_{n-1,1-\frac{\alpha}{2}} \leq \dfrac{\overline{D} - \mu_D}{\sqrt{\dfrac{S_D^2}{n}}} \leq t_{n-1,1-\frac{\alpha}{2}}) = 1 - \alpha$

藉此我們可建立 $\mu_D = \mu_1 - \mu_2$ 的 $100(1-\alpha)\%$ 信賴區間如下：

$$(\overline{D} - t_{n-1,1-\frac{\alpha}{2}}\frac{S_D}{\sqrt{n}} \ , \ \overline{D} + t_{n-1,1-\frac{\alpha}{2}}\frac{S_D}{\sqrt{n}})$$

這裡 $t_{n-1,1-\frac{\alpha}{2}}$ 為自由度 $n-1$ 的 t 分布中的第 $100(1-\frac{\alpha}{2})$ 百分位數。

【Q8】 抽出 9 位使用瘦身食譜的學生，經過 15 週之後，使用前與使用後的體重差值 $(d_i)$ 分別是 11、7、12、11、5、9、6、8、9，試求 $\mu_D$ 的 95％ 信賴區間。

【Ans】 $\overline{d} = \dfrac{\sum\limits_{i=1}^{n} d_i}{9} = 8.67$

$s_d^2 = \dfrac{\sum\limits_{i=1}^{9}(d_i - \overline{d})^2}{9-1} = 5.75$ ， $s_d = 2.398$

又 $t_{8,0.975} = 2.306$

$\mu_D$ 的 95 ％信賴區間爲

$$(8.67 - 2.306 \times \frac{2.398}{3}, 8.67 + 2.306 \times \frac{2.398}{3})$$

$$= (6.827, 10.513)$$

## 六、單一母群體比例的信賴區間

當我們想要建立母群體比例 p 的信賴區間時，必須利用其點估式 $\hat{p}$ 及其抽樣分布性質，從前章中得知，當 np 及 $n(1 - p)$ 都大於或等於 5 時，$\hat{p}$ 的抽樣分布會趨近常態，其標準誤 $\sigma_{\hat{p}} = \sqrt{\frac{p(1 - p)}{n}}$ ，因爲 p 是我們所要估計的參數，所以以樣本比例 $\hat{p}$ 來估計，因此可以 $\sqrt{\frac{\hat{p}(1 - \hat{p})}{n}}$ 來估計 $\sigma_{\hat{p}}$ ，如此母群體比例 p 的 $100(1 - \alpha)$％信賴區間可寫成：

$$(\hat{p} - Z_{1-\frac{\alpha}{2}} \sqrt{\frac{\hat{p}(1 - \hat{p})}{n}}, \hat{p} + Z_{1-\frac{\alpha}{2}} \sqrt{\frac{\hat{p}(1 - \hat{p})}{n}})$$

【Q9】 根據某基金會的調查，在某市區隨機調查 2,300 人，其中有 345 人每天都生氣，試求此地區市民每天都生氣比例的 95 ％信賴區間。

【Ans】 調查 2,300 人，其中有 345 人每天都生氣，所以 $\hat{p} = \frac{345}{2300} = 0.15$ 爲每天都生氣比例的點估值，而 $n\hat{p} = 2300(0.15) = 345$ 及 $n(1 - \hat{p}) = 2300(0.85) = 1955$，均大於 5，所以可利用 $\hat{p}$ 的抽樣分布趨近常態，來建立 p 的 95 ％信賴區間如下：

$$0.15 - 1.96 \sqrt{\frac{0.15(1 - 0.15)}{2300}} = 0.135$$

$$0.15 + 1.96 \sqrt{\frac{0.15(1 - 0.15)}{2300}} = 0.165$$

也就是說，我們有 95 ％的信心相信，區間(0.135,
0.165)會包含每天都生氣的實際比例。

## 七、兩母群體比例差的信賴區間

要建立兩母群體比例差 $p_1 - p_2$ 的信賴區間，必須利用
$p_1 - p_2$ 的點估式 $\hat{p}_1 - \hat{p}_2$ 及抽樣分布性質，前章中得知，當
$n_1 p_1$, $n_1(1 - p_1)$, $n_2 p_2$, $n_2(1 - p_2)$ 都大於或等於 5 時，$\hat{p}_1 - \hat{p}_2$
的抽樣分布會趨近常態，其標準誤 $\sigma_{\hat{p}_1 - \hat{p}_2}$ 可以下式來估計：

$$\hat{\sigma}_{\hat{p}_1 - \hat{p}_2} = \sqrt{\frac{\hat{p}_1(1 - \hat{p}_1)}{n_1} + \frac{\hat{p}_2(1 - \hat{p}_2)}{n_2}}$$

藉此，兩母群體比例差 $p_1 - p_2$ 的 $100(1 - \alpha)$％信賴區間可寫
成：

$$\left( (\hat{p}_1 - \hat{p}_2) - Z_{1-\frac{\alpha}{2}} \hat{\sigma}_{\hat{p}_1 - \hat{p}_2} , (\hat{p}_1 - \hat{p}_2) + Z_{1-\frac{\alpha}{2}} \hat{\sigma}_{\hat{p}_1 - \hat{p}_2} \right)$$

【Q10】為比較注射傳統三合一疫苗及新型三合一疫苗後幼
童發燒的比例，在 25 位注射傳統三合一疫苗的幼
童中，12 位有發燒的情形，而 30 位注射新型三合
一疫苗的幼童中，則僅有 6 位有發燒的情形，試求
注射這兩種疫苗實際發燒比例差的 99 ％信賴區間。

【Ans】在 25 位注射傳統三合一疫苗的幼童中，有 12 位發
燒，所以發燒比例 $\hat{p}_1 = \frac{12}{25} = 0.48$，而 30 位注射新
型三合一疫苗的幼童中，則僅有 6 位發燒，所以發
燒比例 $\hat{p}_2 = \frac{6}{30} = 0.2$，而 $n_1 \hat{p}_1 = 25(0.48) = 12$，
$n_1(1 - \hat{p}_1) = 25(0.52) = 13$，$n_2 \hat{p}_2 = 30(0.2) = 6$，
$n_2(1 - \hat{p}_2) = 30(0.8) = 24$，均大於 5，所以可利用

$\hat{p}_1 - \hat{p}_2$ 的抽樣分布會趨近常態分布，來建立 $p_1 - p_2$ 的 99％信賴區間，如下：

$$(0.48 - 0.2) - 2.575 \sqrt{\frac{0.48(1 - 0.48)}{25} + \frac{0.2(1 - 0.2)}{30}}$$

$$= -0.039$$

$$(0.48 - 0.2) + 2.575 \sqrt{\frac{0.48(1 - 0.48)}{25} + \frac{0.2(1 - 0.2)}{30}}$$

$$= 0.599$$

我們有 99％的信心相信區間$(-0.039, 0.599)$會包含注射這兩種疫苗實際發燒比例的差。

## 八、單一母群體變異數的信賴區間

　　資料變異性的大小可藉變異數來加以描述，因此變異數可用於比較試驗資料的品質良窳，例如在多中心(multicenter)的臨床試驗中，為要控制由不同實驗室分析所得結果的一致性與穩定性，研究人員需檢查由不同實驗室所得檢測值的變異數是否均維持在同一標準，此時可藉建立母群體變異數 $\sigma^2$ 的信賴區間來檢測。

　　由於樣本變異數 $S^2$ 為母群體變異數 $\sigma^2$ 的點估式，欲建立 $\sigma^2$ 的信賴區間則需先知道 $S^2$ 的抽樣分布性質。當母群體為常態分布且變異數為 $\sigma^2$ 時，對於任一樣本大小為 n 的隨機樣本，樣本變異數為 $S^2 = \dfrac{\sum\limits_{i=1}^{n}(X_i - \overline{X})^2}{n - 1}$，則 $\dfrac{(n - 1)S^2}{\sigma^2}$ 會是自由度 n − 1 的卡方分布(chi-square distribution)，記作 $\chi^2$。

　　卡方分布不同於常態或 t 分布等對稱分布，卡方分布是一個非對稱性分布(asymmetric distribution)，並且卡方分布的形狀隨著自由度不同而改變，如圖 9.3 為自由度分別為 1、5、10 時的卡方分布。附表 4 則為在不同自由度下卡方分布的百分位數。

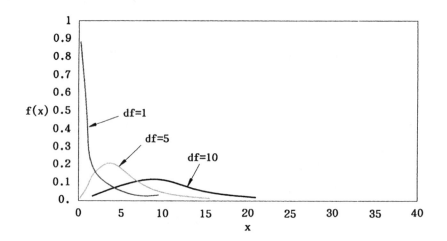

圖 9.3 不同自由度下的卡方分布

由於 $\chi^2 = \dfrac{(n-1)S^2}{\sigma^2}$ 為自由度 $n-1$ 的卡方分布,所以可寫成:

$$P(\chi^2_{n-1,\frac{\alpha}{2}} \leq \frac{(n-1)S^2}{\sigma^2} \leq \chi^2_{n-1,1-\frac{\alpha}{2}}) = 1 - \alpha$$

同乘 $\dfrac{1}{(n-1)S^2}$ ,得 $P(\dfrac{\chi^2_{n-1,\frac{\alpha}{2}}}{(n-1)S^2} \leq \dfrac{1}{\sigma^2} \leq \dfrac{\chi^2_{n-1,1-\frac{\alpha}{2}}}{(n-1)S^2}) = 1 - \alpha$

取倒數得 $\qquad P(\dfrac{(n-1)S^2}{\chi^2_{n-1,\frac{\alpha}{2}}} \geq \sigma^2 \geq \dfrac{(n-1)S^2}{\chi^2_{n-1,1-\frac{\alpha}{2}}}) = 1 - \alpha$

整理後 $\qquad P(\dfrac{(n-1)S^2}{\chi^2_{n-1,1-\frac{\alpha}{2}}} \leq \sigma^2 \leq \dfrac{(n-1)S^2}{\chi^2_{n-1,\frac{\alpha}{2}}}) = 1 - \alpha$

因此 $\sigma^2$ 的 $100(1-\alpha)$% 信賴區間為:

$$(\frac{(n-1)S^2}{\chi^2_{n-1,1-\frac{\alpha}{2}}}, \ \frac{(n-1)S^2}{\chi^2_{n-1,\frac{\alpha}{2}}})$$

這裡的 $\chi^2_{n-1,1-\frac{\alpha}{2}}$ 及 $\chi^2_{n-1,\frac{\alpha}{2}}$ 分別是自由度 $n-1$ 的卡方分布中的第 $100(1-\frac{\alpha}{2})$ 及 $100(\frac{\alpha}{2})$ 百分位數。至於標準差 $\sigma$ 的 $100(1-\alpha)$% 信賴區間只要取上述信賴下限及上限的平方根即可得:

$$(S\sqrt{\frac{n-1}{\chi^2_{n-1,1-\frac{\alpha}{2}}}},\ S\sqrt{\frac{n-1}{\chi^2_{n-1,\frac{\alpha}{2}}}})$$

【Q11】 假設某縣所有 70 歲以上的女性母群體其膽固醇值的分布為常態分布，但變異數未知，今從此女性母群體中隨機抽出 16 位，測得其膽固醇值的變異數為 576，試建立此女性母群體變異數 $\sigma^2$ 及標準差$\sigma$ 的 95 ％信賴區間。

【Ans】 由於$s^2 = 576$, $n = 16$，因此$\sigma^2$ 的 95 ％信賴區間的下限及上限分別為：

$$\frac{(n-1)S^2}{\chi^2_{n-1,1-\frac{\alpha}{2}}} = \frac{(16-1)\times 576}{27.488} = 314.32$$

$$\frac{(n-1)S^2}{\chi^2_{n-1,\frac{\alpha}{2}}} = \frac{(16-1)\times 576}{6.262} = 1379.75$$

所以我們有 95 ％的信心相信，(314.32, 1379.75)此區間會包含 70 歲以上的女性母群體膽固醇的變異數。而標準差$\sigma$的 95 ％信賴區間的下限及上限則為：$(\sqrt{314.32},\sqrt{1379.75}) = (17.73,37.15)$

## 九、兩個母群體變異數比值的信賴區間

前面曾提到如何進行兩個母群體平均數差的區間估計時，曾提到必須確定兩個母群體變異數是否相等，此時我們可建立此兩個母群體變異數比值的信賴區間，當此信賴區間包含 1 時，則表示兩母群體的變異數相等。假設有兩個常態分布的母群體，其變異數分別是 $\sigma_1^2$ 及 $\sigma_2^2$，欲建立變異數比值 $\frac{\sigma_1^2}{\sigma_2^2}$ 的信賴區間，則分別從兩個常態分布的母群體中抽出隨機樣本，樣本大小分別是 $n_1$ 及 $n_2$，並計算樣本變異數 $S_1^2$ 及 $S_2^2$，由於 $\frac{S_1^2}{S_2^2}$ 為 $\frac{\sigma_1^2}{\sigma_2^2}$ 的點估式，並且可知 $(\frac{S_1^2}{\sigma_1^2})/(\frac{S_2^2}{\sigma_2^2})$ 的抽

樣分布會是 F 分布(F distribution)，寫成：

$$F = \frac{S_1^2/\sigma_1^2}{S_2^2/\sigma_2^2} = \frac{S_1^2\sigma_2^2}{S_2^2\sigma_1^2}$$

F 分布是一個右偏分布，其分布形狀會受到兩個自由度的不同而改變，一為分子自由度(numerator degrees of freedom)，分子自由度為 $n_1 - 1$ ，也就是計算 $S_1^2$ 時的自由度，另一則為分母自由度(denominator degrees of freedom)，分母自由度則為 $n_2 - 1$ ，即計算 $S_2^2$ 時的自由度。圖 9.4 為分子與分母自由度分別是(4, 10)、(10, 4)及(10, 50)時的 F 分布。附表 5 則為不同分子與分母自由度組合下的百分位數。分子自由度以 $df_1$ 表示，分母自由度則以 $df_2$ 表示。並且可知：

$$F_{df_1,df_2,1-\alpha} = \frac{1}{F_{df_2,df_1,\alpha}}$$

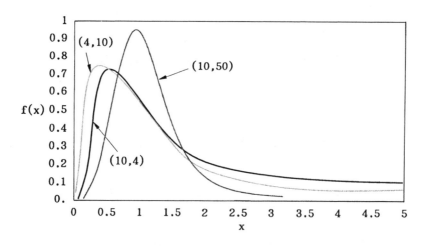

圖 9.4　不同分子與分母自由度下的 F 分布

由於 $F = \frac{S_1^2\sigma_2^2}{S_2^2\sigma_1^2}$ 的抽樣分布會是分子自由度 $n_1 - 1(df_1)$ 及分母自由度 $n_2 - 1(df_2)$ 的 F 分布，所以可寫成：

$$P(F_{df_1,df_2,\frac{\alpha}{2}} \leq \frac{S_1^2\sigma_2^2}{S_2^2\sigma_1^2} \leq F_{df_1,df_2,1-\frac{\alpha}{2}}) = 1-\alpha$$

同乘 $\frac{S_2^2}{S_1^2}$ ，得   $P(\frac{S_2^2}{S_1^2}F_{df_1,df_2,\frac{\alpha}{2}} \leq \frac{\sigma_2^2}{\sigma_1^2} \leq \frac{S_2^2}{S_1^2}F_{df_1,df_2,1-\frac{\alpha}{2}}) = 1-\alpha$

取倒數得   $P(\frac{S_1^2}{S_2^2}\frac{1}{F_{df_1,df_2,\frac{\alpha}{2}}} \geq \frac{\sigma_1^2}{\sigma_2^2} \geq \frac{S_1^2}{S_2^2}\frac{1}{F_{df_1,df_2,1-\frac{\alpha}{2}}}) = 1-\alpha$

整理後   $P(\frac{S_1^2}{S_2^2}\frac{1}{F_{df_1,df_2,1-\frac{\alpha}{2}}} \leq \frac{\sigma_1^2}{\sigma_2^2} \leq \frac{S_1^2}{S_2^2}\frac{1}{F_{df_1,df_2,\frac{\alpha}{2}}}) = 1-\alpha$

因此 $\frac{\sigma_1^2}{\sigma_2^2}$ 的 $100(1-\alpha)$％信賴區間為：

$$(\frac{S_1^2}{S_2^2}\frac{1}{F_{df_1,df_2,1-\frac{\alpha}{2}}}, \frac{S_1^2}{S_2^2}\frac{1}{F_{df_1,df_2,\frac{\alpha}{2}}})$$

這裡的 $F_{df_1,df_2,1-\frac{\alpha}{2}}$ 及 $F_{df_1,df_2,\frac{\alpha}{2}}$ 分別是分子自由度 $n_1-1$ ，分母自由度 $n_2-1$ 的 F 分布中第 $100(1-\frac{\alpha}{2})$ 及 $100(\frac{\alpha}{2})$ 百分位數。

【Q12】某縣 70 歲以上的女性與男性所構成的母群體，其膽固醇值分布呈常態，但變異數未知，今各隨機抽出 31 位女性及 31 位男性測量其膽固醇值的變異數，分別是 $s_1^2 = 784$ 及 $s_2^2 = 576$ ，試建立此兩個母群體變異數比值的 90％信賴區間。

【Ans】由於 $df_1 = df_2 = 30$ ，且 $s_1^2 = 784$ ， $s_2^2 = 576$ ， $F_{30,30,0.95} = 1.84$ ，因此 $\frac{\sigma_1^2}{\sigma_2^2}$ 的 90％信賴區間下限及上限分別為：

$\frac{S_1^2}{S_2^2}\frac{1}{F_{df_1,df_2,1-\frac{\alpha}{2}}} = \frac{784}{576} \times \frac{1}{1.84} = 0.74$

$\frac{S_1^2}{S_2^2}\frac{1}{F_{df_1,df_2,\frac{\alpha}{2}}} = \frac{S_1^2}{S_2^2} \times F_{df_2,df_1,1-\frac{\alpha}{2}} = \frac{784}{576} \times 1.84 = 2.50$

所以我們有 90％的信心相信，$(0.74, 2.5)$ 此區間會包含兩母群體變異數的比值。

## ☞重點提示

### 1. 單一母群體平均數μ的 $100(1-\alpha)$％雙尾信賴區間

（母群體為常態分布）

$$
\begin{cases}
\sigma^2 \text{ 已知} & \overline{X} \pm Z_{1-\frac{\alpha}{2}}\dfrac{\sigma}{\sqrt{n}} \\[3em]
\sigma^2 \text{ 未知} & \overline{X} \pm t_{n-1,1-\frac{\alpha}{2}}\dfrac{S}{\sqrt{n}}
\end{cases}
$$

### 2. 兩個母群體平均數差 $\mu_1-\mu_2$ 的 $100(1-\alpha)$％雙尾信賴區間

（兩個母群體均為常態分布）

$$
\sigma^2 \text{ 已知} \qquad (\overline{X}_1-\overline{X}_2) \pm Z_{1-\frac{\alpha}{2}}\sqrt{\dfrac{\sigma_1^2}{n_1}+\dfrac{\sigma_2^2}{n_2}}
$$

$$
\sigma^2 \text{ 未知}
\begin{cases}
\sigma_1^2=\sigma_2^2=\sigma^2 & (\overline{X}_1-\overline{X}_2) \pm t_{n_1+n_2-2,1-\frac{\alpha}{2}} S_P\sqrt{\dfrac{1}{n_1}+\dfrac{1}{n_2}} \\[2em]
& S_P^2=\dfrac{(n_1-1)S_1^2+(n_2-1)S_2^2}{n_1+n_2-2} \\[2em]
\sigma_1^2\neq\sigma_2^2 & (\overline{X}_1-\overline{X}_2) \pm t_{v,1-\frac{\alpha}{2}}\sqrt{\dfrac{S_1^2}{n_1}+\dfrac{S_2^2}{n_2}}
\end{cases}
$$

$$
v=\dfrac{(\dfrac{S_1^2}{n_1}+\dfrac{S_2^2}{n_2})^2}{\dfrac{(\dfrac{S_1^2}{n_1})^2}{n_1-1}+\dfrac{(\dfrac{S_2^2}{n_2})^2}{n_2-1}}
$$

### 3. 配對樣本下兩個母群體平均數差 $\mu_D$ 的 $100(1-\alpha)$％雙尾信賴區間

（母群體為常態分布）

$$
\overline{D} \pm t_{n-1,1-\frac{\alpha}{2}}\dfrac{S_D}{\sqrt{n}}
$$

4. 單一母群體比例 p 的 $100(1-\alpha)\%$ 雙尾信賴區間

當 np 及 $n(1-p)$ 均大等於 5 時

$$\hat{p} \pm Z_{1-\frac{\alpha}{2}} \sqrt{\frac{\hat{p}(1-\hat{p})}{n}}$$

5. 單一母群體變異數 $\sigma^2$ 的 $100(1-\alpha)\%$ 雙尾信賴區間

$$\left(\frac{(n-1)S^2}{\chi^2_{n-1,1-\frac{\alpha}{2}}}, \frac{(n-1)S^2}{\chi^2_{n-1,\frac{\alpha}{2}}}\right)$$

6. 兩母群體比例差 $p_1 - p_2$ 的 $100(1-\alpha)\%$ 雙尾信賴區間

當 $n_1 p_1$，$n_1(1-p_1)$，$n_2 p_2$，$n_2(1-p_2)$ 均大於或等於 5 時

$$(\hat{p}_1 - \hat{p}_2) \pm Z_{1-\frac{\alpha}{2}} \sqrt{\frac{\hat{p}_1(1-\hat{p}_1)}{n_1} + \frac{\hat{p}_2(1-\hat{p}_2)}{n_2}}$$

7. 兩母群體比值 $\dfrac{\sigma_1^2}{\sigma_2^2}$ 的 $100(1-\alpha)\%$ 雙尾信賴區間

$$\left(\frac{S_1^2}{S_2^2} \frac{1}{F_{df_1,df_2,1-\frac{\alpha}{2}}}, \frac{S_1^2}{S_2^2} \frac{1}{F_{df_1,df_2,\frac{\alpha}{2}}}\right)$$

$df_1 = n_1 - 1$，$df_2 = n_2 - 1$

### ✎習題

1. 某中年男性所構成的母群體其三酸甘油脂近似常態,且其標準差為 30 mg/100 ml,今隨機抽出一個 49 位中年男性的樣本,測得其平均三酸甘油脂為 142 mg/100 ml,試建立此中年男性所構成的母群體其平均三酸甘油脂的 98 % 信賴區間。

2. 某中年男性所構成的母群體其三酸甘油脂近似常態,今隨機抽出一個 10 位中年男性的樣本,測得平均三酸甘油脂為 142 mg/100 ml,標準差為 30 mg/100 ml,試建立此中年男性所構成的母群體其平均三酸甘油脂的 98 %信賴區間。

3. 欲比較兩校同學體重是否相等,今由 A 校抽出 16 位同學測量得 $\bar{x}_A$ = 56.91 公斤, $s_A$ = 10.1 公斤;B 校抽出 15 位同學測得體重為 $\bar{x}_B$ = 57.32 公斤, $s_B$ = 10.89 公斤,假設 A、B 兩校同學體重的母群體近似常態,且變異數相等,試建立 $\mu_A - \mu_B$ 的 99 %信賴區間。

4. 上題中,若假設變異數不相等,同樣建立 $\mu_A - \mu_B$ 的 99 %信賴區間。

5. 第 3 題中,若 A、B 兩校分別抽出 100 位同學測量體重得 $\bar{x}_A$ = 56.91 公斤, $\bar{x}_B$ = 57.32 公斤,且知 $\sigma_A$ = 10.1 公斤, $\sigma_B$ = 10.89 公斤,試建立 $\mu_A - \mu_B$ 的 99 %信賴區間。

6. 某地區隨機調查 552 位癌症病患,其中有 226 人未接受正統治療,試求此地區罹患癌症卻未接受正統治療比例的 95 %信賴區間。

7. 隨機抽出 40 位男性與 42 位女性,其中有 6 位男性及 7 位女性屬肥胖體格,試求男性與女性肥胖比例差的 90 %信賴區間。

8. 17 位糖尿病患參加衛教前後分別測定認知得分,其得分

差(d)分別是 $-4$、$-8$、$-6$、$-1$、$-1$、$-2$、$-1$、$-3$、$-4$、$-1$、$-2$、$-2$、$-5$、$-5$、$-1$、$-7$、$-4$，試求 $\mu_D$ 的 99 ％信賴區間。

9. 某大學大一全體學生身高為常態分布，但變異數未知，今隨機抽出 25 位同學，測量身高的變異數為 70（公分）$^2$，試建立大一全體學生身高變異數 $\sigma^2$ 及標準差 $\sigma$ 的 95 ％信賴區間。

10. 某大學大一及大四全體學生身高均為常態分布，但變異數未知，今由大一及大四全體學生中各隨機抽出 11 位分別測量其身高的變異數為 $s_1^2 = 69.51$，$s_2^2 = 67.18$，試建立兩母群體變異數比值的 90 ％信賴區間。

# 第 10 章

## 假設檢定

在統計推論中，除了前章所介紹的估計之外，本章將介紹假設檢定，在假設檢定中，我們對未知的母群體參數提出假設，並藉著從母群體中所得到的樣本資料，評估對所提出假設不利的證據，以決定此假設是否正確。也就是說，在假設正確下，如果我們從樣本資料所得到的結果非常罕見時，那麼我們就斷言此假設不正確。假設檢定與區間估計並非完全不同，事實上，假設檢定與區間估計可得到相同的結論。以下先對假設檢定的基本概念，加以說明。

## 一、基本概念

在前章中曾提到注射新型三合一疫苗後，幼童出現發燒副作用的比例，會比注射傳統三合一疫苗的幼童爲低，如果注射傳統三合一疫苗後，幼童會發燒的比例是 0.48，研究人員想要知道注射新型三合一疫苗後幼童發燒的比例是否真會降低。如注射新型三合一疫苗後幼童發燒的比例爲 p，此值必須在施打龐大數目的幼童後，才能獲得，由於多方面的限制，只觀察 30 位注射新型三合一疫苗的幼童是否發燒，結果發現共有 6 位幼童發燒，也就是說發燒比例爲 6/30 = 0.2，這由樣本資料所估計而得的 0.2，是否可做爲注射新型三合一疫苗的母群體中，幼童發燒比例降低的證據呢？爲了回答上述問題，我們可進行假設檢定如下：

### 1.首先將問題寫成統計假設(statistical hypothesis)

在假設檢定中一共有兩種假設：一爲虛無假設(null hypothesis)，另一則爲對立假設(alternative hypothesis)。

(1)虛無假設以 $H_0$ 代表，讀成「H 零」，是被用來檢定的假設，虛無(null)就是「沒有差異」的意思，所以虛無假設

通常是「沒有差異」的假設，在假設檢定中，我們把希望看到的效應之「否定」敘述當作虛無假設。

(2)對立假設以 $H_a$ 代表，是我們所希望看到的效應之敘述，所以對立假設與虛無假設互補。

例如在回答是否可下有關注射新型三合一疫苗後幼童發燒比例會降低的結論之例子中，我們可將虛無假設及對立假設寫成：

$$H_0 : p \geq 0.48 , H_a : p < 0.48$$

如果我們想要知道，是否可下結論說注射新型三合一疫苗後，幼童發燒比例反而會較注射傳統三合一疫苗的幼童為高，則虛無假設及對立假設分別是：

$$H_0 : p \leq 0.48 , H_a : p > 0.48$$

如果我們僅想要知道，是否可下結論說注射新型三合一疫苗後幼童發燒比例不等於 0.48，則虛無假設及對立假設分別是：

$$H_0 : p = 0.48 , H_a : p \neq 0.48$$

所以我們可以知道，虛無假設應該包含「相等」的敘述，如「$\geq$」、「$\leq$」或「$=$」。

假設檢定中，我們在虛無假設為真的情況下，利用機率大小來評估此虛無假設是否能被所獲得的樣本資料所支持。如果假定虛無假設為真的情況下，所出現樣本資料結果的機率非常小時，那麼我們就棄卻(reject)虛無假設，也就是說，由於我們手上所擁有的樣本資料無法支持此虛無假設，所以支持了對立假設。反之，如我們無法棄卻(fail to reject)此虛無假設，並不表示我們接受(accept)此虛無假設，雖然很多書中仍使用接受虛無假設，只能說，根據我們手上所擁有的樣本資料無法得到足夠的證據去棄卻此虛無假設。因此，我們知道在假設檢定中，並未「證明」虛無假設的對錯，僅顯示虛無假設是否被我們手上所擁有的樣本資料所支持。至於如何決定是要「棄卻」或「無法棄卻」虛無假設呢？以下將介

紹檢定統計量。

## 2.檢定統計量

　　檢定統計量(test statistic)，即在假設檢定中被用來當做決定是否「棄卻」或「無法棄卻」虛無假設的統計量，在假定虛無假設爲眞的條件下，藉著手中的樣本資料所求得的檢定統計量數值的大小可決定是否應該要「棄卻」或「無法棄卻」虛無假設。如針對上述注射新型三合一疫苗後，幼童發燒比例的例子中，其虛無假設及對立假設分別寫成 $H_0 : p \geq p_0$ 及 $H_a : p < p_0$，則可利用的檢定統計量爲 $Z = \dfrac{\hat{p} - p_0}{\sqrt{\dfrac{p_0(1 - p_0)}{n}}}$，

$p_0$ 爲注射傳統三合一疫苗的母群體中，幼童發燒的假設比例，而此檢定統計量事實上也就是利用統計量：

$$Z = \dfrac{\hat{p} - p}{\sqrt{\dfrac{p(1 - p)}{n}}}$$

　　在抽樣分布一章中，曾提到當 np 及 n(1 − p)都大於或等於 5 時，前述統計量的機率分布是標準常態分布，因此在假定虛無假設爲眞時，以 $p_0$ 取代 p，那麼 $Z = \dfrac{\hat{p} - p_0}{\sqrt{\dfrac{p_0(1 - p_0)}{n}}}$

的機率分布將也是標準常態分布。

## 3.選擇顯著水準

　　在假設檢定執行前，我們必須先決定此次檢定的顯著水準(level of significance)，以α表示。顯著水準就是當虛無假設實際是眞的情況下，卻錯誤的棄卻此虛無假設的機率。此機率是一種犯錯的機率，所以應該讓此錯誤機率儘量減小，經常使用的α值，也就是顯著水準值爲 0.05、0.01 及 0.001，當α = 0.05 時，表示當虛無假設實際是眞的情況下，在 100 次的假設檢定中我們會有 5 次錯誤的棄卻此虛無假設。

## 4.決定棄卻區及非棄卻區

檢定統計量的分布可以分為兩區，一個稱為棄卻區(rejection region)，另一則為非棄卻區(non-rejection region)，非棄卻區也被稱為接受區(acceptance region)，當假定虛無假設為真時，較不可能出現的檢定統計量數值構成了棄卻區；反之，當假定虛無假設為真時，較可能出現的檢定統計量數值則構成了非棄卻區，棄卻區和非棄卻區的決定，主要取決於顯著水準α，在檢定統計量分布曲線下，構成棄卻區的面積和等於α。分隔棄卻區及非棄卻區的檢定統計量之數值稱為臨界值(critical value)，同時棄卻區也經常被稱為臨界區(critical region)。當棄卻區位於檢定統計量分布的兩尾時，則此檢定稱為雙尾檢定(two-sided test)，因為過大或過小的檢定統計量數值都可以棄卻虛無假設；反之，當棄卻區僅位於檢定統計量分布的任一尾時，則檢定稱為單尾檢定(one-sided test)，如圖 10.1 (A)(B)(C)為當α＝ 0.05 時，雙尾及單尾檢定時的棄卻區、非棄卻區及臨界值。使用雙尾或單尾檢定主要取決於我們是否預先知道要棄卻虛無假設時，從樣本所計算而得的檢定統計量數值會往其分布的單一方向或兩個方向偏離。雙尾或單尾檢定的決定，事實上從對立假設也可知道，當對立假設是「≠」時，則採雙尾檢定，如為「＜」或「＞」時，則採單尾檢定。例如在檢定注射新型三合一疫苗後幼童發燒比例會降低的例子中，$H_0 : p \geq 0.48$，$H_a : p < 0.48$，此為一單尾檢定，因為要棄卻虛無假設時，所用的檢定統計量 $Z = \dfrac{\hat{p} - 0.48}{\sqrt{\dfrac{0.48(1 - 0.48)}{30}}}$ 應會向分布的左尾偏離。當α＝ 0.05 時，其棄卻區及非棄卻區如圖 10.1 中的(C)。

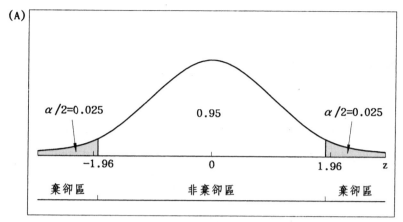

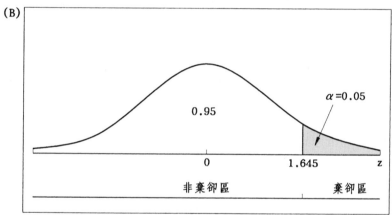

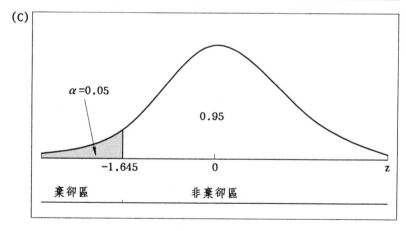

圖 10.1　當 α = 0.05 時，標準常態分布下的棄卻區、非棄卻區
　　　　　及臨界值

　　　　(A)為雙尾，臨界值分別為 − 1.96 及 1.96

　　　　(B)為右單尾，臨界值為 1.645

　　　　(C)為左單尾，臨界值為 − 1.645

## 5.計算檢定統計量數值及下結論

我們可根據手上所擁有的樣本資料計算檢定統計量的數值,如果此數值落於棄卻區,那麼我們棄卻虛無假設,也就是前面所提到的,因為在假定虛無假設為眞時,出現樣本結果的機率太小,所以棄卻虛無假設;反之,如果由樣本資料所計算而得的檢定統計數量值落於非棄卻區,則表示我們無法獲得足夠的證據來棄卻虛無假設。在注射新型三合一疫苗一例中,30 位注射新型三合一疫苗的幼童中有 6 位發燒,所以

$$\hat{p} = 0.2 \text{ ,計算 Z} = \frac{0.2 - 0.48}{\sqrt{\frac{0.48(1 - 0.48)}{30}}} = -3.07 < -1.645 \text{ ,}$$

落於棄卻區內,所以棄卻虛無假設。

## 6.p 値

在假定虛無假設為眞時,如同我們所計算而得的檢定統計量數值那麼極端或更極端的機率,稱為此檢定的「p 値」(p value)。如果所求得的 p 値很小,代表手上所擁有的樣本結果是一個極端和出乎意料之外的結果。當 p 値小於或等於顯著水準α値時,如同由樣本資料計算而得的檢定統計量數值落於棄卻區,我們棄卻虛無假設,也稱為此檢定於α水準下達統計顯著(statistically significant at α level),所以假設檢定有時也被稱為「顯著檢定」(significance test)。在上例中,z = -3.07,查附表 2 可知在標準常態分布曲線下,位於 -3.07 左邊的面積為 0.0011,也就是 p 値,代表比我們計算而得的檢定統計量數值一樣極端或更極端的機率為 0.0011,由於此 p 値小於 0.05,所以我們同樣可得到如同前面棄卻虛無假設的相同結論,稱為在 0.05 水準下,此檢定有統計顯著性,即注射新型三合一疫苗確可降低幼童發燒比例。

## 二、單一母群體平均數的假設檢定

我們將假設母群體為常態分布，就變異數為已知或未知，來討論單一母群體平均數的假設檢定。

### 1.母群體為常態分布且其變異數已知

如虛無假設及對立假設分別是 $H_0 : u = u_0$，$H_a : u \neq u_0$ 時，由於母群體為常態分布，且其變異數 $\sigma^2$ 為已知，當假定虛無假設 $H_0 : u = u_0$ 為真時，可使用檢定統計量 $Z = \dfrac{\overline{X} - u_0}{\frac{\sigma}{\sqrt{n}}}$，且其機率分布為標準常態分布。藉此我們可決定是否應該棄卻虛無假設。

【Q1】　某縣所有 70 歲以上的男性所構成的母群體，其膽固醇平均數為 193 mg/100 ml，我們想要知道此縣所有 70 歲以上的女性其膽固醇平均數是否不等於 193 mg/100 ml，因此從此縣所有 70 歲以上的女性母群體中隨機抽出 16 位，並測得膽固醇平均數 $\overline{x} = 209$ mg/100 ml。假設此縣所有 70 歲以上女性膽固醇值呈常態分布，並且其標準差 $\sigma = 24$ mg/100 ml，試問是否可下結論說此縣 70 歲以上女性膽固醇平均數不等於 193 mg/100 ml？

【Ans】　(1)將問題寫成統計假設

　　　　欲回答上述問題，我們可將虛無假設及對立假設寫成：

　　　　$H_0 : u = 193$ mg/100 ml，$H_a : u \neq 193$ mg/100 ml

　　　　虛無假設通常是沒有差異的假設，這裡我們假定女性母群體的膽固醇平均數 u 亦為

193 mg/100 ml，而對立假設則爲：

u≠193 mg/100 ml

(2)檢定統計量

由於此縣所有 70 歲以上女性所構成的母群體爲常態分布，且其變異數已知，所以可使用以下之檢定統計量：

$$Z = \frac{\overline{X} - u_0}{\frac{\sigma}{\sqrt{n}}}$$

在虛無假設爲眞時，$u_0 = 193$ mg/100 ml，所以 $Z = \frac{\overline{X} - 193}{\frac{\sigma}{\sqrt{n}}}$ 的機率分布是標準常態分布。

(3)選擇顯著水準

爲了避免因樣本資料的結果影響我們對於顯著水準α的選擇，我們必須在假設檢定執行前就應該決定其值，這裡我們選取α＝0.05。

(4)決定棄卻區及非棄卻區

爲了決定棄卻區及非棄卻區，我們必須知道怎樣的檢定統計量數值會造成棄卻虛無假設。在本例中，當虛無假設不爲眞時，u 可能大於 193 mg/100 ml，也可能小於 193 mg/100 ml，因此過大或過小的檢定統計量數值都將造成棄卻虛無假設，也就是說這些過大或過小的數值將構成棄卻區。至於過大或過小的決定則需取決於α，就是當虛無假設實際是眞的情況下，錯誤的棄卻此虛無假設的機率。這裡我們預先選定的α＝0.05，但因本檢定爲雙尾檢定，過大或過小的檢定統計量數值共同構成棄卻區，所以我們應該將α均分爲兩半，分別相對於由過大及過小的數值所構成的棄卻區，而由圖 10.1(A)可知，當 z ＝

−1.96 及 z = 1.96 時，位於其左尾及右尾的機率
分別是 0.025(＝α/2)，因此本檢定的棄卻區是由
檢定統計量數值大於等於 1.96 及小於等於−1.96
所構成，非棄卻區則是由位於−1.96 及 1.96 之間
所有數值所構成，而−1.96 及 1.96 就是本檢定的
臨界值。因此就本例而言，當由樣本資料計算而
得的檢定統計量數值小於等於−1.96 或大於等於
1.96 時，就棄卻虛無假設，如果數值落於−1.96
及 1.96 之間，則無法棄卻虛無假設。

⑸計算檢定統計量數值及下結論

根據樣本資料，可計算檢定統計量數值
$z = \dfrac{209 - 193}{\dfrac{24}{\sqrt{16}}} = \dfrac{16}{6} = 2.67$，由於 2.67 落於棄卻

區，所以我們棄卻虛無假設，或說此假設檢定在
0.05 水準下達統計顯著性。而結論是此縣所有 70
歲以上的女性其膽固醇平均數不等於
193 mg/100 ml。

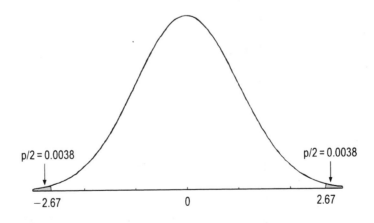

⑹ p 值

除了下結論說由樣本資料所計算而得的檢定統計
量數值是顯著或不顯著之外，我們亦可列出此檢

定的p值為0.0076。也就是當虛無假設為真時，獲得與 2.67 一樣極端或更極端的 z 值機率是 0.0038；同樣的，獲得較−2.67 一樣極端或更極端的 z 值機率也是 0.0038。因此所謂的更極端指的是朝支持對立假設的方向，由於 p 值小於預先選定的α＝ 0.05，所以我們棄卻虛無假設。

【Q2】　研究人員想知道 70 歲以上女性膽固醇平均數是否大於 193 mg/100 ml，即 u ＞ 193 mg/100 ml，所以同樣隨機抽出 16 位 70 歲以上的女性，其膽固醇平均數 $\bar{x}$ ＝ 209 mg/100 ml，也假設 70 歲以上女性膽固醇成常態分布，且其標準差為σ＝ 24 mg/100 ml，試問可否下結論說：70 歲以上女性膽固醇平均數大於 193 mg/100 ml？

【Ans】⑴將問題寫成統計假設

　　　　$H_0$：u≤193 mg/100 ml，$H_a$：u ＞ 193 mg/100 ml
　　　　此虛無假設雖採「≤」，但假設檢定只考慮當 u ＝ 193 mg/100 ml，因為只要在 u ＝ 193 下棄卻了虛無假設，則在小於 193 的 u 值下，同樣會棄卻虛無假設。

　　　⑵檢定統計量

　　　　$Z = \dfrac{\bar{X} - u_0}{\dfrac{\sigma}{\sqrt{n}}}$ ，考慮 $u_0$ ＝ 193 下， $Z = \dfrac{\bar{X} - 193}{\dfrac{\sigma}{\sqrt{n}}}$

　　　　的機率分布是標準常態分布。

　　　⑶選擇顯著水準

　　　　我們選取α＝ 0.01，也就是當虛無假設是真的情況下，錯誤的棄卻此虛無假設的機率為 0.01。

　　　⑷決定棄卻區及非棄卻區

　　　　從虛無假設及對立假設可知，過大的檢定統計量

數值將造成棄卻虛無假設，而過小的檢定統計量
數值則會支持虛無假設，這裡我們預先選取α＝
0.01，因本檢定為一單尾檢定，所以棄卻區是由
過大的數值所構成，即在檢定統計量分布的右
尾，其機率等於0.01，查附表2得知當z＝2.327
時，其右尾機率近於0.01，所以2.327是本檢定
的臨界值，當由樣本資料計算而得的檢定統計量
數值大於或等於2.327時則棄卻虛無假設。

⑸計算檢定統計量數值及下結論

檢定統計量數值z仍為2.67，由於2.67落於棄卻
區，所以我們棄卻虛無假設，或說此假設檢定在
0.01水準下達統計顯著性。而結論是，此縣所有
70 歲以上的女性其膽固醇平均數大於
193 mg/100 ml。

⑹ p 值

本檢定的p值為0.0038，也就是當虛無假設為真
時，獲得與 2.67 一樣極端或更極端的機率為
0.0038。

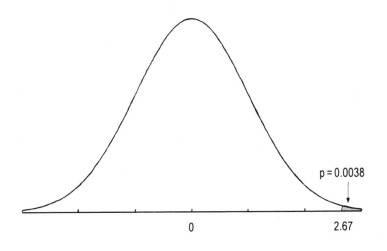

### 2.母群體為常態分布，但變異數未知

若$H_0 : u = u_0$，$H_a : u \neq u_0$時，當母群體為常態分布，但變異數未知時，可利用的統計量為$t = \dfrac{\overline{X} - u}{\dfrac{S}{\sqrt{n}}}$，當虛無假設為真時，其分布是自由度為$n - 1$的 t 分布。

【Q3】 Q1 中，假設母群體變異數未知，而樣本標準差 s = 24 mg/100 ml，其餘條件不變，試重新執行此假設檢定。

【Ans】 (1) $H_0 : u = 193$ mg/100 ml，$H_a : u \neq 193$ mg/100 ml

(2)所使用的檢定統計量則為$t = \dfrac{\overline{X} - u_0}{\dfrac{S}{\sqrt{n}}}$，當虛無假設為真時 $u_0 = 193$ ， $t = \dfrac{\overline{X} - 193}{\dfrac{S}{\sqrt{n}}}$ 的機率分布是自由度為$n - 1$的 t 分布。

(3)$\alpha = 0.05$

(4)本檢定為雙尾檢定，棄卻區在自由度為 15(= n − 1)的 t 分布左尾及右尾，查附表 3 得，在自由度為 15 的 t 分布下，當 $t = -2.131$ 及 $t = 2.131$ 時，位於其左尾及右尾的機率分別是 $0.025(= \alpha/2)$，所以當由樣本資料計算而得的 t 值小於等於 $-2.131$ 或大於等於 2.131 時，就棄卻虛無假設，t 值落於$-2.131$ 及 2.131 之間，則無法棄卻虛無假設。

(5) $t = \dfrac{209 - 193}{\dfrac{24}{\sqrt{16}}} = 2.67$，由於 2.67 落於棄卻區，我們得到與 Q1 同樣的結論。

(6)查表得在自由度為 15 的 t 分布中，位於 2.67 右
尾的機率約為 0.009，所以 p 值 = 2× 0.009 =
0.018。

## 三、兩個母群體平均數差的假設檢定

在某些研究中，我們希望對兩個獨立母群體的平均數是
否不同做出結論。如以 $u_1$ 及 $u_2$ 分別代表這兩個母群體的平
均數，則虛無假設及對立假設可寫成：

$$H_0：u_1 = u_2，H_a：u_1 \neq u_2$$

$$或 H_0：u_1 - u_2 = 0，H_a：u_1 - u_2 \neq 0$$

我們將假設母群體為常態分布，就變異數為已知或未
知，以及當變異數未知時兩母群體變異數是否相等，來分別
討論兩母群體平均數差的假設檢定。

### 1.母群體為常態分布且其變異數已知

由於兩母群體都為常態分布，且其變異數 $\sigma_1^2$ 及 $\sigma_2^2$ 已知，
所以根據第八章中有關抽樣分布的結果得知，可使用統計
量：

$$Z = \frac{(\overline{X_1} - \overline{X_2}) - (u_1 - u_2)}{\sqrt{\dfrac{\sigma_1^2}{n_1} + \dfrac{\sigma_2^2}{n_2}}}$$

來進行假設檢定，此統計量為標準常態分布。

### 2.母群體為常態分布，而母群體變異數未知

#### (1)假設母群體變異數相等時（ $\sigma_1^2 = \sigma_2^2 = \sigma^2$ ）

當母群體變異數未知，但卻假設相等時，根據前章所
提，我們可藉著合併兩個樣本變異數 $S_1^2$ 及 $S_2^2$ 來估計共同的
變異數 $\sigma^2$，以 $S_p^2$ 代表此合併的變異數估式，寫成：

$$S_p^2 = \frac{(n_1 - 1)S_1^2 + (n_2 - 1)S_2^2}{n_1 + n_2 - 2}$$，欲檢定 $H_0：u_1 = u_2$ 時，可使用

的統計量為：

$$t = \frac{(\overline{X}_1 - \overline{X}_2) - (u_1 - u_2)}{\sqrt{\dfrac{S_p^2}{n_1} + \dfrac{S_p^2}{n_2}}}$$

此統計量為自由度 $n_1 + n_2 - 2$ 的 t 分布。

【Q4】欲比較兩校同學的身高平均數是否相等，今由 A 校抽出 16 位同學，測量身高得 $\overline{x}_A = 172$ 公分，$s_A = 8.45$ 公分；B校亦抽出 16 位同學，得 $\overline{x}_B = 168$ 公分，$s_B = 7.8$ 公分。假如 A、B 兩校同學身高的母群體近似常態分布，且變異數相等，試檢定 $H_0 : u_A = u_B$（$\alpha = 0.01$）。

【Ans】(1)將問題寫成統計假設：

$H_0 : u_A = u_B$，$H_a : u_A \neq u_B$

(2)檢定統計量

由於母群體近似常態分布，變異數未知卻假設相等（$\sigma_A^2 = \sigma_B^2 = \sigma^2$），所以檢定統計量為：

$$t = \frac{(\overline{x}_A - \overline{x}_B) - (u_A - u_B)}{\sqrt{\dfrac{S_p^2}{n_A} + \dfrac{S_p^2}{n_B}}}$$

(3)選擇顯著水準 $\alpha = 0.01$

(4)決定棄卻區及非棄卻區

當 $t_{30,0.005} = -2.75$ 及 $t_{30,0.995} = 2.75$，位於其左尾及右尾的機率分別是 $0.005(= 0.01/2)$，因此棄卻區是由檢定統計量數值小於等於$-2.75$ 及大於等於 2.75 所構成，非棄卻區則由位於$-2.75$ 及 2.75 之間所有的數值所構成。

(5)計算檢定統計量數值及下結論

$$s_p^2 = \frac{(n_A - 1)s_A^2 + (n_B - 1)s_B^2}{n_A + n_B - 2}$$

$$= \frac{(16-1)8.45^2 + (16-1)7.8^2}{16+16-2}$$

$$= \frac{1983.64}{30} = 66.12$$

當 $H_0$ 為真時，$u_A - u_B = 0$，則：

$$t = \frac{(172-168)-0}{\sqrt{66.12(\frac{1}{16}+\frac{1}{16})}} = \frac{4}{\sqrt{8.265}} = 1.39$$

由於 1.39 落在非棄卻區，我們沒有足夠的證據去棄卻虛無假設。

(6) p 值

本檢定的 p 值約為 $2 \times 0.090 = 0.18$

### (2)假設母群體變異數不相等

當母群體變異數未知，且不相等時，如欲檢定 $H_0 : u_1 = u_2$，$H_a : u_1 \neq u_2$，可使用的檢定統計量為：

$$t' = \frac{(\overline{X}_1 - \overline{X}_2) - (u_1 - u_2)}{\sqrt{\frac{S_1^2}{n_1} + \frac{S_2^2}{n_2}}}$$

此檢定統計量為近似 t 分布，自由度 $\upsilon$ 寫成：

$$\upsilon = \frac{(\frac{s_1^2}{n_1} + \frac{s_2^2}{n_2})^2}{\frac{(\frac{s_1^2}{n_1})^2}{n_1 - 1} + \frac{(\frac{s_2^2}{n_2})^2}{n_2 - 1}}$$

【Q5】　研究人員想要知道某安養中心 70 歲以上的男性與女性其膽固醇平均數是否相等，因此各隨機抽出 11 位男性與女性測量其膽固醇值，得男性膽固醇平均數及標準差分別為 $\overline{x}_1 = 193$ mg/100 ml，$s_1 = 24$ mg/100 ml，女性則為 $\overline{x}_2 = 209$ mg/100 ml，$s_2 = 28$ mg/100 ml。今假設兩母群體的膽固醇值分布成常

態，但變異數未知，且假設變異數不相等，試問可
否下結論説：此安養中心男性與女性膽固醇平均數
不相等？

【Ans】 (1)將問題寫成統計假設

$$H_0：u_1 = u_2，H_a：u_1 \neq u_2$$

(2)檢定統計量

由於兩母群體變異數未知，且假設變異數不相
等，可使用的檢定統計量為：

$$t' = \frac{(\overline{X}_1 - \overline{X}_2) - (u_1 - u_2)}{\sqrt{\frac{S_1^2}{n_1} + \frac{S_2^2}{n_2}}}$$

此檢定統計量為近似 t 分布，自由度 υ 寫成：

$$\upsilon = \frac{(\frac{S_1^2}{n_1} + \frac{S_2^2}{n_2})^2}{\frac{(\frac{S_1^2}{n_1})^2}{n_1 - 1} + \frac{(\frac{S_2^2}{n_2})^2}{n_2 - 1}}$$

(3)選擇顯著水準

預先選定 $\alpha = 0.01$

(4)決定棄卻區及非棄卻區

首先我們計算

$$\upsilon = \frac{(\frac{24^2}{11} + \frac{28^2}{11})^2}{\frac{(\frac{24^2}{11})^2}{11-1} + \frac{(\frac{28^2}{11})^2}{11-1}}$$

$$= \frac{(52.364 + 71.273)^2}{\frac{2741.95}{10} + \frac{5079.80}{10}} = 19.54 \approx 19$$

在一個自由度為 19 的 t 分布，當 t = −2.861 及 t
= 2.861 時，位於其左尾及右尾的機率分別是
0.005(= α/2)，構成了棄卻區，當由樣本資料計算
而得的 t 值小於等於−2.861 或大於等於2.861 時，
就棄卻虛無假設。

⑸計算檢定統計量數值及下結論

當虛無假設為真時

$$t' = \frac{(193 - 209) - 0}{\sqrt{\dfrac{24^2}{11} + \dfrac{28^2}{11}}} = \frac{-16}{11.12} = -1.44$$

由於 $-1.44$ 落於非棄卻區，所以根據這組資料，我們沒有足夠的證據去棄卻虛無假設，因此結論是此安養中心男性與女性膽固醇平均數相等。

⑹ p 值

本檢定的 p 值約為 $2 \times 0.086 = 0.172$

## 四、配對樣本下兩母群體平均數差的假設檢定

在第九章估計中，曾提到比較使用瘦身食譜後的體重是否較使用前減輕，而以 $d_i$ 代表第 i 個參與者在使用前與使用後體重的差值，當 n 個配對所構成的 n 個 $d_i$ 為一個隨機樣本，此樣本來自一個由差值所構成的常態母群體，其平均數為 $u_D$，變異數則為 $\sigma_D^2$，由於假設 $\sigma_D^2$ 未知，因此可以 $S_D^2$ 來估計，而 $u_D$ 則可以點估式 $\overline{D}$ 來估計，$\overline{D}$ 和 $S_D^2$ 分別寫成：

$$\overline{D} = \frac{\sum\limits_{i=1}^{n} d_i}{n}, \quad S_D^2 = \frac{\sum\limits_{i=1}^{n}(d_i - \overline{D})^2}{n - 1}$$

因此對於 $u_D$ 的檢定，可以採用的檢定統計量為：

$$t = \frac{\overline{D} - u_D}{\sqrt{\dfrac{S_D^2}{n}}}$$

此檢定統計量為自由度 $n - 1$ 的 t 分布。

【Q6】　研究人員想要知道，使用某瘦身食譜 15 週後的肥胖國中男生體重是否較使用前減輕，因此從所有參加此計畫的肥胖國中男生中隨機抽出 9 位，分別測

量其使用此食譜前後體重，試問可否做出瘦身食譜的確有效的結論，選定α＝ 0.05。

| 編號 | 使用前 | 使用後 | 差值 |
|------|--------|--------|------|
| 1 | 72 | 61 | 11 |
| 2 | 70 | 63 | 7 |
| 3 | 84 | 72 | 12 |
| 4 | 81 | 70 | 11 |
| 5 | 75 | 70 | 5 |
| 6 | 72 | 63 | 9 |
| 7 | 90 | 84 | 6 |
| 8 | 68 | 60 | 8 |
| 9 | 87 | 78 | 9 |

【Ans】 (1)將問題寫成統計假設

由於我們希望知道是否能做出瘦身食譜的確有效的結論，也就是說預期使用前與使用後的體重差值應該是正值，同樣的這些差值所來自的母群體平均數 $u_D$ 預期應該是正值，因此我們可將虛無假設及對立假設寫成：$H_0 : u_D \leq 0$，$H_a : u_D > 0$

(2)檢定統計量

使用 $t = \dfrac{\overline{D} - u_D}{\sqrt{\dfrac{S_D^2}{n}}}$，當虛無假設為真時，$u_D$ 以 0 帶入，則 $\dfrac{\overline{D} - 0}{\sqrt{\dfrac{S_D^2}{n}}}$ 的機率分布是自由度為 $n - 1$ 的 t 分布。

(3)選擇顯著水準

先前已設定α＝ 0.05

(4)決定棄卻區及非棄卻區

由對立假設可知，此為一單尾的假設檢定，過大的檢定統計量數值將造成棄卻虛無假設，由於α

= 0.05，因此在自由度為 8(= n − 1)的 t 分布下，位於 $t_{8,0.95}$ = 1.86 右邊的區域構成了棄卻區，位於其左邊的區域則構成非棄卻區。

⑸計算檢定統計量數值及下結論

首先分別計算 $\bar{d}$ 及 $s_d^2$ 如下：

$$\bar{d} = \frac{\sum\limits_{i=1}^{n} d_i}{n} = \frac{1}{9}(11 + 7 + \cdots + 8 + 9) = 8.67$$

$$s_d^2 = \frac{\sum\limits_{i=1}^{n}(d_i - \bar{d})^2}{n - 1} = \frac{1}{8}〔(11 - 8.67)^2 + (7 - 8.67)^2 + \cdots + (8 - 8.67)^2 + (9 - 8.67)^2〕 = 5.75$$

$$t = \frac{8.67 - 0}{\sqrt{\dfrac{5.75}{9}}} = 10.85$$

由於 10.85 落在棄卻區，我們棄卻虛無假設，也就是說，此瘦身食譜確實有效。

⑹ p 值

查表得知在自由度為 8 的 t 分布中，位於 10.85 右尾的機率幾乎為 0，所以 p 值即為 0。

## 五、單一母群體比例的假設檢定

本章開始曾以注射新型三合一疫苗後幼童發燒比例為例，希望知道是否注射新型三合一疫苗後，幼童發燒比例會較注射傳統三合一疫苗為低。在假設檢定中，虛無假設及對立假設分別是：

$$H_0 : p \geq 0.48，H_a : p < 0.48$$

其中 0.48 為注射傳統三合一疫苗後幼童發燒比例。因此在單一母群體比例的假設檢定中，虛無假設及對立假設可有以下幾種情形：

$$H_0 : p = p_0 , H_a : p \neq p_0$$

$$H_0 : p \leq p_0 , H_a : p > p_0$$

$$H_0 : p \geq p_0 , H_a : p < p_0$$

這裡 $p_0$ 為欲檢定的假設比例，而使用的統計量為：

$$Z = \frac{\hat{p} - p}{\sqrt{\dfrac{p(1 - p)}{n}}}$$

當 $np$ 及 $n(1 - p)$ 都大於或等於 5 時，此統計量的機率分布是標準常態分布，因此在假定虛無假設為真時，以 $p_0$ 取代 $p$，那麼檢定統計量 $\dfrac{\hat{p} - p_0}{\sqrt{\dfrac{p_0(1 - p_0)}{n}}}$ 的機率分布也是標準常態分布，藉此我們就很容易的進行單一母群體比例的假設檢定。詳細步驟可參考本章「基本概念」所述。

## 六、兩個母群體比例差的假設檢定

在兩個母群體比例的假設檢定中，我們有興趣的是比較兩個比例是否相等。例如比較注射傳統三合一疫苗和新型三合一疫苗的幼童，其出現發燒副作用的比例。那麼可分別從使用傳統三合一疫苗及新型三合一疫苗的幼童母群體中分別抽出 $n_1$ 及 $n_2$ 位孩童，發現分別有 $x_1$ 及 $x_2$ 位幼童發燒，則我們可分別以 $\hat{p}_1 = \dfrac{x_1}{n_1}$ 及 $\hat{p}_2 = \dfrac{x_2}{n_2}$ 來估計兩母群體出現發燒的比例 $p_1$ 及 $p_2$。

如果假定兩母群體的比例相等時，那麼我們可將兩個樣本合併來估計共同的比例 $p$，得：

$$\hat{p} = \frac{n_1\hat{p}_1 + n_2\hat{p}_2}{n_1 + n_2} = \frac{x_1 + x_2}{n_1 + n_2}$$

$\hat{p}$ 也就是 $\hat{p}_1$ 和 $\hat{p}_2$ 的一個加權平均。考慮虛無假設為 $H_0 : p_1 = p_2$ 時，則 $\hat{p}_1 - \hat{p}_2$ 的標準誤為：

$\sqrt{\dfrac{\hat{p}(1-\hat{p})}{n_1}+\dfrac{\hat{p}(1-\hat{p})}{n_2}}$，因此，我們可以使用以下的檢定統

計量，$Z=\dfrac{(\hat{p}_1-\hat{p}_2)-(p_1-p_2)}{\sqrt{\dfrac{\hat{p}(1-\hat{p})}{n_1}+\dfrac{\hat{p}(1-\hat{p})}{n_2}}}$，當 $n_1\hat{p}$，$n_1(1-\hat{p})$，

$n_2\hat{p}$，$n_2(1-\hat{p})$，都大於或等於 5 時，則此檢定統計量為標準常態分布。

【Q7】　為比較注射傳統三合一疫苗和新型三合一疫苗的幼童發燒比例是否不同，結果發現在 25 位注射傳統三合一疫苗的幼童中，12 位有發燒的情形，而 30 位注射新型三合一疫苗的幼童中，則僅有 6 位有發燒的情形，根據以上資料，我們是否可下結論說：注射傳統三合一疫苗與注射新型三合一疫苗的幼童發燒比例不同？若選定 α＝ 0.01。

【Ans】(1)將問題寫成統計假設

為回答上述問題，可將虛無假設及對立假設寫成：

$H_0：p_1＝p_2$，$H_a：p_1≠p_2$

(2)檢定統計量

在假定虛無假設為真時，我們可將兩個樣本合併來估計共同的比例 p，得：

$\hat{p}=\dfrac{12+6}{25+30}=0.327$

而檢定統計量為 $Z=\dfrac{(\hat{p}_1-\hat{p}_2)-(p_1-p_2)}{\sqrt{\dfrac{\hat{p}(1-\hat{p})}{n_1}+\dfrac{\hat{p}(1-\hat{p})}{n_2}}}$，

當 $n_1\hat{p}$，$n_1(1-\hat{p})$，$n_2\hat{p}$，$n_2(1-\hat{p})$，都大於或等於 5 時，則此檢定統計量為標準常態分布。

(3)顯著水準

α＝ 0.01

(4)決定棄卻區及非棄卻區

本檢定為一雙尾檢定，所以棄卻區分別在兩尾，各占 $0.005(=\alpha/2)$，查表得 $z_{0.005}=-2.575$ 及 $z_{0.995}=2.575$，所以棄卻區是由檢定統計量數值大於等於 2.575 及小於等於 $-2.575$ 所構成，非棄卻區則由位於 $-2.575$ 及 2.575 之間所有數值所構成。

(5)計算檢定統計量數值及下結論

由於 $\hat{p}=0.327$，且 $n_1\hat{p}$, $n_1(1-\hat{p})$, $n_2\hat{p}$, $n_2(1-\hat{p})$ 均大於 5，所以當虛無假設為真時：

$$z = \frac{(0.48-0.2)-0}{\sqrt{\frac{0.327(1-0.327)}{25}+\frac{0.327(1-0.327)}{30}}}$$

$$=\frac{0.28}{0.127}=2.20$$

所求得的 z 值位於非棄卻區內，所以無法棄卻虛無假設，也就是說，根據此樣本，我們沒有足夠的證據說兩比例不相等。而在前章中，我們所求得 $p_1-p_2$ 的 99％信賴區間為 $(-0.0393, 0.5993)$，包含 0，兩者的結論相同。

(6) p 值

查表得 $p = 2 \times 0.0139 = 0.0278$

## 七、母群體變異數的假設檢定

在前章中曾提到 $\chi^2=\frac{(n-1)S^2}{\sigma^2}$ 會是自由度 $n-1$ 的卡方分布，因此藉著這個統計量，可用來進行母群體變異數是否等於某一個特定數值的假設檢定，如：

$$H_0 : \sigma^2=\sigma_0^2, \quad H_a : \sigma^2 \neq \sigma_0^2$$

當虛無假設為真，可利用的檢定統計量為 $\frac{(n-1)S^2}{\sigma_0^2}$，若顯著水準為 $\alpha$，所以計算而得的檢定統計量數值小於等於

$\chi^2_{n-1,\frac{\alpha}{2}}$ 或大於等於 $\chi^2_{n-1,1-\frac{\alpha}{2}}$ 時，則棄卻虛無假設。對於單尾檢定：

　　$H_0 : \sigma^2 \geq \sigma_0^2$，$H_a : \sigma^2 < \sigma_0^2$，當計算而得的檢定統計量數值小於等於 $\chi^2_{n-1,\alpha}$ 時，則棄卻虛無假設。

　　$H_0 : \sigma^2 \leq \sigma_0^2$，$H_a : \sigma^2 > \sigma_0^2$，當計算而得的檢定統計量數值大於等於 $\chi^2_{n-1,1-\alpha}$ 時，則棄卻虛無假設。

【Q8】　欲檢定某縣所有 70 歲以上女性母群體的膽固醇數值的變異數是否等於 600，今從此常態分布的女性母群體中隨機抽出 16 位，測得其膽固醇變異數爲 576，試問結論爲何？($\alpha = 0.05$)

【Ans】　(1)將問題寫成統計假設

　　　　$H_0 : \sigma^2 = 600$，$H_a : \sigma^2 \neq 600$

　　　　(2)檢定統計量

　　　　可利用 $\dfrac{(n-1)S^2}{\sigma^2}$，其分布是自由度 $n-1$ 的卡方分布。

　　　　(3)選擇顯著水準

　　　　預先選定 $\alpha = 0.05$

　　　　(4)決定棄卻區及非棄卻區

　　　　由於臨界值分別是 $\chi^2_{15,0.025} = 6.262$，$\chi^2_{15,0.975} = 27.488$，所以計算而得的檢定統計量數值小於等於 6.262 或大於等於 27.488 者構成棄卻區，落在 6.262 與 27.488 間的數值則構成非棄卻區。

　　　　(5)計算檢定統計量數值及下結論

　　　　在虛無假設爲眞時，計算檢定統計量數值爲 $\dfrac{(16-1) \times 576}{600} = 14.4$，落在非棄卻區，所以根據所得資料，無法棄卻變異數等於 600 的假設。在前章中曾建立此女性母群體膽固醇變異數的 95％的信賴區間爲(314.32, 1379.75)，由於此區間包

含 600，所以可得到與假設檢定相同的結論。

## 八、兩個母群體變異數比值的假設檢定

欲比較兩個母群體變異數是否相等，可考慮以下虛無假設及對立假設：

$$H_0 : \sigma_1^2 = \sigma_2^2, \ H_a : \sigma_1^2 \neq \sigma_2^2$$

利用前章兩個母群體變異數比值的區間估計一節中所討論的統計量 $F = \dfrac{S_1^2 \sigma_2^2}{S_2^2 \sigma_1^2}$，其分布是分子自由度 $n_1 - 1$，分母自由度 $n_2 - 1$ 的 F 分布，在虛無假設為真時，由於 $\sigma_1^2 = \sigma_2^2$，所以可利用的檢定統計量為 $\dfrac{S_1^2}{S_2^2}$，且其分布為 F 分布，當顯著水準為 $\alpha$ 時，如計算而得的檢定統計量數值小於等於 $F_{df_1, df_2, \frac{\alpha}{2}}$ 或大於等於 $F_{df_1, df_2, 1-\frac{\alpha}{2}}$，則棄卻虛無假設，對於單尾檢定：

$H_0 : \sigma_1^2 \geq \sigma_2^2$，$H_a : \sigma_1^2 < \sigma_2^2$，當計算而得的檢定統計量數值小於等於 $F_{df_1, df_2, \alpha}$ 時，則棄卻虛無假設。

$H_0 : \sigma_1^2 \leq \sigma_2^2$，$H_a : \sigma_1^2 > \sigma_2^2$，當計算而得的檢定統計量數值大於等於 $F_{df_1, df_2, 1-\alpha}$ 時，則棄卻虛無假設。

【Q9】　欲比較某縣 70 歲以上女性與男性所構成的母群體其膽固醇變異數是否相等，假設兩母群體的膽固醇分布成常態，並各隨機抽出 31 位女性及男性，測量其膽固醇數值的變異數分別是 $s_1^2 = 784$ 及 $s_2^2 = 576$，試檢定兩變異數是否相等？

【Ans】　(1)將問題寫成統計假設

$$H_0 : \sigma_1^2 = \sigma_2^2, \ H_a : \sigma_1^2 \neq \sigma_2^2$$

(2)檢定統計量

當虛無假設為真時，即 $\sigma_1^2 = \sigma_2^2$，則利用 $\dfrac{S_1^2}{S_2^2}$ 為檢定統計量，其分布是分子自由度 $n_1 - 1$，分母自

由度 $n_2 - 1$ 的 F 分布。

(3)選擇顯著水準

預先選定$\alpha = 0.1$

(4)決定棄卻區及非棄卻區

由於臨界值分別是 $F_{30,30,0.95} = 1.84$

$F_{30,30,0.05} = \dfrac{1}{F_{30,30,0.95}} = \dfrac{1}{1.84} = 0.54$

所以計算而得的檢定統計量數值小於等於 0.54 或大於等於 1.84 者構成棄卻區，落在 0.54 與 1.84 間的數值則構成非棄卻區。

(5)計算檢定統計量數值及下結論

在虛無假設為真時，計算而得的檢定統計量數值為 $\dfrac{784}{576} = 1.36$ ，落在非棄卻區內，所以在$\alpha = 0.1$，根據我們所蒐集到的資料，沒有足夠的證據推翻女性與男性母群體膽固醇數值變異數相等的假設。另外，在前章我們曾建立上述兩母群體膽固醇數值變異數比值的 90 ％信賴區間為(0.74, 2.5)，因為包含 1，所以同樣可得到兩母群體膽固醇數值變異數相等的結論。

## ☞重點提示

### 1. 單一母群體平均數 u 的檢定統計量

（母群體為常態分布）

$\sigma^2$ 已知 $\quad \dfrac{\overline{X} - \mu}{\dfrac{\sigma}{\sqrt{n}}} \sim Z$

$\sigma^2$ 未知 $\quad \dfrac{\overline{X} - \mu}{\dfrac{S}{\sqrt{n}}} \sim t_{n-1}$

### 2. 兩個母群體平均數差 $u_1 - u_2$ 的檢定統計量

（兩個母群體均為常態分布）

$\sigma^2$ 已知 $\quad \dfrac{(\overline{X}_1 - \overline{X}_2) - (u_1 - u_2)}{\sqrt{\dfrac{\sigma_1^2}{n_1} + \dfrac{\sigma_2^2}{n_2}}} \sim Z$

$\sigma^2$ 未知

$\sigma_1^2 = \sigma_2^2 = \sigma^2 \quad \dfrac{(\overline{X}_1 - \overline{X}_2) - (u_1 - u_2)}{S_p \sqrt{\dfrac{1}{n_1} + \dfrac{1}{n_2}}} \sim t_{n_1 + n_2 - 2}$

$$S_p^2 = \dfrac{(n_1 - 1)S_1^2 + (n_2 - 1)S_2^2}{n_1 + n_2 - 2}$$

$\sigma_1^2 \neq \sigma_2^2 \quad \dfrac{(\overline{X}_1 - \overline{X}_2) - (u_1 - u_2)}{\sqrt{\dfrac{S_1^2}{n_1} + \dfrac{S_2^2}{n_2}}} \sim t_v$

$$v = \dfrac{\left(\dfrac{S_1^2}{n_1} + \dfrac{S_2^2}{n_2}\right)^2}{\dfrac{\left(\dfrac{S_1^2}{n_1}\right)^2}{n_1 - 1} + \dfrac{\left(\dfrac{S_2^2}{n_2}\right)^2}{n_2 - 1}}$$

3. 配對樣本下兩個**母群體平均數差** $u_D$ 的檢定統計量

（母群體為常態分布）

$$\frac{\overline{D} - u_D}{\sqrt{\dfrac{S_D^2}{n}}} \sim t_{n-1}$$

4. **單一母群體比例** $p$ 的檢定統計量

當 $np$ 及 $n(1-p)$ 均大等於 5 時

$$\frac{\hat{p} - p}{\sqrt{\dfrac{p(1-p)}{n}}} \sim Z$$

5. **單一母群體變異數** $\sigma^2$ 的檢定統計量

$$\frac{(n-1)S^2}{\sigma^2} \sim \chi_{n-1}^2$$

6. **兩母群體比例差** $p_1 - p_2$ 的檢定統計量

當 $n_1\hat{p}$，$n_1(1-\hat{p})$，$n_2\hat{p}, n_2(1-\hat{p})$ 均大於或等於 5 時

$$\frac{(\hat{p}_1 - \hat{p}_2) - (p_1 - p_2)}{\sqrt{\hat{p}(1-\hat{p})(\dfrac{1}{n_1} + \dfrac{1}{n_2})}} \sim Z$$

$$\hat{p} = \frac{n_1\hat{p}_1 + n_2\hat{p}_2}{n_1 + n_2}$$

7. **兩母群體比值** $\dfrac{\sigma_1^2}{\sigma_2^2}$ 的檢定統計量

$$\frac{S_1^2/\sigma_1^2}{S_2^2/\sigma_2^2} \sim F_{df_1, df_2}$$

$$df_1 = n_1 - 1 \text{，} df_2 = n_2 - 1$$

## ✒習題

1. 某中年男性所構成的母群體其三酸甘油脂近似常態,且其標準差為 30 mg/100 ml,今隨機抽出一個 49 位中年男性的樣本,測得其平均三酸甘油脂為 142 mg/100 ml,試檢定此中年男性所構成的母群體其平均三酸甘油脂u是否等於 150 mg/100 ml,即 $H_0 : u = 150$ mg/100 ml,$\alpha = 0.05$。

2. 某中年男性所構成的母群體其三酸甘油脂近似常態,今隨機抽出一個 10 位中年男性的樣本,測得平均三酸甘油脂為 142 mg/100 ml,標準差為 30 mg/100 ml,試檢定此中年男性所構成的母群體其平均三酸甘油脂u是否等於 150 mg/100 ml,即 $H_0 : u = 150$ mg/100 ml,$\alpha = 0.05$。

3. 欲比較兩校同學體重是否相等,今由 A 校抽出 16 位同學測得 $\overline{x}_A = 56.91$ 公斤, $s_A = 10.1$ 公斤,B 校抽出 15 位同學測得體重為 $\overline{x}_B = 57.32$ 公斤, $s_B = 10.89$ 公斤,假設 A、B 兩校同學體重的母群體近似常態,且變異數相等,試檢定 $H_0 : u_A = u_B$ 。($\alpha = 0.01$)

4. 上題中,若變異數假設不相等,同樣檢定 $H_0 : u_A = u_B$ 。($\alpha = 0.01$)

5. 第 3 題中,若 A、B 兩校分別抽出 100 位同學測量體重得 $\overline{x}_A = 56.91$ 公斤, $\overline{x}_B = 57.32$ 公斤,若 $\sigma_A = 10.1$ 公斤,$\sigma_B = 10.89$ 公斤,試檢定 $H_0 : u_A = u_B$ 。($\alpha = 0.01$)

6. 為比較兩校學生收縮壓是否相等,分別調查 A 與 B 兩校各 16 名學生的收縮壓,結果 $\overline{x}_A = 140$ mmHg,$s_A = 15$ mmHg,$\overline{x}_B = 136$ mmHg,$s_B = 14$ mmHg,假設兩母群體為常態分布且變異數相等,試檢定 $H_0 : u_A = u_B$。($\alpha = 0.01$)

7. 假設美國男性糖尿病患BMI的平均值為 $u_1$,女性則為 $u_2$,今分別從男性糖尿病患中隨機抽出 20 人,其 BMI 的平均

及標準差分別是 $\bar{x}_1 = 26$ kg/m²，$s_1 = 3$ kg/m²，另隨機抽出 12 位女性，其 BMI 平均及標準差則為 $\bar{x}_2 = 25$ kg/m²，$s_2 = 5$ kg/m²，假設男、女糖尿病病患 BMI 的母群體近似常態，但變異數卻不相等，試檢定 $H_0 : u_1 = u_2$。($\alpha = 0.05$)

8. 17 位糖尿病患參加衛教，分別於衛教前與衛教後測量認知得分，其得分差(d)分別為 $-4$、$-8$、$-6$、$-1$、$-1$、$-2$、$-1$、$-3$、$-4$、$-1$、$-2$、$-2$、$-5$、$-5$、$-1$、$-7$、$-4$，試檢定 $H_0 : u_D = 0$。($\alpha = 0.01$)

9. 欲了解衛教對糖尿病患認知得分是否提高，隨機抽出 17 位病患，衛教前、後認知得分差(d)分別是 $-4$、$-8$、$-6$、$-1$、$-1$、$-2$、$-1$、$-3$、$-4$、$-1$、$-2$、$-2$、$-5$、$-5$、$-1$、$-7$、$-4$，試檢定 $H_0 : u_D \geq 0$。($\alpha = 0.01$)

10. 某地區癌症病患未接受正統治療的比例是否不等於 0.5，欲回答此問題，從此地區隨機調查 552 位癌症病患，其中有 226 人未接受正統治療，試檢定之。($\alpha = 0.05$)

11. 欲了解某國中男、女肥胖比例是否相等，隨機抽出 40 位男生及 42 位女生，其中有 6 位男生及 7 位女生屬肥胖體格，試檢定男生肥胖比與女生肥胖比是否相等？($\alpha = 0.1$)

12. 欲檢定某大學大一全體學生身高變異是否等於 68 cm²，今隨機抽出 25 位同學，測量身高的變異數為 70 cm²，假定大一全體學生身高為常態分布，設 $\alpha = 0.05$，試問是否能下結論說身高變異數等於 68 cm²？

13. 欲比較某大學大一及大四全體學生身高的變異數是否相等，假設大一及大四全體學生的身高，分布成常態，並各隨機抽出 11 位大一及 11 位大四同學，測量其身高變異數分別是 $s_1^2 = 69.51$ 及 $s_2^2 = 67.18$，試檢定兩變異數是否相等？($\alpha = 0.1$)

第 *11* 章

# 檢力及樣本大小
# 的決定

> 　　本章將首先說明在執行假設檢定時，可能會產生的錯誤情形，進而介紹如何計算當虛無假設為錯誤時，所能夠棄卻此虛無假設的機率大小，以及影響此機率大小的因素。最後將說明在設計一個實驗時，樣本大小的決定方法。

## 一、錯誤的種類

　　在執行假設檢定時，可能產生兩種錯誤的情形，即第一型錯誤(type I error)和第二型錯誤(type II error)。

　　當我們棄卻了一個正確的虛無假設時，則犯了第一型錯誤，也被稱為棄卻錯誤(rejection error)，而犯了第一型錯誤的機率大小，以α表示，也就是前面所提到的顯著水準，假如重複執行顯著水準設定為 0.05 的假設檢定時，代表我們會有 5 ％的時候，錯誤的棄卻了實際為真的虛無假設。

　　反之，當我們無法棄卻一個錯誤的虛無假設時，或說接受了一個錯誤的虛無假設時，則犯了第二型錯誤。第二型錯誤，也被稱為「接受錯誤」(acceptance error)，而犯了第二型錯誤的機率大小，稱為第二型錯誤機率，以β表示。例如β= 0.1，代表當虛無假設實際為錯誤時，卻無法棄卻此虛無假設的機率為 0.1。以上所述的兩種錯誤情況可整理成下表：

| 檢定結果 | $H_0$ 的實際情況 | |
| --- | --- | --- |
| | 實際為正確 | 實際為錯誤 |
| 棄卻 | 犯第一型錯誤 | 未犯錯 |
| 無法棄卻 | 未犯錯 | 犯第二型錯誤 |

　　對於一個特定的檢定，研究者事先給定一個α值，用來代表所能接受棄卻一個正確虛無假設的機率大小。假設我們

想檢定的虛無假設為 $H_0 : u = u_0$，即母群體平均數等於某一個特定值 $u_0$，當此虛無假設事實上為錯誤時，我們卻無法棄卻 $H_0$，則我們犯了第二型錯誤，如果 $u$ 實際上不等於 $u_0$，則 $u$ 實際的數值就有很多的可能性，所以在計算第二型錯誤機率β時，可以計算在不同 $u$ 值下的β。真實的 $u$ 值若與假設的 $u_0$ 愈接近，則愈難棄卻此錯誤的 $H_0$，所以β會愈大。

【Q1】 某長期暴露在高濃度鉛下的學齡前孩童，其血紅素平均數為 10.5 g/100 ml，標準差則為 1.5 g/100 ml。如假設我們不知道此實際母群體平均數，只知道暴露在高濃度鉛下的學齡前孩童其血紅素平均數會較正常的學齡前孩童血紅素平均數 12.5 g/100 ml 為低，假如我們檢定的虛無假設及對立假設分別是：
$H_0 : u \geq 12.5$ g/100 ml, $H_a : u < 12.5$ g/100 ml
且此檢定的α= 0.05，現從暴露在高濃度鉛下的學齡前孩童中隨機抽出 10 位來執行此檢定，試問暴露在高濃度鉛下的孩童血紅素平均數為10.5 g/100 ml 時，第二型錯誤機率β為何？

【Ans】 在此α= 0.05 的單尾檢定中當 $z \leq -1.645$ 時， $H_0$ 將被棄卻，

因為　　$Z = \dfrac{\overline{X} - u_0}{\dfrac{\sigma}{\sqrt{n}}}$

所以　　$\overline{X} = u_0 + Z\dfrac{\sigma}{\sqrt{n}}$

本例中 $\overline{x} = 12.5 - (1.645)\dfrac{1.5}{\sqrt{10}} = 11.72$

在圖 11.1 中，位於 $\overline{x} = 11.72$ g/100 ml 左尾的面積，正是當 $u = 12.5$ g/100 ml 時，樣本大小為 10 的樣本平均數抽樣分布的左尾 5 %，若要棄卻此虛

無假設時，只要所取得的樣本平均數 $\bar{x}$ 小於或等於 11.72 g/100 ml，藉此我們可以求得當暴露在高濃度鉛下的孩童血紅素平均值為 10.5 g/100 ml 時，卻未能棄卻的機率 $H_0$，也就是β。此時我們考慮 u＝10.5 g/100 ml 時，樣本大小為 10 的樣本平均數抽樣分布，因為當 $\bar{x}$ 大於 11.72 g/100 ml 時，則無法棄卻 $H_0$，我們想要知道以 10.5 g/100 ml 為中心的抽樣分布，$\bar{x}$ 大於 11.72 g/100 ml 的機率為何？計算下式：

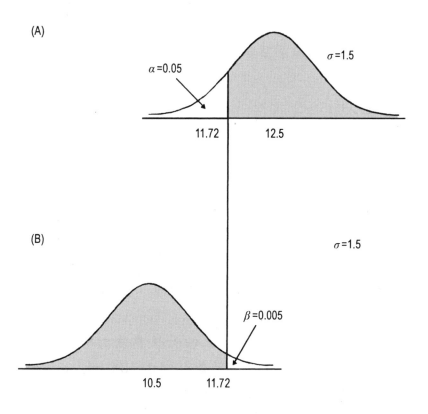

圖 11.1　(A)及(B)分別為當μ＝12.5 g/100 ml 及μ＝10.5 g/100 ml 時，10 位學齡前孩童所構成的血紅素樣本平均數抽樣分布

$$z = \frac{11.72 - 10.5}{\frac{1.5}{\sqrt{10}}} = 2.572$$

查表可得知，在 $z = 2.572$ 右邊的面積約為 0.005，就是當實際的母群體平均值為 10.5 g/100 ml 時，卻無法棄卻 $H_0$：$u \geq 12.5$ g/100 ml 時的機率，也就是第二型錯誤機率β。

　　由上例可知，當 $H_0$ 為錯誤時，即 $u \neq u_0$ 時，$u$ 可假設等於很多不同的數值，而上例所求得β值，只是當 $u = 10.5$ g/100ml 下的第二型錯誤機率。如果我們選擇不同的數值，則可得到不同的β值。當實際的平均數與假設的平均數愈接近，則愈難棄卻虛無假設。

## 二、檢力

　　對於一個假設檢定，我們希望能夠知道當 $H_0$ 為錯誤時，能夠棄卻此 $H_0$ 的機率，稱之為「檢定的能力」(power)，簡稱「檢力」，以 $1-\beta$ 代表。所以 $1-\beta$ 就是一個檢定中，可以棄卻錯誤虛無假設的機率大小，和前面計算β一樣，我們可計算當實際的平均數為不同數值下的 $1-\beta$。如果我們以所求得的 $1-\beta$ 對實際平均數作圖，可得檢力曲線(power curve)。

【Q2】　某縣所有 70 歲以上的女性其膽固醇平均數為 209 mg/100 ml，標準差為 25 mg/100 ml，如果假設我們不知道此實際母群體平均數，只知道會較男性膽固醇平均數 193 mg/100 ml 為高，所以欲檢定的虛無假設與對立假設分別為 $H_0$：$u \leq 193$ mg/100 ml，$H_a$：$u > 193$ mg/100 ml，且α＝0.05，今從某縣所有 70 歲以上女性中隨機抽出 25 位老人來執行此檢

定，求當實際膽固醇平均數分別是 209、210、
215、220、225 mg/100 ml 時的檢力，並繪出檢力
曲線圖。

【Ans】　由軟體 PASS 計算出以下結果：

| 實際平均數 | β | 檢力($=1-β$) |
|---|---|---|
| 209 | 0.060 | 0.94 |
| 210 | 0.040 | 0.96 |
| 215 | 0.003 | 0.997 |
| 220 | 0 | 1 |
| 225 | 0 | 1 |

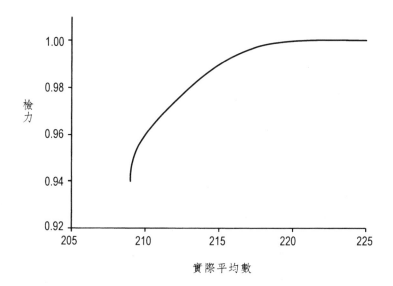

由圖 11.1 可知，當增加α時，則β會降低，所以檢力就會
提高，但增加第一型錯誤機率也不是我們所樂見的，因此在
不增加α下，我們可藉著考慮距 $u_0$ 較遠的 u 值，因為這樣具
有較小的β值，另外藉著增加 n，可降低標準誤 $\dfrac{\sigma}{\sqrt{n}}$，使得圖
11.1 中的兩個抽樣分布變得更窄，因此重疊的面積也會愈
窄。可得到較小的β值。

## 三、樣本大小的決定

在設計一個實驗時，研究人員想知道需要多大的樣本才能達到指定的檢力，例如對 $H_0$：u≥12.5 g/100 ml，$H_a$：u < 12.5 g/100 ml，如果α= 0.05，並且暴露在高濃度鉛下的學齡前孩童其血紅素實際平均值為 10.5 g/100 ml，標準差為 1.5 g/100 ml，而β設定為 0.1，也就是說本檢定的檢力指定為 0.9(= 1 −β)，在指定的第一型錯誤機率及第二型錯誤機率下，需要多大的樣本，才能達成？下面將回答這個問題。

當α指定為 0.05 時，如 z < − 1.645 時，則我們棄卻虛無假設，所以讓：

$$-1.645 = \frac{\bar{x} - 12.5}{\frac{1.5}{\sqrt{n}}}$$

得 $\bar{x} = 12.5 - (1.645)\dfrac{1.5}{\sqrt{n}}$，因此當 $\bar{x}$ 小於此值時，我們棄卻 $H_0$。

另外考慮本檢定設定檢力 1 −β為 0.9，也就是說當實際的平均值為 10.5 g/100 ml 時，棄卻 $H_0$ 的機率，而相對於β= 0.1 時的 Z 值約為 1.282，所以：

$1.282 = \dfrac{\bar{x} - 10.5}{\frac{1.5}{\sqrt{n}}}$，得 $\bar{x} = 10.5 + 1.282\dfrac{1.5}{\sqrt{n}}$，我們讓兩個 $\bar{x}$ 相等，得：

$$12.5 - 1.645\frac{1.5}{\sqrt{n}} = 10.5 + 1.282\frac{1.5}{\sqrt{n}}$$

因此 $(12.5 - 10.5)\sqrt{n} = (1.645 + 1.282)(1.5)$

$$n = \left\{ \frac{(1.645 + 1.282)(1.5)}{12.5 - 10.5} \right\}^2$$

$$= 4.82 \approx 5，我們需要的樣本大小為 5$$

由上式我們可知道影響樣本大小的四個因子為：α、β、假設平均數與實際平均數之差和母群體的標準差。

我們將樣本大小的計算公式整理如下：

*1.* 單一母群體平均數的假設檢定下樣本大小的計算公式

$u_0$：假設平均值， $u_1$：實際平均值

單尾檢定：

$$n = [\frac{(Z_{1-\alpha} - Z_{\beta})\sigma}{u_1 - u_0}]^2$$

雙尾檢定：

$$n = [\frac{(Z_{1-\frac{\alpha}{2}} - Z_{\beta})\sigma}{u_1 - u_0}]^2$$

*2.* 單一母群體比例的假設檢定下樣本大小的計算公式

$p_0$：假設比例， $p_1$：實際比例

單尾檢定：

$$n = [\frac{Z_{1-\alpha}\sqrt{p_0(1 - p_0)} - Z_{\beta}\sqrt{p_1(1 - p_1)}}{p_1 - p_0}]^2$$

雙尾檢定：

$$n = [\frac{Z_{1-\frac{\alpha}{2}}\sqrt{p_0(1 - p_0)} - Z_{\beta}\sqrt{p_1(1 - p_1)}}{p_1 - p_0}]^2$$

## 習題

1. 在內文 Q2 中，試求當實際膽固醇平均數分別為 190、193、195、200 及 205 mg/100 ml 時的檢力。

2. 在內文 Q2 中，當 $\alpha = 0.1$ 時，求實際膽固醇平均數分別為 209、210、215、220 及 225 mg/100 ml 時的檢力，並與 $\alpha = 0.05$ 時的檢力值相比較，何者為大？

3. 在內文 Q2 中，當 $\alpha = 0.05$，但 n = 50 時，求實際膽固醇平均數分別是 209、210、215、220 及 225 mg/100 ml 時的檢力，並與 $\alpha = 0.05$，n = 25 時的檢力值相比較，何者為大？

4. 欲檢定 $H_0 : u \leq 193$ mg/100 ml，$H_a : u > 193$ mg/100 ml，且 $\alpha = 0.05$ 時，假設某縣所有 70 歲以上女性其實際膽固醇平均數為 209 mg/100 ml，$\sigma = 25$ mg/100 ml，試問需要多大的樣本，才能達到 0.9 的檢力？

5. 同上題，但所欲檢定的假設為 $H_0 : u = 193$ mg/100 ml，$H_a : u \neq 193$ mg/100 ml，$\alpha = 0.05$，同樣假設實際膽固醇平均數為 209 mg/100 ml，$\sigma = 25$ mg/100 ml，如希望達到 0.9 的檢力，則需要多大的樣本？

6. 第 5 題中，如 $\alpha = 0.01$，其餘條件不變，則需要多大的樣本才能達到 0.9 的檢力？

7. 第 5 題中，如 $\sigma$ 改為 20 mg/100 ml，其餘條件不變，則需要多大的樣本才能達到 0.9 的檢力？

8. 第 5 題中，如假設實際膽固醇平均數為 220 mg/100 ml，其餘條件不變，則需要多大的樣本才能達到 0.9 的檢力？

9. 第 5 題中，如只需要達到 0.8 的檢力，其餘條件不變，則需要多大的樣本？

# 第12章

## 卡方檢定

卡方檢定(chi-square test)是最常被用於處理類別型資料的統計方法，例如每個人的性別及血型皆屬類別型資料，類別型資料多以次數多寡的方式呈現。卡方檢定處理的問題，包括了適合度檢定(test of goodness of fit)及獨立性檢定(test of independent)等，基本上各檢定所使用的基本原則，就是比較觀測到的次數(observed frequency)與根據某些假設或理論所求得的期望次數(expected frequency)間是否有差異，以做為檢定的依據。

## 一、適合度檢定

適合度檢定可用於檢查某變數是否服從某假設分布，例如甲地區人民的血型分布為 45 ％屬於 A 型，40 ％屬於 O 型，AB 型或 B 型則共占 15 ％，現有 100 人其血型分布列於表 12.1，我們如想檢定此 100 人的血型分布是否與甲地區人民的血型分布一致，首先我們假設血型分布一致，在此假設下，可分別計算各血型的期望次數如下：

表 12.1　100 人血型資料中的觀測次數與期望次數

| 血型 | 觀測次數 | 期望次數 |
|---|---|---|
| A | 43 | 45(= 100 × 45 ％) |
| O | 39 | 40(= 100 × 40 ％) |
| AB 或 B | 18 | 15(= 100 × 15 ％) |
| | 100 | 100 |

藉著比較各個血型中觀測次數與期望次數的接近程度，可檢定我們的假設是否正確。為方便說明，我們以 $O_i$ 代表變數在第 i 個等級或稱為細格(cell)時的樣本觀測值個數，一般

稱為觀測次數，$E_i$ 則代表當虛無假設為真時，在第 $i$ 個等級的期望觀測值個數，稱為期望次數。Pearson 首先提出以下檢定統計量：

$$\chi^2 = \sum_{i=1}^{k} \frac{(O_i - E_i)^2}{E_i}$$

以此來檢定在 $k$ 個等級下，觀測次數與期望次數之間的差是否大到足以棄卻原先的假設，而上述的檢定統計量，經證明為近似自由度 $k - m - 1$ 的卡方分布，$m$ 為需要被估計的參數個數。

【Q1】　依據表 12.1 的資料，檢定此 100 人的血型分布是否與甲地區的人民的血型分布一致。

【Ans】　(1)將問題寫成統計假設

$H_0$：此 100 人的血型分布與甲地區人民的血型分布一致。

$H_a$：此 100 人的血型分布與甲地區人民的血型分布不一致。

(2)檢定統計量

$$\chi^2 = \sum_{i=1}^{k} \frac{(O_i - E_i)^2}{E_i}$$

(3)選擇顯著水準 $\alpha = 0.05$

(4)決定棄卻區及非棄卻區

當虛無假設為真時，檢定統計量的分布為近似卡方分布，且其自由度為 $k - m - 1 = 3 - 0 - 1 = 2$，由於沒有參數需要被估計，所以 $m = 0$，在自由度為 2 的卡方分布中，當顯著水準等於 0.05 時的臨界值為 5.991，所以大於或等於 5.991 的 $\chi^2$ 值構成棄卻區，小於 5.991 的 $\chi^2$ 值則構成非棄卻區。

(5)計算檢定統計量數值及下結論

$$\chi^2 = \sum_{i=1}^{3} \frac{(O_i - E_i)^2}{E_i} = \frac{(43 - 45)^2}{45} + \frac{(39 - 40)^2}{40} +$$

$$\frac{(18 - 15)^2}{15} = 0.714$$

由於所計算而得的檢定統計量數值落在非棄卻區，所以此 100 人的血型分布與甲地區人民的血型分布一致。

## 二、獨立性檢定

卡方檢定可用來檢定兩變數間是否獨立，稱為「獨立性檢定」，在統計學的觀念中，獨立與否常指的是是否有關聯(association)，所以我們也可稱之為「關聯性檢定」(test of association)，例如探討性別變數與抽煙與否變數，彼此間是否有關聯。

### 1. 2 × 2 列聯表

當使用卡方檢定時，我們可分別依兩變數的可能結果，結合成列聯表(contingency table)，如果兩變數各有可能出現兩個結果時，我們則可組合成 2 × 2 列聯表，也就是此列聯表有 2 列(row)及 2 行(column)。例如某臨床試驗，想要比較兩種預防頭部傷患早期癲癇發作的藥劑 A 與 B，在產生有害反應上是否有差異，其結果整理成 2 × 2 列聯表如下，各個細格的觀測值個數分別以 $y_{ij}$ 代表，其中 i = 1, 2，j = 1, 2。

| 藥劑 ＼ 有害反應 | 是 | 否 | 總計 |
|---|---|---|---|
| A | $y_{11}$ | $y_{12}$ | $y_1 \cdot$ |
| B | $y_{21}$ | $y_{22}$ | $y_2 \cdot$ |
| 總計 | $y \cdot _1$ | $y \cdot _2$ | $y \cdot \cdot$ |

　　首先我們假設藥劑種類與是否發生有害反應無關(no association)，也就是說兩者間互相獨立，在此假設下，兩種藥劑中任何一種會發生有害反應的期望值比例( $m_{i1}/y_{i\cdot}$ )，均會等於本臨床試驗中發生有害反應的比例( $y_{\cdot 1}/y_{\cdot\cdot}$ )，即

$$\frac{m_{i1}}{y_{i\cdot}} = \frac{y_{\cdot 1}}{y_{\cdot\cdot}}$$

同樣的，任何細格均可寫成：

$$\frac{m_{ij}}{y_{i\cdot}} = \frac{y_{\cdot j}}{y_{\cdot\cdot}} \text{，所以 } m_{ij} = \frac{y_{i\cdot}\,y_{\cdot j}}{y_{\cdot\cdot}}$$

這裡的 $m_{ij}$ 代表第 i 列，第 j 行細格的期望次數，利用前面所提到的檢定統計量，寫成：

$$\chi^2 = \sum_{i=1}^{2}\sum_{j=1}^{2} \frac{(y_{ij} - m_{ij})^2}{m_{ij}}$$

　　在虛無假設為真時，此檢定統計量的機率分布近似卡方分布，在計算各細格的期望次數時可知，由於各行總計與各列總計均為固定，當任何一個細格的期望次數被計算出來以後，其餘 3 個細格的期望次數均被決定，所以相對於此卡方檢定的自由度為 1，即：

　　（列數－1）×（行數－1）＝(2－1)×(2－1)＝1

　　由於上述檢定統計量中的觀測次數不為連續，但卻以屬連續的卡方分布來近似，因此 Yates 於 1934 年對列聯表提出矯正公式如下：

$$\chi^2_{yc} = \sum_{i=1}^{2}\sum_{j=1}^{2} \frac{(\mid y_{ij} - m_{ij}\mid - 0.5)^2}{m_{ij}}$$

【Q2】　比較兩種預防頭部傷害患者早期癲癇發作的藥劑 A 與 B，在產生有害反應上是否有差異時，資料整理成列聯表如下：

| 藥劑＼有害反應 | 是 | 否 | 總計 |
|---|---|---|---|
| A | 10 | 37 | 47 |
| B | 7 | 38 | 45 |
| 總計 | 17 | 75 | 92 |

根據上述資料，我們是否可下結論說藥劑種類與發生有害反應有關聯？

【Ans】 (1)將問題寫成統計假設

　　$H_0$：藥劑種類與發生有害反應無關

　　$H_a$：藥劑種類與發生有害反應有關

(2)檢定統計量

　　分別使用未矯正及經 Yates 氏矯正後的檢定統計量 $\chi^2$ 及 $\chi^2_{yc}$。

(3)選擇顯著水準 $\alpha = 0.05$

(4)決定棄卻區及非棄卻區

　　若虛無假設為真時，上述檢定統計量為近似卡方分布，且其自由度為 1，當顯著水準為 0.05 時的臨界值為 3.841，所以大於或等於 3.841 的 $\chi^2$ 值構成棄卻區，小於 3.841 的 $\chi^2$ 值則構成非棄卻區。

(5)計算檢定統計量數值及下結論

　　在虛無假設為真時，各細格的期望次數分別為

$$m_{11} = \frac{47 \times 17}{92} = 8.6848 \text{ , } m_{12} = \frac{47 \times 75}{92} = 38.315$$

$$m_{21} = \frac{45 \times 17}{92} = 8.3152 \text{ , } m_{22} = \frac{45 \times 75}{92} = 36.685$$

$$\chi^2 = \frac{(10 - 8.6848)^2}{8.6848} + \frac{(37 - 38.315)^2}{38.315} +$$

$$\frac{(7 - 8.3152)^2}{8.3152} + \frac{(38 - 36.685)^2}{36.685}$$

$$= 0.500$$

$$\chi^2_{yc} = \frac{(|10 - 8.6848| - 0.5)^2}{8.6848} +$$

$$\frac{(|37 - 38.315| - 0.5)^2}{38.315} +$$

$$\frac{(|7 - 8.3152| - 0.5)^2}{8.3152} +$$

$$\frac{(|38 - 36.685| - 0.5)^2}{36.685} = 0.192$$

計算而得的檢定統計量數值均落在非棄卻區，所以無法棄卻藥劑種類與發生有害反應無關的虛無假設。未經矯正及經矯正後的 $\chi^2$ 值雖不相同，但卻可達到相同的結論。

## 2.r×c 列聯表

當兩個變數可分別出現 r 個及 c 個結果時，則可組合成一個 r × c 列聯表，此列聯表具有 r 列、c 行，欲檢定此兩個變數是否獨立，可利用檢定統計量：

$$\chi^2 = \sum_{i=1}^{r} \sum_{j=1}^{c} \frac{(y_{ij} - m_{ij})^2}{m_{ij}}$$

當虛無假設為眞時，此檢定統計量的機率分布會是自由度$(r - 1) \times (c - 1)$的卡方分布。

【Q3】 欲比較 A、B、C 三種不同教學方法對學生成績的提升是否有差異，將 95 位同學隨機分成 3 組，實施三種不同的教學方法爲期一學期，然後進行測驗，考核成績是否提升，資料整理如下：

| 教學方法＼成績提升 | 是 | 否 | 總計 |
|---|---|---|---|
| A | 10 | 24 | 34 |
| B | 8 | 23 | 31 |
| C | 11 | 19 | 30 |
| 總計 | 29 | 66 | 95 |

試問可否下結論說教學方法的不同與成績提升有關？

【Ans】(1)將問題寫成統計假設

$H_0$：教學方法與成績提升無關

$H_a$：教學方法與成績提升有關

(2)檢定統計量

$$\chi^2 = \sum_{i=1}^{r} \sum_{j=1}^{c} \frac{(y_{ij} - m_{ij})^2}{m_{ij}}$$

(3)選擇顯著水準 $\alpha = 0.05$

(4)決定棄卻區及非棄卻區

若虛無假設為真時，上述檢定統計量為近似卡方分布，且其自由度為 $(3-1) \times (2-1) = 2$，當顯著水準為 0.05 時的臨界值為 5.991，所以大於或等於 5.991 的 $\chi^2$ 值構成棄卻區，小於 5.991 則構成非棄卻區。

(5)計算檢定統計量數值及下結論

在虛無假設為真時，各細格的期望次數分別是

$m_{11} = \dfrac{34 \times 29}{95} = 10.379$，$m_{12} = \dfrac{34 \times 66}{95} = 23.621$

$m_{21} = \dfrac{31 \times 29}{95} = 9.4632$，$m_{22} = \dfrac{31 \times 66}{95} = 21.537$

$m_{31} = \dfrac{30 \times 29}{95} = 9.1579$，$m_{32} = \dfrac{30 \times 66}{95} = 20.842$

$$\chi^2 = \frac{(10 - 10.379)^2}{10.379} + \frac{(24 - 23.621)^2}{23.621} +$$
$$\frac{(8 - 9.4632)^2}{9.4632} + \frac{(23 - 21.537)^2}{21.537} +$$
$$\frac{(11 - 9.1579)^2}{9.1579} + \frac{(19 - 20.842)^2}{20.842}$$
$$= 0.879$$

計算而得的 $\chi^2$ 值 < 5.991，落在非棄卻區，也就是說根據我們所蒐集到的資料，沒有足夠的證據支持教學方法的不同與成績提升有關。

## 三、Fisher's 精準檢定

在卡方檢定中,一般要求期望次數不得小於 1,並且不得有 20％以上細格的期望次數小於 5,不然則建議合併相鄰的行或列,以增加細格的期望次數或採用 Fisher's 精準檢定 (Fisher's exact test)。

在 2×2 列聯表中,如果觀測值總數小於 20,或觀測值總數在 20 與 40 之間,但有任何一個細格中的期望次數小於 5 時,則建議使用 Fisher's 精準檢定。在假設列變數與行變數互相獨立,並且各行與各列的總計都固定下,我們可計算所出現觀測次數的精準機率(exact probability)。例如某臨床試驗欲比較施用兩種降低癌症病患疼痛藥劑的有效性,所得到的資料可整理成下表:

| 藥劑＼降低疼痛 | 是 | 否 | 總計 |
|---|---|---|---|
| A | a | b | a + b |
| B | c | d | c + d |
| 總計 | a + c | b + d | n |

這裡總計 n 等於 a + b + c + d。在藥劑種類與降低疼痛的有效性無關下,各細格的觀測次數如上表所載時,可計算在此結果下的精準機率為:

$$p = \frac{(a + b)!(c + d)!(a + c)!(b + d)!}{a!\ b!\ c!\ d!\ n!}$$

Fisher's 精準檢定不僅計算所獲得觀測次數的精準機率,並且計算較此所獲得觀測次數更為極端情況下的精準機率,然後將這些精準機率加總,藉此加總後的精準機率大小,以決定是否棄卻藥劑種類與降低疼痛的有效性無關的假設。

【Q4】　根據以下比較兩種降低癌症病患疼痛藥劑的有效性
臨床試驗資料，試藉著計算精準機率，以檢定藥劑
種類是否與降低疼痛的有效性無關。

| 藥劑　降低疼痛 | 是 | 否 | 總計 |
|---|---|---|---|
| A | 1 | 9 | 10 |
| B | 4 | 7 | 11 |
| 總計 | 5 | 16 | 21 |

【Ans】　為回答上述問題，可將虛無假設及對立假設寫成：

$H_0$：藥劑種類與降低疼痛的有效性無關。

$H_a$：藥劑種類與降低疼痛的有效性有關。

首先計算獲得觀測次數的精準機率，也就是表中資
料下的精準機率：

$$p = \frac{10! \ 11! \ 5! \ 16!}{1! \ 9! \ 4! \ 7! \ 21!} = 0.162$$

其他資料下的精準機率則分別為：

| 藥劑　降低疼痛 | 是 | 否 | 總計 |
|---|---|---|---|
| A | 0 | 10 | 10 |
| B | 5 | 6 | 11 |
| 總計 | 5 | 16 | 21 |

$$p = \frac{10! \ 11! \ 5! \ 16!}{0! \ 10! \ 5! \ 6! \ 21!} = 0.023$$

| 降低疼痛<br>藥劑 | 是 | 否 | 總計 |
|---|---|---|---|
| A | 2 | 8 | 10 |
| B | 3 | 8 | 11 |
| 總計 | 5 | 16 | 21 |

$$p = \frac{10!\ 11!\ 5!\ 16!}{2!\ 8!\ 3!\ 8!\ 21!} = 0.365$$

| 降低疼痛<br>藥劑 | 是 | 否 | 總計 |
|---|---|---|---|
| A | 3 | 7 | 10 |
| B | 2 | 9 | 11 |
| 總計 | 5 | 16 | 21 |

$$p = \frac{10!\ 11!\ 5!\ 16!}{3!\ 7!\ 2!\ 9!\ 21!} = 0.195$$

| 降低疼痛<br>藥劑 | 是 | 否 | 總計 |
|---|---|---|---|
| A | 4 | 6 | 10 |
| B | 1 | 10 | 11 |
| 總計 | 5 | 16 | 21 |

$$p = \frac{10!\ 11!\ 5!\ 16!}{4!\ 6!\ 1!\ 10!\ 21!} = 0.114$$

| 藥劑 ＼ 降低疼痛 | 是 | 否 | 總計 |
|---|---|---|---|
| A | 5 | 5 | 10 |
| B | 0 | 11 | 11 |
| 總計 | 5 | 16 | 21 |

$$p = \frac{10! \ 11! \ 5! \ 16!}{5! \ 5! \ 0! \ 11! \ 21!} = 0.012$$

因此，獲得較觀測次數及較所獲得觀測次數更為極端的精準機率總和為 0.162 + 0.023 + 0.114 + 0.012 = 0.31，由於此機率大於 0.05，所以無法棄卻虛無假設，也就是說根據本試驗的資料，不足以下結論說兩種藥劑降低疼痛的有效性不同。

## 四、McNemar's 檢定

在前面章節曾討論如何以配對 t 檢定處理配對樣本的資料，在類別型資料中也有配對樣本的情形，此時可藉 McNemar's 檢定處理。例如有關某校公衛系 46 位同學的資料中，當在大一時詢問此 46 位同學是否有男女朋友，經過 4 年大學生涯之後，在畢業前又重新詢問此 46 位同學是否有男女朋友，資料可整理如下：

| 大一 ＼ 大四 | 有 | 沒有 | 總計 |
|---|---|---|---|
| 有 | 14 | 2 | 16 |
| 沒有 | 18 | 12 | 30 |
| 總計 | 32 | 14 | 46 |

我們想要知道大學 4 年對大一時有無男女朋友的狀況是否有改變，可寫成以下假設：

H₀：4 年大學生涯對有無男女朋友的狀況未變，也就是無關

Hₐ：4 年大學生涯對有無男女朋友的狀況改變，也就是有關

McNemar's 檢定統計量為：

$$\chi^2 = \frac{\left[\,|\,b - c\,|\, - 1\,\right]^2}{(b + c)}$$

這裡 b 代表大一有，但大四卻沒有的人數；c 則代表大一沒有，但大四卻反而有的人數，這兩者一般稱為不協和配對 (discordance pairs)。當 H₀ 為眞時，此檢定統計量為近似卡方分布，且其自由度為 1。對於以上資料，由於 b = 2，c = 18，因此：

$$\chi^2 = \frac{\left[\,|\,2 - 18\,|\, - 1\,\right]^2}{(2 + 18)} = \frac{225}{20} = 11.25$$

當顯著水準α= 0.05 時的臨界值為 3.841，而計算而得 $\chi^2$ 的值大於 3.841，所以棄卻 H₀，也就是說 4 年大學生涯改變了有無男女朋友的狀況。

## 習題

1. 兩病原菌交配所產生的後代中，三種基因型 AA、AB、BB 各有 17、43、27 株，試問是否符合 1：2：1 的分離比假設？($\alpha = 0.05$)

2. 在比較藥劑 A 與 B 對預防頭部傷害患者早期癲癇發作的藥效試驗中，47 位服用藥劑 A 的患者中，男性有 29 人，女性有 18 人。45 位服用藥劑 B 的患者中，男性有 30 人，女性有 15 人，試問服用藥劑種類是否與性別有關聯？分別利用未矯正與矯正卡方檢定，並比較其結果？($\alpha = 0.05$)

3. 試利用某校公衛系大一 46 位同學的資料，請問性別與抽菸與否有沒有關聯？性別與是否有男女朋友又有無關聯呢？($\alpha = 0.05$)

4. 利用公衛系大四同學資料，試問性別與喜歡公衛程度是否有關聯？($\alpha = 0.05$)

5. 15 位中、重度頭部外傷病患，經一年半治療後，病患的預後分成好與不好兩個等級，試藉著計算精準機率以檢定以下資料中，外傷程度與預後等級是否有關聯？

| 預後等級 ＼ 外傷程度 | 中度 | 重度 | 總計 |
|---|---|---|---|
| 好 | 3 | 1 | 4 |
| 不好 | 5 | 6 | 11 |
| 總計 | 8 | 7 | 15 |

6. 某班生物統計學課程共有 46 位同學修習，分別在開學初及結束前分別調查此 46 位同學是否喜歡生物統計學課程，資料如下：

| 開學初　　結束前 | 喜歡 | 不喜歡 | 總計 |
|---|---|---|---|
| 喜歡 | 8 | 4 | 12 |
| 不喜歡 | 7 | 27 | 34 |
| 總計 | 15 | 31 | 46 |

試問同學對生物統計學課程喜愛與否在開學初與結束前的態度有無改變，是否有關？$(\alpha = 0.05)$

# 第 13 章

## 變異數分析

在前章中，曾經討論過如何利用 t 檢定來檢查兩組母群體平均數是否相同，但在實際情況下，我們常需要回答三組或三組以上的母群體平均數是否相同的問題。變異數分析（analysis of variance, ANOVA），可用來檢定三組或三組以上的母群體平均數是否相同。所謂變異數分析，就是將資料中的總變異量劃分成各個不同的成分量，而每一個成分量則相對於一個特別的變異來源，藉著變異數分析可確定各個不同來源的變異量大小，而比較這些變異量的大小可以回答三組或三組以上的母群體平均數是否相同的問題。

當面對上述問題時，有人可能會想到直接利用 t 檢定，來比較兩個母群體間的平均數是否相等，例如有 A、B、C 三組平均數分別是 $u_A$ 、 $u_B$ 及 $u_C$ ，欲比較此三組平均數是否相等，虛無假設可寫成 $H_0：u_A = u_B = u_C$ ，顯著水準 $\alpha$ 設為 0.05，如果兩兩互相比較，則需進行 $C_2^3 = 3$ 次 t 檢定，也就是檢定 $H_0：u_A = u_B$ ， $H_0：u_A = u_C$ 及 $H_0：u_B = u_C$ 。假設每個 t 檢定，其顯著水準 $\alpha$ 也都設定為 0.05，也就是說，棄卻正確的虛無假說之機率均設定為 0.05，那麼無法棄卻正確的虛無假設之機率則均為 0.95，在三個檢定彼此間互相獨立下，利用機率的乘法規則可知，在此三次檢定中，均無法棄卻正確的虛無假設之機率為 0.95 × 0.95 × 0.95 = 0.857，而至少棄卻一個正確的虛無假設之機率則為 1 − 0.857 = 0.143，也就是說，此時犯第一型錯誤的機率應為 0.143。當同時進行此三個 t 檢定時，第一型錯誤機率事實上會大於 0.05。而實際的情況會較此更複雜，因為三個 t 檢定彼此間並不會互相獨立。總而言之，為了使整個檢定的第一型錯誤機率等於預先選定的 $\alpha$，以下將正式介紹變異數分析。本章將僅介紹單向變異數分析。

## 一、單向變異數分析

假如我們想要比較 k 組母群體平均數是否相等，虛無假設及對立假設分別是：

$$H_0 : u_1 = u_2 = \cdots = u_k$$

$$H_a : k \text{ 組母群體平均數不全相等}$$

若分別自 k 組母群體中隨機抽出 $n_i$ 個觀測值，$i = 1$，$\cdots$，k，且以 $y_{ij}$ 代表來自第 i 組母群體中所得到第 j 個觀測值，$j = 1$，$\cdots$，$n_i$，而用來代表不同組的變數，稱為自變數，或稱為因子(factor)。所謂單向變異數分析(one-way analysis of variance)或單因子變異數分析(one-factor analysis of variance)為只有一個自變數或因子時稱之，而有多少組數，則稱為等級(level)。依變數為在不同組中的觀測變數，這裡以 Y 來代表。我們可將所蒐集到的資料整理如下：

| | 所來自的母群體 | | | | | |
|---|---|---|---|---|---|---|
| | 1 | 2 | $\cdots$ | i | $\cdots$ | k |
| | $y_{11}$ | $y_{21}$ | | $y_{i1}$ | | $y_{k1}$ |
| | $y_{12}$ | $y_{22}$ | | $y_{i2}$ | | $y_{k2}$ |
| | $\vdots$ | $\vdots$ | | $\vdots$ | | $\vdots$ |
| | $y_{1n_i}$ | $y_{2n_2}$ | | $y_{in_i}$ | | $y_{kn_k}$ |
| 總　和 | $y_1 \cdot$ | $y_2 \cdot$ | | $y_i \cdot$ | | $y_k \cdot$ | $y \cdot \cdot$ |
| 平均數 | $\bar{y}_1 \cdot$ | $\bar{y}_2 \cdot$ | | $\bar{y}_i \cdot$ | | $\bar{y}_k \cdot$ | $\bar{y} \cdot \cdot$ |

這裡

$$y_i \cdot = \sum_{j=1}^{n_i} y_{ij} = \text{第 i 組的總和}$$

$$\bar{y}_i \cdot = \frac{y_i \cdot}{n_i} = \text{第 i 組的平均數}$$

$$y \cdot \cdot = \sum_{i=1}^{k} \sum_{j=1}^{n_i} y_{ij} = \sum_{i=1}^{k} y_i \cdot = \text{總和}$$

$$\bar{y}.. = \frac{y..}{n} = 總平均$$

$$n = \sum_{i=1}^{k} n_i$$

而變異數分析的前提為：

　　*1.* k 組母群體均為常態分布，且具有共同的變異數，即
$\sigma_1^2 = \sigma_2^2 = \cdots = \sigma_k^2 = \sigma^2$。

　　*2.* 從 k 組母群體分別抽出的隨機樣本，彼此間互相獨立。

　　在前面曾提到，所謂變異數分析就是將資料中的總變異數劃分成各個不同的成分量，這裡變異(variation)指的是觀測值與其平均數間偏差(deviation)平方之和，或直接稱為平方和(sum of squares)，總變異量也就是總平方和(total sum of squares)，寫成 $SST = \sum_{i=1}^{k}\sum_{j=1}^{n_i}(y_{ij} - \bar{y}..)^2$，並可劃分為以下兩個平方和，即組間平方和(between sum of squares, SSB)及組內平方和(within sum of squares, SSW)：

$$組間平方和(SSB) = \sum_{i=1}^{k}\sum_{j=1}^{n_i}(\bar{y}_i. - \bar{y}..)^2$$

$$= \sum_{i=1}^{k} n_i(\bar{y}_i. - \bar{y}..)^2$$

$$組內平方和(SSW) = \sum_{i=1}^{k}\sum_{j=1}^{n_i}(y_{ij} - \bar{y}_i.)^2$$

　　組內平方和一般也稱為「機差平方和」(error sum of squares)，簡稱 SSE。並且可證明 SST ＝ SSB ＋ SSW，藉著 SSB 及 SSW，分別除以其所相對的自由度後，所得的二個均方(mean square)，可用來估計共同的變異數，即 $\sigma^2$。茲分述如下：當 k 組母群體變異數相等的前提符合時，也就是 $\sigma_1^2 = \sigma_2^2 = \cdots = \sigma_k^2 = \sigma^2$，我們可仿照兩組母群體平均數檢定時，合併兩組樣本變異數來估計共同變異數的方法，合併 k 組樣本變異數，各組變異數為：

$$S_i^2 = \frac{\sum\limits_{j=1}^{n_i}(y_{ij} - \bar{y}_i.)^2}{n_i - 1}, i = 1, \cdots, k$$

合併後，成為：

$$\frac{(n_1 - 1)S_1^2 + (n_2 - 1)S_2^2 + \cdots + (n_k - 1)S_k^2}{(n_1 - 1) + (n_2 - 1) + \cdots + (n_k - 1)}$$

如將 $(n_i - 1)S_i^2$ 以 $\sum\limits_{j=1}^{n_i}(y_{ij} - \bar{y}_i.)^2$ 取代，則上式可改寫成：

$$\frac{\sum\limits_{i=1}^{k}(n_i - 1)S_i^2}{\sum\limits_{i=1}^{k}(n_i - 1)} = \frac{\sum\limits_{i=1}^{k}\sum\limits_{j=1}^{n_i}(y_{ij} - \bar{y}_i.)^2}{n - k} = \frac{SSW}{n - k} = MSW$$

這裡的 MSW，指的是組內均方(within groups mean square)，當母群體變異數相等時，組內均方是共同變異數 $\sigma^2$ 的無偏估式，此時不論虛無假設是真或偽都成立。

另外，當虛無假設為真且 $\sigma_1^2 = \sigma_2^2 = \cdots = \sigma_k^2 = \sigma^2$ 時，則可得到：

$$\frac{\sum\limits_{i=1}^{k}\sum\limits_{j=1}^{n_i}(\bar{y}_i. - \bar{y}..)^2}{k - 1} = \frac{\sum\limits_{i=1}^{k}n_i(\bar{y}_i. - \bar{y}..)^2}{k - 1} = \frac{SSB}{k - 1} = MSB$$

這裡的 MSB，指的是組間均方(between groups mean square)，當各組平均數相等時，組間均方亦可用來估計 $\sigma^2$。由此可知，當虛無假設為真時，以上兩個用以估計 $\sigma^2$ 的估值 MSW 及 MSB 應該相當接近；反之，當虛無假設為偽時，也就是各組母群體平均數不完全相等時，MSB 應該會大於 MSW。因此，如需檢定 $H_0 : u_1 = u_2 = \cdots = u_k$，我們可利用以下檢定統計量：

$$F = \frac{MSB}{MSW}$$

當虛無假設為真時，MSB 與 MSW 會相當接近，所以 F 值會接近於 1；反之，當虛無假設為偽時，MSB 應該會大於 MSW，所以 F 值會大於 1，並且可知當虛無假設為真時，檢定統計量 F 的機率分布為 F 分布，且分子及分母的自由度分

別是 $k - 1$ 及 $n - k$，寫成 $F \sim F_{k-1, n-k}$，以上結果，我們可整理成變異數分析表(ANOVA table)如下：

| 變異原因<br>Source of<br>Variation | 自由度<br>D.F. | 平方和<br>S.S. | 均方<br>M.S. | F 值 |
|---|---|---|---|---|
| 組間 | $k - 1$ | $SSB = \sum\limits_{i=1}^{k} n_i(\bar{y}_{i.} - \bar{y}_{..})^2$ | $\dfrac{SSB}{k - 1}$ | $F = \dfrac{MSB}{MSW}$ |
| 組內 | $n - k$ | $SSW = \sum\limits_{i=1}^{k} \sum\limits_{j=1}^{n_i} (y_{ij} - \bar{y}_{i.})^2$ | $\dfrac{SSW}{n - k}$ | |
| 總計 | $n - 1$ | $SST = \sum\limits_{i=1}^{k} \sum\limits_{j=1}^{n_i} (y_{ij} - \bar{y}_{..})^2$ | | |

## 二、多重比較

在單向變異數分析中，如果我們棄卻了虛無假設，即棄卻了：
$$H_0 : u_1 = u_2 = \cdots = u_k$$
雖然得到母群體平均數不完全相等的結論，但卻無法得知是否所有的母群體平均數均不相等，或只是其中幾個不相等而已，以上問題，可藉由多重比較(multiple comparisons)來回答。多重比較有不同的方法，如 Tukey 法、Scheff 法、Bonferroni 法、Fisher 的 least significant difference(LSD)法及 Duncan 的 multiple range test(MRT)等。這裡我們將介紹 Bonferroni 法或稱為 Dunn's 多重比較。

當上述的虛無假設被棄卻後所進行的多重比較，一般多是進行兩兩間的平均值比較，但針對 k 組母群體平均數，我們可進行 $C_2^k$ 個 t 檢定，如果每個 t 檢定的第一型錯誤機率均定在 $\alpha$ 時，則多重比較的真實第一型錯誤機率會大於 $\alpha$，為了維持真實第一型錯誤機率仍為 $\alpha$，Bonferroni 法矯正每個 t 檢定的第一型錯誤機率成為 $\dfrac{\alpha}{C_2^k}$，然後進行兩兩母群體間的 t 檢定。

【Q1】　某臨床試驗欲比較某新藥劑三種不同劑量的藥效，
　　　　因此將三種不同的劑量施用於三組受試者，而此三
　　　　組受試者的年齡資料如下：
　　　　第一組受試者人數 22 人，平均年齡 25.91 歲，年齡
　　　　變異數為 30.56（歲）$^2$。
　　　　第二組受試者人數 24 人，平均年齡 33.08 歲，年齡
　　　　變異數為 20.51（歲）$^2$。
　　　　第三組受試者人數 15 人，平均年齡 27.2 歲，年齡
　　　　變異數為 22.89（歲）$^2$。
　　　　試比較此三組受試者的平均年齡在顯著水準 α ＝ 0.05
　　　　下，是否有差異？

【Ans】　由題意可知總受試人數 n 為 22 ＋ 24 ＋ 15 ＝ 61 人，
　　　　組數 k ＝ 3，總平均年齡為：

$$\frac{22 \times 25.91 + 24 \times 33.08 + 15 \times 27.2}{61} = 29.05$$

而 MSW

$$= \frac{SSW}{n-k}$$

$$= \frac{(22-1) \times 30.56 + (24-1) \times 20.51 + (15-1) \times 22.89}{61-3}$$

$$= \frac{641.76 + 471.73 + 320.46}{58}$$

$$= \frac{1433.95}{58}$$

$$= 24.72$$

$$MSB = \frac{SSB}{k-1}$$

$$= \frac{22 \times (25.91-29.05)^2 + 24 \times (33.08-29.05)^2 + 15 \times (27.2-29.05)^2}{2}$$

$$= \frac{216.91 + 389.78 + 51.34}{2}$$

$$= \frac{658.03}{2}$$

$$= 329.02$$

且 $F = \dfrac{MSB}{MSW} = \dfrac{329.02}{24.72} = 13.31$

因此可製作變異數分析表如下：

| 變異原因 | 自由度 | 平方和 | 均方 | F 值 |
|---|---|---|---|---|
| 組間 | 2 | 658.03 | 329.02 | 13.31 |
| 組內 | 58 | 1433.95 | 24.72 | |
| 總計 | 60 | 2091.98 | | |

這裡所檢定的虛無假設及對立假設分別是：

$H_0 : u_1 = u_2 = u_3$，$H_a : u_1 \neq u_2$ 或 $u_2 \neq u_3$ 或 $u_1 \neq u_3$

當 $H_0$ 為真時，此檢定統計量 F 會服從分子自由度為 2，分母自由度為 58 的 F 分布，查表得當 $\alpha = 0.05$ 時，$F_{2,58,0.95}$ 接近於 3.16，所以我們棄卻虛無假設，也就是說三組受試者的平均年齡不完全相等。以下將進行多重比較來決定是那幾組平均年齡不相等。我們採用 Bonferroni 法，這裡我們要分別檢定 $u_1 = u_2$，$u_1 = u_3$ 及 $u_2 = u_3$，為了維持真正的第一型錯誤機率仍為 0.05，因此以上三個檢定的第一型錯誤機率要降為 $\dfrac{0.05}{C_2^3} = 0.0167$。當檢定 $u_1$ 是否等於 $u_2$ 時，

$$t = \frac{25.91 - 33.08}{\sqrt{24.72(\dfrac{1}{22} + \dfrac{1}{24})}}$$

$$= \frac{-7.17}{\sqrt{2.15}}$$

$$= -4.89$$

檢定 $u_1$ 是否等於 $u_3$ 時，則：

$$t = \frac{25.91 - 27.2}{\sqrt{24.72(\frac{1}{22} + \frac{1}{15})}}$$

$$= \frac{-1.29}{\sqrt{2.772}}$$

$$= -0.77$$

而檢定 $u_2$ 是否等於 $u_3$ 時，

$$t = \frac{33.08 - 27.2}{\sqrt{24.72(\frac{1}{24} + \frac{1}{15})}}$$

$$= \frac{5.88}{\sqrt{2.678}}$$

$$= 3.59$$

由於 $0.0167 \div 2 = 0.00835$，所以在雙尾檢定時，$t_{58,0.00835} \approx -2.50$ 及 $t_{58,1-0.00835} \approx 2.50$，因此可知除了無法棄卻第一組平均年齡與第三組平均年齡相等的虛無假設後，我們棄卻了 $H_0：u_1 = u_2$ 及 $H_0：u_2 = u_3$，也就是說第一組受試者與第二組受試者的平均年齡不相等，並且第二組受試者與第三組受試者的平均年齡也不相等。

### 習題

1. 某藥劑的劑量共有三種，分別是 A、B、C，卻比較以上三種不同劑量的藥效是否相同，若利用 t 檢定分別檢定劑量 A 與 B、A 與 C、及 B 與 C 的藥效是否相同，各檢定的顯著水準均為 0.05，試評估這樣的做法是否適當？你會提供怎樣的建議？

2. 變異數分析的前提有那些？

3. 什麼時候要使用多重比較？

4. 欲比較三種不同退燒藥 A、B、C 的退燒效果，對門診 5～15 歲，體溫在 38℃以上的流行感冒病患，依病患看診之先後次序分別給了 A、B、C 三種不同的退燒藥服用，一共有 15 位病患，並以電話追蹤服藥 4 小時後所降低的體溫，資料如下：

| 退燒藥 | 降低體溫(℃) |
|---|---|
| A | 1.7, 1.6, 1.5, 1.9, 1.2 |
| B | 0.4, 0.5, 0.3, 0.2, 0.3 |
| C | 1.1, 1.0, 0.7, 0.8, 0.5 |

(1) 寫出比較此三種不同退燒藥退燒效果是否相等的虛無假設及對立假設。

(2) 檢定三種不同退燒藥效是否相等，並列出變異數分析表（$\alpha = 0.05$）。

(3) 以 Bonferroni 法進行多重比較。

# 第 14 章

## 迴歸與相關

在生物統計研究的領域中，我們常需要探討變數與變數間的關係，如：

〈例 A〉成人之身高與血壓間的關係。

〈例 B〉鉛蓄電池工廠員工，血中含鉛量與工作年資及工作環境中暴露的鉛含量間的關係。

〈例 C〉某癌症的發生與否和每天抽菸包數、喝酒杯數及嚼食檳榔粒數間的關係。

上述變數間關係的特性與強弱可分別藉著迴歸（regression）及相關（correlation）兩種統計分析方法來闡明，這兩種方法彼此間雖有關聯，但目的卻不太一樣。迴歸分析主要是探討二個或二個以上變數間關係的統計方法，藉此我們可預測當自變數 X 的數值改變時，依變數 Y 的數值改變的情形。而相關分析則在測量變數間關係的強弱，變數間沒有自變數與依變數之分，彼此地位平行，但是卻要考慮變數間的聯合機率分布（joint probability distribution）。

在迴歸分析中，如只考慮一個自變數與依變數間的關係時，稱為簡單迴歸（simple regression），如〈例 A〉中，以身高為自變數，血壓為依變數；如果考慮二個或以上的自變數時，則稱為複迴歸（multiple regression）。如〈例 B〉中，工作年資與工作環境中暴露的鉛含量分別為自變數，而血中鉛含量則考慮為依變數。〈例 A〉及〈例 B〉中的依變數均為連續型變數，如果依變數不屬於連續型變數時，則可以邏輯迴歸（logistic regression）來處理，如〈例 C〉中，考慮癌症的發生與否為一個二元型的依變數，每天抽菸包數、喝酒杯數及嚼食檳榔粒數，則均為自變數。

# 一、簡單線性迴歸

　　在簡單線性迴歸(simple linear regression)中，自變數 X 與依變數 Y 間的直線關係，可以下式來描述：

$$u_{Y|X} = \beta_0 + \beta_1 X \tag{1}$$

這裡的 $u_{Y|X}$ 爲給予一個 X 值時，Y 的條件平均數(conditional mean of Y given X)，也就是相對於任何一個給定的 X 值時，所有 Y 值所構成分布的平均數，此所代表的也就是一條母群體迴歸線(population regression line)。而參數 $\beta_0$ 及 $\beta_1$ 爲迴歸係數(regression coefficient)，$\beta_0$ 亦稱爲截距(intercept)，爲當 X 等於 0 時的 $u_{Y|X}$ 值，而 $\beta_1$ 則稱爲斜率(slope)，代表每改變一個單位的 X 值時，$u_{Y|X}$ 的改變量，當 $\beta_1$ 爲正值時，$u_{Y|X}$ 值會隨著 X 值的增加而增加；反之，當 $\beta_1$ 爲負值時，$u_{Y|X}$ 值則會隨著 X 值的增加而減少。

　　對於任何一個 X 值，其所相對應的 Y 值會分散於條件平均數 $u_{Y|X}$ 的上下，可以寫成：$Y = \beta_0 + \beta_1 X + \varepsilon$，這裡的 $\varepsilon$ 爲隨機機差(random error)，也就是在某一個 X 值下，所對應的 Y 值與在相同的 X 值下的條件平均數 $u_{Y|X}$ 間的差值，當 $\varepsilon$ 爲正值，則代表所對應的 Y 值落在母群體迴歸線上方，反之，當 $\varepsilon$ 爲負值時，則所對應的 Y 值落在母群體迴歸線下方。在迴歸分析中，有其前提假設，茲敘述如下：

　　$\varepsilon_i$ 是隨機機差，假設其機率分布是平均數爲 0，標準差爲 $\sigma$ 的常態分布，並且對於不同的 $\varepsilon_i$ 與 $\varepsilon_j$ 間彼此互相獨立，同樣的，對於任何 X 值，其所對應的 Y 值也會是常態分布，且其平均數爲 $u_{Y|X}$，標準差亦爲 $\sigma$，不同的 Y 值間也會彼此互相獨立（圖 14.1）。

　　在(1)式中的母群體迴歸線 $u_{Y|X} = \beta_0 + \beta_1 X$ 描述依變數 Y 與自變數 X 間的真實關係，但因參數 $\beta_0$ 與 $\beta_1$ 均爲未知，所以我們必須從母群體中抽出隨機樣本來，藉著所蒐集到的 n 組

$$u_{Y|X} = \beta_0 + \beta_1 X$$

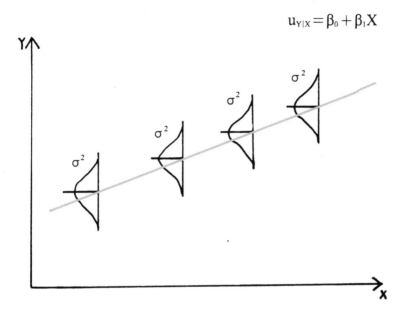

圖 14.1　簡單迴歸模式

樣本資料$(X_1, Y_1)\cdots(X_i, Y_i)\cdots(X_n, Y_n)$來估計此母群體迴歸線，藉估計而得的迴歸線，寫成：

$$\hat{Y}_i = b_0 + b_1 X_i, i = 1, \cdots, n$$

這裡 $\hat{Y}_i$ 讀作「$Y_i$ hat」，一般也被稱為「配適迴歸線」(fitted regression line)。為了估計母群體迴歸線，以下將介紹如何以最小平方法(least squares method)來估計迴歸係數 $\beta_0$ 及 $\beta_1$，進而估計母群體迴歸線 $u_{Y|X}$。

### 1.迴歸係數及母群體迴歸線的點估計

最小平方法的目的是找到能夠使得 $\sum\limits_{i=1}^{n}(Y_i - \hat{Y}_i)^2$ 最小時的 $b_0$ 及 $b_1$。一般我們稱 $Y_i - \hat{Y}_i$ 為殘差(residual)，以 $e_i$ 代表，而 $\sum\limits_{i=1}^{n}e_i^2$ 則稱為殘差平方和(residual sum of squares)或機差平方和(error sum of squares)，寫成：

$$\sum_{i=1}^{n}e_i^2 = \sum_{i=1}^{n}(Y_i - \hat{Y}_i)^2$$

$$= \sum_{i=1}^{n}[\hat{Y}_i - (b_0 + b_1 X_i)]^2$$

至於如何能夠找到 $b_0$ 及 $b_1$ 使得 $\sum_{i=1}^{n} e_i^2$ 最小呢？我們可分別以

$\sum_{i=1}^{n} e_i^2$ 對 $b_0$ 及 $b_1$ 做偏微分，然後分別設此二微分式等於 0。此

二個包含 $b_0$ 及 $b_1$ 的方程式稱為法線方程式(normal equations)，

同時解此法線方程式，可求得：

$$b_1 = \frac{\sum_{i=1}^{n}(X_i - \overline{X})(Y_i - \overline{Y})}{\sum_{i=1}^{n}(X_i - \overline{X})^2}$$

$$b_0 = \overline{Y} - b_1 \overline{X}$$

這裡的 $b_0$ 及 $b_1$ 分別稱為 $\beta_0$ 及 $\beta_1$ 的最小平方點估式(least squares point estimator)。另外，我們可以 $\hat{Y} = b_0 + b_1 X$ 來做為母群體迴歸線 $u_{Y|X} = \beta_0 + \beta_1 X$ 的點估式。

【Q1】 以表3.1及表3.2某校公衛系學生大一時的體重(X)，與大四時重新再測量後的體重(Y)進行簡單迴歸分析，試計算迴歸係數 $b_0$ 與 $b_1$ 及寫出 $\hat{Y}$，其散布圖見圖14.2。

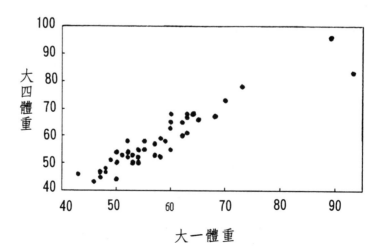

圖 14.2 大一體重與大四體重之散布圖

【Ans】 由於 $\overline{X} = 56.9130$，$\overline{Y} = 57.33$，$n = 46$

$$b_1 = \frac{\sum_{i=1}^{n}(X_i - \overline{X})(Y_i - \overline{Y})}{\sum_{i=1}^{n}(X_i - \overline{X})^2} = 1.0171$$

$$b_0 = \overline{Y} - b_1\overline{X} = 57.33 - 1.0171 \times 56.9130$$

$$= -0.56$$

並且 $\hat{Y} = -0.56 + 1.0171X$，如圖 14.3

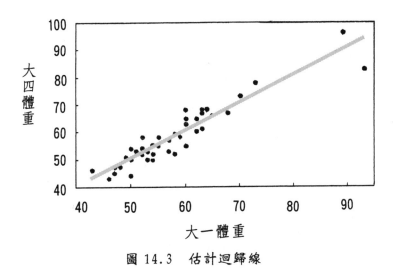

圖 14.3　估計迴歸線

## 2.平方和及自由度的劃分

　　當單單只考慮變數 Y 時，其變異大小可藉平方和 $\sum_{i=1}^{n}(Y_i - \overline{Y})^2$ 來描述，但我們可將此平方和做進一步的劃分，由於 $Y_i - \overline{Y} = Y_i - \hat{Y}_i + \hat{Y}_i - \overline{Y}$，我們將符號兩端分別平方且連加後得到：

$$\sum_{i=1}^{n}(Y_i - \overline{Y})^2 = \sum_{i=1}^{n}(Y_i - \hat{Y}_i + \hat{Y}_i - \overline{Y})^2$$

可進一步證明得 $\sum_{i=1}^{n}(Y_i - \overline{Y})^2 = \sum_{i=1}^{n}(Y_i - \hat{Y}_i)^2 + \sum_{i=1}^{n}(\hat{Y}_i - \overline{Y})^2$

其中 $\sum\limits_{i=1}^{n}(Y_i - \overline{Y})^2$ 稱為總平方和(total sum of squares, SST)，

$\sum\limits_{i=1}^{n}(Y_i - \hat{Y}_i)^2$ 則為機差平方和(SSE)，另外 $\sum\limits_{i=1}^{n}(\hat{Y}_i - \overline{Y})^2$ 稱為迴歸

平方和(regression sum of squares, SSR)。而其所相對應的自由
度分別是 $n-1$、$n-2$ 及 1，平方和除上其所相對應的自由
度，稱為均方，我們可得到機差均方(error mean square, MSE)
及迴歸均方(regression mean square, MSR)如下：

$$MSE = \frac{SSE}{n-2} = \frac{\sum\limits_{i=1}^{n}(Y_i - \hat{Y}_i)^2}{n-2}$$

$$MSR = \frac{SSR}{1} = \sum\limits_{i=1}^{n}(\hat{Y}_i - \overline{Y})^2$$

將以上結果可整理成變異數分析表如下：

| 變異原因 | 自由度 | 平方和 | 均方 |
|---|---|---|---|
| 迴歸 | 1 | $SSR = \sum\limits_{i=1}^{n}(\hat{Y}_i - \overline{Y})^2$ | $MSR = \dfrac{SSR}{1}$ |
| 機差 | $n-2$ | $SSE = \sum\limits_{i=1}^{n}(Y_i - \hat{Y}_i)^2$ | $MSE = \dfrac{SSE}{n-2}$ |
| 總計 | $n-1$ | $SST = \sum\limits_{i=1}^{n}(Y_i - \overline{Y})^2$ | |

這裡我們可藉著迴歸均方與機差均方的比值來檢定 X 與 Y 的
直線關係是否存在，也就是檢定 $H_0 : \beta_1 = 0$，$H_a : \beta_1 \neq 0$，當
虛無假設為真時，檢定統計量 $F = \dfrac{MSR}{MSE}$ 的機率分布會是分
子自由度為 1，分母自由度為 $n-2$ 的 F 分布，當我們棄卻
虛無假設，代表 X 與 Y 間存在直線關係，反之，如接受虛
無假設，則代表 X 與 Y 間不存在直線關係。

【Q2】　利用公衛系學生體重的例子，建立變異數分析表，
　　　　並檢定 $H_0 : \beta_1 = 0$，$H_a : \beta_1 \neq 0$ ，顯著水準 $\alpha = 0.05$。

【Ans】 由於 $SST = \sum_{i=1}^{46}(Y_i - 57.33)^2 = 5338.10$

$SSE = \sum_{i=1}^{46}(Y_i - \hat{Y}_i)^2 = 589.80$

$SSR = \sum_{i=1}^{46}(\hat{Y}_i - 57.33)^2 = 4748.30$

所以變異數分析表為：

| 變異原因 | 自由度 | 平方和 | 均方 |
|---|---|---|---|
| 迴歸 | 1 | 4748.30 | 4748.30 |
| 機差 | 44 | 589.80 | 13.40 |
| 總計 | 45 | 5338.10 | |

檢定 $H_0 : \beta_1 = 0$，$H_a : \beta_1 \neq 0$

可藉 $F = \dfrac{MSR}{MSE} = \dfrac{4748.30}{13.40} = 354.35 > F_{1,44,0.95} \approx 4.06$

我們棄卻 $H_0 : \beta_1 = 0$，也就是說大一體重與大四體重存在直線關係。

## 3.迴歸係數的檢定與區間估計

　　在進行迴歸係數的檢定前，我們需先討論如何估計 $\sigma^2$，在單一母群體中，母群體變異數 $\sigma^2$ 可以樣本變異數 $S^2$ 來估計，由於 $S^2 = \dfrac{\sum_{i=1}^{n}(Y_i - \overline{Y})^2}{n - 1}$，所以在迴歸分析中，可考慮以 $\dfrac{\sum_{i=1}^{n}(Y_i - \hat{Y}_i)^2}{n - 2}$ 來估計 $\sigma^2$，這裡 $\hat{Y}$ 是用來估計 $u_{Y|X}$，因為要估計 $\beta_0$ 及 $\beta_1$，所以自由度為 $n - 2$，此式即為機差均方 MSE。

　　當我們固定 X 所可能出現的數值後，再從所研究的母群體中隨機抽取 n 組 $(X, Y)$，構成一個樣本後，則可計算 $b_0$ 及 $b_1$，如此重複抽取，每次都可計算得到不同的 $b_0$ 及 $b_1$，這

些因重複抽樣而得到不同的 $b_0$ 及 $b_1$，就分別構成 $b_0$ 及 $b_1$ 的抽樣分布。我們需要知道 $b_0$ 及 $b_1$ 抽樣分布的標準差，也就是所謂的標準誤為何，才能對迴歸係數進行檢定。這就如同當對母群體平均數 u 做檢定時，我們需要先知道 $\overline{Y}$ 抽樣分布的標準誤為 $\dfrac{\sigma}{\sqrt{n}}$，是一樣的道理。 $b_0$ 及 $b_1$ 的抽樣分布均為常態分布，且其標準誤分別是：

$$\sigma_{b_0} = \sigma \sqrt{\frac{1}{n} + \frac{\overline{X}^2}{\sum\limits_{i=1}^{n}(X_i - \overline{X})^2}}$$

$$\sigma_{b_1} = \frac{\sigma}{\sqrt{\sum\limits_{i=1}^{n}(X_i - \overline{X})^2}}$$

如以 $\sqrt{MSE}$ 估計 $\sigma$，則可得：

$$S_{b_0} = \sqrt{MSE} \sqrt{\frac{1}{n} + \frac{\overline{X}^2}{\sum\limits_{i=1}^{n}(X_i - \overline{X})^2}}$$

$$S_{b_1} = \frac{\sqrt{MSE}}{\sqrt{\sum\limits_{i=1}^{n}(X_i - \overline{X})^2}}$$

藉此我們可檢定 $H_0: \beta_0 = 0$ 或 $H_0: \beta_1 = 0$，所用的檢定統計量分別是：

$$t = \frac{b_0 - \beta_0}{S_{b_0}} \text{ 或 } t = \frac{b_1 - \beta_1}{S_{b_1}}$$

當虛無假設為眞時，t 的分布是自由度為 n－2 的 t 分布。除此之外，我們也可以建立 $\beta_0$ 或 $\beta_1$ 的 $100(1-\alpha)\%$ 信賴區間，其信賴區間分別為：

$$(b_0 - t_{n-2,1-\alpha/2}S_{b_0}, \ b_0 + t_{n-2,1-\alpha/2}S_{b_0})$$
$$\text{及 } (b_1 - t_{n-2,1-\alpha/2}S_{b_1}, \ b_1 + t_{n-2,1-\alpha/2}S_{b_1})$$

【Q3】 利用公衛系學生體重的例子，計算 $S_{b_0}$ 與 $S_{b_1}$ 及建立 $\beta_0$ 及 $\beta_1$ 的 95 ％信賴區間，並計算 t，藉以檢定

$H_0 : \beta_1 = 0$，$H_a : \beta_1 \neq 0$，而與 F 檢定的結果比較是否一致？另外驗證 $t^2 = F$。

【Ans】 由於 MSE $= 13.40$，$\overline{X} = 56.9130$，$n = 46$

$$S_{b_0} = \sqrt{MSE}\sqrt{\frac{1}{n} + \frac{\overline{X}^2}{\sum\limits_{i=1}^{n}(X_i - \overline{X})^2}} = 3.12275$$

$$S_{b_1} = \frac{\sqrt{MSE}}{\sqrt{\sum\limits_{i=1}^{n}(X_i - \overline{X})^2}} = 0.0540$$

查表得 $t_{44,0.975} \approx 2.014$，所以 $\beta_0$ 和 $\beta_1$ 的 95 ％信賴區間分別是：

$(b_0 - t_{n-2,1-\alpha/2}S_{b_0}, \quad b_0 + t_{n-2,1-\alpha/2}S_{b_0})$

$= (-0.56 - 2.014 \times 3.12275, \ -0.56 + 2.014 \times 3.12275) = (-6.85, 5.73)$

及 $(b_1 - t_{n-2,1-\alpha/2}S_{b_1}, \quad b_1 + t_{n-2,1-\alpha/2}S_{b_1})$

$= (-1.0171 - 2.014 \times 0.0540, \ -1.01741 + 2.014 \times 0.0540) = (0.91, 1.13)$

對於檢定 $H_0 : \beta_1 = 0, \quad H_a : \beta_1 \neq 0$，可利用以下檢定統計量：

$$t = \frac{b_1}{S_{b_1}} = \frac{1.0171}{0.054} = 18.84 > t_{44,0.975}$$

所以結論是棄卻 $H_0$，與 F 檢定的結果一致。

另外，$t^2 = (18.84)^2 = 354.95 \approx F$，其差異主要是由於四捨五入的關係。

### 4.母群體迴歸線 $u_{Y|X}$ 的區間估計

前面已提到 $u_{Y|X}$ 的點估式為 $\hat{Y}$，而 $\hat{Y}$ 的抽樣分布亦為常態分布，且其標準誤為：$\sigma_{\hat{Y}} = \sigma\sqrt{\frac{1}{n} + \frac{(x - \overline{x})^2}{\sum\limits_{i=1}^{n}(X_i - \overline{X})^2}}$

同樣的，如以 $\sqrt{MSE}$ 來估計 $\sigma$ 則可得：

$$S_{\hat{Y}} = \sqrt{MSE}\sqrt{\frac{1}{n} + \frac{(x-\overline{X})^2}{\sum\limits_{i=1}^{n}(X_i - \overline{X})^2}}$$

藉此我們可建立 $u_{Y|X}$ 的 $100(1-\alpha)\%$ 信賴區間，其信賴區間為：

$$(\hat{Y} - t_{n-2,1-\alpha/2}S_{\hat{Y}}, \quad \hat{Y} + t_{n-2,1-\alpha/2}S_{\hat{Y}})$$

【Q4】 試建立當 $X = 50$ 時，$u_{Y|X}$ 的 95％信賴區間。

【Ans】 當 $X = 50$ 時，$\hat{Y} = -0.56 + 1.0171 \times 50 = 50.2950$

$S_{\hat{Y}} = 0.656$

$t_{44,0.975} \approx 2.014$

$u_{Y|X=50}$ 的 95％信賴區間為$(50.295 - 2.014 \times 0.656,$

$50.295 + 2.014 \times 0.656)$或$(48.974, 51.6162)$

## 二、複迴歸

當我們想要藉著建立自變數 X 與依變數 Y 間的關係，以預測 Y 的值時，經常會有不只一個的自變數與依變數有關係，所以複迴歸主要用來建立依變數(Y)與多個自變數( $X_1$、$X_2$、…、$X_{p-1}$ )間的關係，例如鉛蓄電池工廠員工的血中鉛含量會受到員工工作年資及工作環境中暴露的鉛含量等因素的影響。

假設依變數與自變數的關係如下：

$$u_{Y|X_1,X_2,\cdots,X_{p-1}} = \beta_0 + \beta_1 X_1 + \beta_2 X_2 + \cdots + \beta_{p-1} X_{p-1}$$

對於任何一組自變數組合($X_1$、$X_2$、…、$X_{p-1}$)，其所對應的 Y 值可寫成：

$$Y_i = \beta_0 + \beta_1 X_{1i} + \beta_2 X_{2i} + \cdots + \beta_{p-1} X_{p-1,i} + \varepsilon_i, \, i = 1,\cdots,n$$

這裡的 $\beta_0$、$\beta_1$、$\beta_2$、…、$\beta_{p-1}$稱為淨迴歸係數(partial regression coefficient)為參數，而 $\varepsilon_i$ 是隨機機差，假設其機率分布是平均數為 0，標準差為σ的常態分布，並且對於不同 $\varepsilon_i$ 與 $\varepsilon_j$ 間

彼此互相獨立，同樣的，我們也可知道，對於任何一組
$(X_1 \cdot X_2 \cdot \cdots \cdot X_{p-1})$，其所對應的 Y 值也會是常態分布，且
其平均數為 $u_{Y|X_1,X_2,\cdots,X_{p-1}}$，標準差亦為$\sigma$，不同的 Y 值間也會彼
此互相獨立。

　　在簡單直線迴歸一節中，曾介紹如何以最小平方法估計
$\beta_0 \cdot \beta_1$ 及母群體迴歸線 $u_{Y|X} = \beta_0 + \beta_1 X$ ，在複迴歸中，由於
$u_{Y|X_1,X_2,\cdots,X_{p-1}} = \beta_0 + \beta_1 X_1 + \beta_2 X_2 + \cdots + \beta_{p-1} X_{p-1}$ 不再是一條線，而
是迴歸曲面(regression surface)或稱為反應曲面(response sur-
face)，同樣的，藉著最小平方法可估計 $\beta_0 \cdot \beta_1 \cdot \beta_2 \cdot \cdots \cdot \beta_{p-1}$
及迴歸曲面，寫成：$\hat{Y} = b_0 + b_1 X_1 + b_2 X_2 + \cdots + b_{p-1} X_{p-1}$

　　有關複迴歸中，如何選取自變數、如何建立迴歸模式及
迴歸前提的檢查等更進一步的單元，則請讀者自行參閱有關
專書。

## 三、相關係數與決定係數

　　在本章開始，即已提到相關分析(correlation analysis)不
同於迴歸分析，其目的主要在測量變數間關係的強弱，並且
要考慮變數間的聯合機率分布，如果只考慮二個變數 X 與 Y
間的關係強弱時，可藉著皮爾遜相關係數(Pearson correlation
coefficient)來量度關係的強弱，定義成：

$$r = \frac{\sum_{i=1}^{n}(X_i - \overline{X})(Y_i - \overline{Y})}{\sqrt{\sum_{i=1}^{n}(X_i - \overline{X})^2 \sum_{i=1}^{n}(Y_i - \overline{Y})^2}}$$

r 的範圍在 $-1$ 及 $+1$ 之間，就數值大小而言，愈大則代表
相關程度愈強，正負符號則代表相關關係是正向或負向，如
果一個變數隨著另一個變數的增加而增加時，則為正相關
(positive correlation)；反之，如果一個變數隨著另一個變數
的增加而減小時則為負相關(negative correlation)，相關係數

愈接近＋1時，稱爲高度正相關(highly positive correlation)，
愈接近－1時，則稱爲高度負相關(highly negative correlation)，
當 r＝0 代表兩變數間沒有直線關係，但卻不代表兩變數間
沒有關係，因爲存在兩變數間的很可能是曲線關係，如圖
14.4。

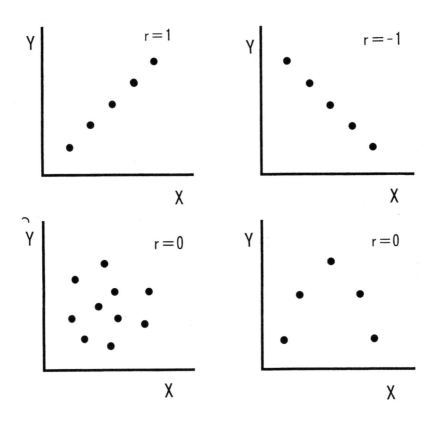

圖 14.4　相關係數 r 分別為－1、0 及 1 的情形

在簡單線性迴歸中，可藉著簡單決定係數 $r^2$ (coefficient
of simple determination, $r^2$)來決定直線關係的強弱，定義爲：

$$r^2 = \frac{SSR}{SST} = 1 - \frac{SSE}{SST}$$

$r^2$ 的範圍在 0 與 1 之間，代表在解釋 Y 的變異中，自變數 X
與依變數 Y 的直線關係所能解釋的比例，$r^2$ 愈接近 1 時，代
表直線關係所能解釋的變異比例較大，當我們棄卻

$H_0: \beta_1 = 0$ 的假設下，也就是說接受 X 與 Y 間存在直線關係下，$r^2$ 較大，代表直線關係愈強。而 $r^2$ 與 r 的關係如下：

$$r = \pm\sqrt{r^2}$$

當估計而得的迴歸係數 $b_1$ 如為正值，則 $r = \sqrt{r^2}$ ，反之，$r = -\sqrt{r^2}$ 。

欲檢定母群體相關係數$\rho$是否等於 0，則可利用檢定統計量：

$$t = r\sqrt{\frac{n-2}{1-r^2}}$$

當虛無假設 $H_0: \rho = 0$ 為真時，其機率分布會是自由度為 $n - 2$ 的 t 分布。

【Q5】　利用公衛系學生體重的例子，計算大一與大四體重的 $r^2$ 及 r，並檢定 $H_0: \rho = 0$，$H_a: \rho \neq 0$，設定$\alpha = 0.05$。

【Ans】　$r^2 = \dfrac{SSR}{SST} = \dfrac{4748.30}{5338.10} = 0.8895$

代表大一體重(X)與大四體重(Y)間的直線關係，可解釋總變異量的 88.95 ％，而相關係數r，可藉以下二法得到：

1. $r = \sqrt{r^2} = \sqrt{0.8895} = 0.9431$ ，因為 $b_1 = 1.0171$ 為正值，所以 r 取正值。

2. 利用 $r = \dfrac{\sum\limits_{i=1}^{n}(X_i - \overline{X})(Y_i - \overline{Y})}{\sqrt{\sum\limits_{i=1}^{n}(X_i - \overline{X})^2 \sum\limits_{i=1}^{n}(Y_i - \overline{Y})^2}}$

這裡 $\overline{X} = 56.9130$，$\overline{Y} = 57.33$，$n = 46$，代入上式，求得 $r = 0.9431$，檢定 $H_0: \rho = 0$，$H_a: \rho \neq 0$

$t = r\sqrt{\dfrac{n-2}{1-r^2}} = 0.9431\sqrt{\dfrac{46-2}{1-0.9431^2}} = 18.81$

$t_{44, 0.975} \approx 2.014$，當計算而得的檢定統計量數值小於等於$-2.014$ 或大於等於 2.014 構成棄卻區，而 18.81 落在棄卻區，所以棄卻 $H_0$，也就是說$\rho$

$$\neq 0 。$$

## 四、邏輯迴歸及勝算比

在前面所介紹的簡單迴歸及複迴歸中的依變數 Y 均為連續型變數，並假設其分布為常態。在研究中，我們經常會想要探討一個二元依變數 Y 與自變數 X 間的關係，例如一個人是否得肺癌與其是否抽煙的關係，在此情形下，可以 $Y = 1$ 代表得到肺癌，另以 $Y = 0$ 代表未得肺癌，這裡 Y 是一個二元變數，並且可知 Y 的期望值事實上就是 $Y = 1$ 的機率，若以 p 代表 $Y = 1$ 時的機率，可寫成：

$$p = P(Y = 1) \tag{2}$$

在簡單線性迴歸中，我們已建立 $u_{Y|X}$ 與自變數 X 的線性關係如下：

$$u_{Y|X} = \beta_0 + \beta_1 X$$

當 Y 為一個二元變數時， $u_{Y|X}$ 會等於機率 p，即：

$$p = \beta_0 + \beta_1 X$$

其範圍一定要在 0 與 1 之間，因此在實際狀況下，很難建立以上的關係。若考慮邏輯函數(logistic function)則可解決上述難題，讓：

$$p = \frac{e^{\beta_0 + \beta_1 X}}{1 + e^{\beta_0 + \beta_1 X}} \tag{3}$$

上式等號右邊稱為邏輯函數，範圍在 0 與 1 之間。若再計算 p 與 $1 - p$ 的比值，可得：

$$\frac{p}{1 - p} = e^{\beta_0 + \beta_1 X}$$

其中 $\frac{p}{1 - p}$ 稱為勝算(odds)，範圍在 0 與 ∞ 之間。在上式等號兩邊分別取自然對數，可得：

$$\ln \frac{p}{1 - p} = \beta_0 + \beta_1 X$$

由 p 轉換成 $\ln \dfrac{p}{1-p}$，稱為 p 的 logit 轉換(logit transforma-

tion)，$\ln \dfrac{p}{1-p}$ 則稱為 p 的 logit(logit of p)，範圍在 $-\infty$ 與 $\infty$

之間，因此我們可建立 $\ln \dfrac{p}{1-p}$ 與 X 間的直線關係，稱為邏

輯迴歸模式(logistic regression model)。在邏輯迴歸模式中的

自變數也可以是二元變數，例如抽菸與否，亦可以是連續變

數。

　　若考慮一個虛擬例子，在 189 位受試者中，調查其是否

罹患肺癌並調查其是否抽菸，資料整理成：

| Y＼X | 1 | 0 | |
|---|---|---|---|
| 1 | 30 | 29 | 59 |
| 0 | 44 | 86 | 130 |
| | 74 | 115 | 189 |

若以 Y 代表是否罹患肺癌，如 Y ＝ 1 代表是，Y ＝ 0 代表

否，而以 X 代表是否抽菸，如 X ＝ 1 代表是，X ＝ 0 代表

否。經 SAS 統計軟體分析所得的結果如下：

| Variable | df | Estimate | Standard Error | Wald Chi-square | Prob | Odds Ratio |
|---|---|---|---|---|---|---|
| Intercept | 1 | $-1.0871$ | 0.2147 | 25.6280 | 0.001 | |
| Smoke | 1 | 0.7041 | 0.3196 | 4.8518 | 0.0276 | 2.022 |

整 理 成　$\ln \dfrac{\hat{p}}{1-\hat{p}} = -1.0871 + 0.7041X$　(4)，而 對 於

$H_0 : \beta_1 = 0$ 的檢定中，檢定統計量值 $z = \dfrac{b_1}{S\{b_1\}} = \dfrac{0.7041}{0.3196}$

$\approx 2.2031$，其平方會是自由度為 1 的卡方分布，所相對應的

p 值爲 0.0276，所以棄卻 $\beta_1 = 0$ 的虛無假設。爲求得抽菸者致癌機率的預測值，可將 $X = 1$ 代入式(4)，經整理後可求得：

$$\hat{p} = \frac{e^{-1.0871+0.7041}}{1 + e^{-1.0871+0.7041}} = \frac{0.6818}{1.6818} = 0.4054$$

我們可分別稱當 $X = 0$ 及 $X = 1$ 時的 $\ln\dfrac{\hat{p}}{1 - \hat{p}}$ 爲 $\ln \text{odds}_1$ 及 $\ln \text{odds}_2$，代入式(4)，其值爲：

$$\ln \text{odds}_1 = 1.0871$$
$$\ln \text{odds}_2 = 1.0871 + 0.7041$$

並且　　　　　　$\ln \text{odds}_2 - \ln \text{odds}_1 = \ln(\dfrac{\text{odds}_2}{\text{odds}_1}) = 0.7041$

等號兩邊取自然對數的反函數( $e$ )，可得：

$$\frac{\text{odds}_2}{\text{odds}_1} = e^{0.7041} = 2.022$$

　　兩個勝算的比值估計而得的勝算比(odds ratio)，以 $\widehat{OR}$ 代表，其值可由 $e^{b_1}$ 而得，即 $e^{0.7041} = 2.022$，意思是說抽菸者 $(X = 1)$爲不抽菸者$(X = 0)$得肺癌勝算的 2.022 倍。但當所考慮的自變數爲連續變數時，估計而得的迴歸係數 $b_1$ 的意義爲每增加 1 個單位的 X，會增加 $b_1$ 個單位的 $\ln \text{odds}$。除此之外， $\beta_1$ 的 95 ％信賴區間可寫成：

$$(b_1 - 1.96S\{b_1\}, b_1 + 1.96S\{b_1\})$$

因爲 $S\{b_1\} = 0.3196$，所以 $\beta_1$ 的 95 ％信賴區間爲：

$(0.7041 - 1.96 \times 0.3196, 0.7041 + 1.96 \times 0.3196)$
$= (0.0777, 1.3305)$

此區間未包含 0，可得到棄卻 $H_0 : \beta_1 = 0$ 的結論。而 OR( $= e^{\beta_1}$)的 95 ％信賴區間則爲：

$$(e^{0.0777}, e^{1.3305}) = (1.0808, 3.7829)$$

也就是說，我們有 95 ％的信心相信此區間會包含抽菸與不抽菸情況下得肺癌的母群體勝算比，由於此區間並未包含 1，因此棄卻 $H_0 : \beta_1 = 0$ ，所得結論同樣與假設檢定結果一

致。

　　就以上 189 位受試者中，是否得肺癌與是否抽菸所建構的 2 × 2 列聯表，我們可直接估計抽菸與不抽菸情況下得肺癌的勝算比如下：

$$\widehat{OR} = \frac{\dfrac{30}{74}}{\dfrac{44}{74}} \div \frac{\dfrac{29}{115}}{\dfrac{86}{115}} = \frac{30 \times 86}{44 \times 29} = 2.022$$

此值與前面利用 $e^{b_1}$ 所得到的數值完全一致，而 $OR(= e^{\beta_1})$的 95 ％信賴區間則需利用：

$$S(\ln \widehat{OR}) = \sqrt{\frac{1}{30} + \frac{1}{29} + \frac{1}{44} + \frac{1}{86}} \approx 0.3196$$

而 $\ln \widehat{OR} = \ln 2.022 = 0.7041$

因此，OR 的 95 ％信賴區間為( $e^{\ln \widehat{OR} - 1.96S(\ln \widehat{OR})}$, $e^{\ln \widehat{OR} + 1.96S(\ln \widehat{OR})}$) ，

即 ($e^{0.7041 - 1.96 \times 0.3196}$, $e^{0.7041 + 1.96 \times 0.3196}$) $= (1.0808, 3.7829)$ ，與前面所計算而得區間相同。

## 習題

1. 試比較迴歸與相關的異同處。

2. 何謂簡單迴歸及複迴歸？其與邏輯迴歸的關係為何？

3. 迴歸分析的前提為何？

4. 以表 3.1 及表 3.2 某校公衛系大一學生的身高(X)，與大四時重新再測量後的身高(Y)，進行簡單迴歸分析。

    (1)試計算迴歸係數 $b_0$ 與 $b_1$ 及寫出 $\hat{Y}$。

    (2)建立變異數分析表，並檢定 $H_0 : \beta_1 = 0$，$H_a : \beta_1 \neq 0$ ($\alpha = 0.05$)。

    (3)計算 $S_{b_0}$ 及 $S_{b_1}$ 及建立 $\beta_0$ 及 $\beta_1$ 的 95 ％信賴區間，並計算 t，藉以檢定 $H_0 : \beta_1 = 0$，$H_a : \beta_1 \neq 0$，比較與 F 檢定的結果並驗證 $F = t^2$。

    (4)建立當 $X = 159$ 時 $u_{Y|X=159}$ 的 95 ％信賴區間。

    (5)計算 $r^2$ 及 r 及檢定 $H_0 : \rho = 0$，$H_a : \rho \neq 0$ ($\alpha = 0.05$)。

5. 某虛擬例子中，欲探討吃檳榔與罹患口腔癌間的關係，資料如下，其中 $Y = 1$ 代表罹患口腔癌，$Y = 0$ 代表未罹患口腔癌，$X = 0$ 代表不吃檳榔，$X = 1$ 代表每天吃 10 顆以上：

| Y \ X | 1 | 0 | 總計 |
|---|---|---|---|
| 1 | 23 | 14 | 37 |
| 0 | 12 | 35 | 47 |
| 總計 | 35 | 49 | 84 |

試估計吃檳榔與不吃檳榔的情況下，罹患口腔癌的勝算比及 95 ％信賴區間。

# 第 15 章

## 無母數檢定

在前面討論以 t 檢定對單一母群體平均數或兩個母群體平均數進行檢定時，必須假定樣本所來自的母群體必須是常態分布，而在討論變異數分析及迴歸分析時，同樣也假定樣本中的依變數需來自常態母群體或近似常態母群體。在母群體分布已知下，其檢定往往針對著未知的母群體參數，如平均數或變異數等，這些統計檢定，我們一般稱之為母數檢定(parametric test)，而我們即將介紹的無母數檢定(nonparametric test)，則無需假設母群體的分布型式。除此之外，無母數檢定一般常利用量測的符號(sign)或等級(rank)關係，甚至各分類的次數，來進行統計檢定，所以適用於類別及序位變數資料的分析，並且無母數檢定的計算較為簡單及快速。但無母數檢定仍有缺點，如只利用量測的符號而浪費了實際數字所提供的訊息，並且當母群體為常態分布等前提符合時，如仍採無母數檢定時，將降低檢定的檢力。

## 一、符號檢定

符號檢定(sign test)是由英國的物理學家 John Arbuthnot 及同僚 Jonathan Swift 於 1710 年所提出，是最古老的一種統計方法，可用於檢定單一母群體的中位數是否等於某一特定值，但較常用於比較兩個非獨立樣本資料。例如在配對樣本的 t 檢定中，曾檢定前測與後測的差值所來自的母群體平均數是否等於 0，但在符號檢定中，所檢定的卻是這些差值所來自的母群體中位數是否等於 0，並且在符號檢定中，不需要假設這些差值所來自的母群體為常態分布。例如想比較兩種不同教學方法的效果，可將性別、IQ，甚至入學成績相近

的同學分在同一配對，分別施用 A、B 兩種教學方法中的任
一種，經過一段時間後，分別比較其教學效果。讓 $d_i$ 代表第
i 組使用教學方法 A 與教學方法 B 同學間評量得分的差值。
另以 $M_d$ 代表 $d_i$ 所來自的母群體中位數，當 $M_d$ 為正值代表
教學方法 A 較教學方法 B 有效，$M_d$ 為負值代表教學方法 B
較教學方法 A 有效，$M_d$ 為 0 則代表兩種教學方法效果相同。
如果 $d_i$ 的實際數值無法得知，僅知 $d_i > 0$、$d_i < 0$ 或 $d_i = 0$，
因此以「＋」代表 $d_i > 0$，「－」代表 $d_i < 0$，當 $d_i = 0$ 時，
由於無法分辨何者較為有效，故將該組配對資料刪除，然後
進行符號檢定，所檢定的假設為：

$$H_0 : M_d = 0，H_a : M_d \neq 0$$

在虛無假設為真時，$d_i$ 出現正號或負號的機率應該相等，所
以上述 $H_0$，可視為 P ($d_i$ 出現正號) ＝ P ($d_i$ 出現負號) ＝ 0.5，
若以 T 代表使用教學方法 A 的評量得分較使用教學方法 B 的
評量得分為高的配對數，也就是 $d_i$ 為正的配對數，在 $H_0$ 為
真時，T 是一個二項分布的隨機變數，其參數分別為 n 及 p，
這裡 n 代表 $d_i$ 為正及負的總配對數，p 則代表 $d_i$ 為正號的機
率等於 0.5，今將檢定過程整理如下：

　　*1.* 將問題寫成統計假設。

　　　$H_0 : M_d = 0，H_a : M_d \neq 0$

　　*2.* 檢定統計量。

　　　T ＝ $d_i$ 為正的配對數

　　*3.* 選擇顯著水準α。

　　*4.* 當 $T > \dfrac{n}{2}$ 時，如 $\displaystyle\sum_{i=T}^{n} \binom{n}{i} (0.5)^n \leq \dfrac{\alpha}{2}$；或當 $T < \dfrac{n}{2}$ 時，

如 $\displaystyle\sum_{i=0}^{T} \binom{n}{i} (0.5)^n \leq \dfrac{\alpha}{2}$ 則棄卻虛無假設，反之則無法棄卻虛無
假設。

　　*5.* 當 $T > \dfrac{n}{2}$ 時的 p 值為 $2\displaystyle\sum_{i=T}^{n} \binom{n}{i} (0.5)^n$，而 $T < \dfrac{n}{2}$ 時的

p 值則為 $2\sum\limits_{i=0}^{T}\begin{pmatrix} n \\ i \end{pmatrix}(0.5)^n$，$T = \dfrac{n}{2}$ 時的 p 值等於 1。

【Q1】 為評量 A 與 B 兩種教學方法的效果，20 位同學依性別、IQ，甚至入學成績分配成 10 個配對，每配對中的兩人，隨機決定實施教學方法A或教學方法B，經過一學期後，比較兩種教學方法的教學效果，在 10 個配對中，有 6 個配對之教學方法 A 的評量得分比教學方法B的評量得分為高，試問兩教學方法是否有差異？$(\alpha = 0.05)$

【Ans】 若 $M_d$ 為 $d_i$ 所來自的母群體之中位數，$n = 10$，所以：

1. $H_0 : M_d = 0$，$H_a : M_d \neq 0$

2. 檢定統計量 $T = d_i$ 為正的配對數 $= 6$

3. $\alpha = 0.05$

4. 因為 $n = 10$，$T = 6$，所以 $T > \dfrac{n}{2}$，計算

$$\sum\limits_{i=6}^{10}\begin{pmatrix} 10 \\ i \end{pmatrix}(0.5)^{10} = \begin{pmatrix} 10 \\ 6 \end{pmatrix}(0.5)^{10} + \begin{pmatrix} 10 \\ 7 \end{pmatrix}(0.5)^{10} +$$

$$\begin{pmatrix} 10 \\ 8 \end{pmatrix}(0.5)^{10} + \begin{pmatrix} 10 \\ 9 \end{pmatrix}(0.5)^{10} + \begin{pmatrix} 10 \\ 10 \end{pmatrix}(0.5)^{10}$$

$$= 0.377 > \dfrac{0.05}{2}$$

所以沒有足夠的證據棄卻 $H_0$，也就是說兩種教學方法效果相同。

5. p 值 $= 2 \times 0.377 = 0.754$

當 $n \geq 20$ 時，可用常態分布來近似二項分布，使用檢定統計量：

$$Z = \dfrac{(T \pm 0.5) - E(T)}{Var(T)}$$

由於 T 爲二項分布的隨機變數，$E(T) = n \times \dfrac{1}{2} = \dfrac{n}{2}$，且 $Var(X) = n \times \dfrac{1}{2} \times \dfrac{1}{2} = \dfrac{n}{4}$，所以：

$$當\ T \geq \frac{n}{2}，Z = \frac{(T - 0.5) - \dfrac{n}{2}}{\sqrt{\dfrac{n}{4}}}$$

$$當\ T < \frac{n}{2}，Z = \frac{(T + 0.5) - \dfrac{n}{2}}{\sqrt{\dfrac{n}{4}}}$$

這裡的 0.5 是爲了連續性矯正，因爲 T 爲分立的隨機變數。

## 二、Wilcoxon 符號等級檢定

前一節所介紹的符號檢定中，僅利用同一配對中差值的「＋」或「－」符號，而未考慮差值的大小。美國統計家 Wilcoxon 遂於 1945 年提出 Wilcoxon 符號等級檢定(Wilcoxon signed rank test)，此檢定以等級取代實際值。等級檢定的方法，仍以比較 A 與 B 兩種教學方法效果的例子來說明：若 $d_i$ 代表第 i 組使用教學方法 A 與教學方法 B 同學間評量得分的差值，刪除 $d_i = 0$ 的資料後，總共有 n 個非 0 的 $d_i$ 值，依 $d_i$ 絕對值的大小順序，由最小依次排列到最大，並給予等級，絕對值最小的等級爲 1，其次爲 2，依次到等級 n，如遇絕對值大小相同者，則均給予平均等級。例如有 2 個 $d_i$ 的絕對值相等，分別是等級 2 及 3 時，則均給予平均等級 2.5，然後再求 $d_i$ 爲正的配對其等級總和，稱爲等級和(rank sum)以 $R_+$ 爲代表。$R_+$ 爲 Wilcoxon 符號等級檢定的檢定統計量，附表 6 列出在不同顯著水準下的臨界值，在某給定的顯著水準下，當 $R_+$ 小於下臨界值或 $R_+$ 大於上臨界值時棄卻虛無假設。

【Q2】比較教學方法 A 與 B 的成效評量得分如下：

| 配對　教學方法 | A | B | 差值 (d) | \|d\| | 等級 + | 等級 − |
|---|---|---|---|---|---|---|
| 1 | 80 | 76 | 4 | 4 | 5 | |
| 2 | 51 | 59 | −8 | 8 | | 8 |
| 3 | 84 | 87 | −3 | 3 | | 4 |
| 4 | 86 | 91 | −5 | 5 | | 6 |
| 5 | 71 | 58 | 13 | 13 | 10 | |
| 6 | 90 | 80 | 10 | 10 | 9 | |
| 7 | 77 | 75 | 2 | 2 | 2.5 | |
| 8 | 62 | 63 | −1 | 1 | | 1 |
| 9 | 84 | 82 | 2 | 2 | 2.5 | |
| 10 | 84 | 78 | 6 | 6 | 7 | |
| | | | | | $R_+ = 36$ | |

試問以 Wilcoxon 符號等級檢定，是否可得到兩種教學方法效果相同的結論？($\alpha = 0.05$)

【Ans】 1.虛無假設與對立假設分別是

　　　 $H_0 : M_d = 0$，$H_a : M_d \neq 0$

　　　 $M_d$：代表差值所來自母群體的中位數

　　 2.檢定統計量 $R_+ = d_i$ 為「＋」的配對其等級總和

　　　為 36

　　 3.$\alpha = 0.05$

　　 4.當 $n = 10$，$\alpha = 0.05$，查附表6，得知下臨界值與上臨界值分別是 8 及 47，計算而得的檢定統計量數值等於 36，落在接受區內，所以無法推翻兩種教學方法效果相同的假設。

當 $n \geq 16$ 時，我們可利用常態近似法，因為在 $H_0$ 為真時，

$E(R_+) = \dfrac{n(n + 1)}{4}$，$Var(R_+) = \dfrac{n(n + 1)(2n + 1)}{24}$，所以檢定統計量為：

$$Z = \frac{\left| R_+ - \dfrac{n(n + 1)}{4} \right| - 0.5}{\sqrt{\dfrac{n(n + 1)(2n + 1)}{24}}}$$

這裡 0.5 是為了矯正連續性，當 $Z \geq Z_{1-\frac{\alpha}{2}}$ 時棄卻 $H_0$，反之則無法棄卻虛無假設。

## 三、Wilcoxon 等級和檢定

Wilcoxon等級和檢定(Wilcoxon rank sum test)主要用於比較兩個獨立樣本所來自的母群體之中位數是否相等。它就好像是兩個獨立樣本t檢定的無母數版本，但 Wilcoxon 等級和檢定不需要假定所來自的母群體是常態分布或是有相等的變異數。Wilcoxon 等級和檢定也常被稱為 Mann-Whitney U 檢定，兩檢定的原理相同，所得到的結論一致，這裡將只介紹 Wilcoxon等級和檢定。例如想比較不同衛教方法對改進糖尿病患有關糖尿病認知的成效，總共有二組糖尿病患，一組由護理人員以衛教單張對病患加以說明，另一組除採單張說明外，另加上定期的電話追蹤，經過一段時間後再測試病患有關糖尿病認知的得分。假設人數較少的那一組有 $n_1$ 位病患，另外一組則有 $n_2$ 位病患，將 $n_1 + n_2$ 位病患的認知得分混和後，依得分大小，由小排到大，並給予等級，得分最小的等級為 1，次小的等級為 2，依次到等級 $n_1 + n_2$，如有得分大小相同者則給予平均等級，最後再計算人數較少的那一組 $n_1$ 位病患的等級和，並以 $R_1$ 表示。當 $R_1$ 值太小或太大的情形下，都代表使用二種不同的衛教方法下，病患對有關糖尿病認知得分不相等，將得到的結論為棄卻虛無假設 $H_0 : M_1 = M_2$，這裡 $M_1$ 與 $M_2$ 分別代表兩組病患衛教後認知

得分所來自母群體的中位數。$R_1$ 為 Wilcoxon 等級和檢定的檢定統計量，附表 7 列出在不同 $n_1$、$n_2$ 及顯著水準下的臨界值。當 $R_1$ 小於下臨界值或大於上臨界值時棄卻虛無假設。

【Q3】　為比較兩種不同衛教方法對增進糖尿病患有關糖尿病認知的成效是否有差異，從醫院隨機抽出 17 位糖尿病患參加此研究，其中有 6 位病患由護理人員以衛教單張對病患加以說明，另有 11 位病患除由護理人員採單張說明外，另加上定期的電話追蹤，經過 3 週後再測定病患有關糖尿病認知的得分，滿分 20 分，其結果如下：

| 衛教單張 | 等級 | 衛教單張加上電話追蹤 | 等級 |
|---|---|---|---|
| 10 | 4 | 14 | 9.5 |
| 11 | 5.5 | 15 | 12 |
| 8 | 2 | 16 | 14.5 |
| 6 | 1 | 13 | 7.5 |
| 13 | 7.5 | 19 | 17 |
| 9 | 3 | 11 | 5.5 |
|  |  | 15 | 12 |
|  |  | 14 | 9.5 |
|  |  | 17 | 16 |
|  |  | 16 | 14.5 |
|  |  | 15 | 12 |

試問此兩種不同衛教方法對增進糖尿病患認知的成效是否有差異？($\alpha = 0.05$)

【Ans】　1.虛無假設與對立假設分別是

H$_0$：$M_1 = M_2$，H$_a$：$M_1 \neq M_2$

2.檢定統計量

$R_1$＝採用衛教單張之病患認知得分的等級和

　　＝ $4 + 5.5 + 2 + 1 + 7.5 + 3$

$$= 23$$

3. $\alpha = 0.05$

4. 當 $n_1 = 6$，$n_2 = 11$，$\alpha = 0.05$，查附表 7，得下臨界值及上臨界值分別 34 及 74，計算而得的統計檢定量數值為 23，落在棄卻區，所以推翻兩種衛教方法對增進糖尿病患認知成效相同的假設。

當 $n_1$、$n_2$ 均大於等於 8 時，可用常態近似法，因為在 $H_0$ 為眞時，

$$E(R_1) = \frac{n_1(n_1 + n_2 + 1)}{2}$$

$$Var(R_1) = \frac{n_1 n_2(n_1 + n_2 + 1)}{12}$$

所以檢定統計量： $Z = \dfrac{\left| R_1 - \dfrac{n_1(n_1 + n_2 + 1)}{2} \right| - 0.5}{\sqrt{\dfrac{n_1 n_2(n_1 + n_2 + 1)}{12}}}$

為近似常態分布，這裡的 0.5 是為了矯正連續性。當 $Z \geq z_{1-\frac{\alpha}{2}}$ 時，棄卻 $H_0$，反之則無法棄卻虛無假設。

## 四、Kruskal-Wallis 檢定

前節曾介紹如何檢定兩母群體的中位數是否相等，若想要檢定多組母群體的中位數是否相等時，則需利用 Kruskal-Wallis 檢定，它是 Wilcoxon 等級和檢定的擴充，於 1952 年發展出來。例如想要知道孕婦在妊娠初期抽菸與否與嬰兒出生體重間的關係，因此蒐集某醫院中孕婦在妊娠初期抽菸與否及嬰兒出生體重的資料，孕婦抽菸狀況共分三種，第一種是孕婦從不抽菸，第二種是過去抽菸但自懷孕後即不再抽菸，第三種是在妊娠初期仍抽菸且每日抽菸數少於一包。假設各組孕婦人數分別是 $n_1$、$n_2$、$n_3$，總人數 $n = n_1 + n_2 + n_3$，將此

n 位孕婦的資料混和後，依嬰兒出生體重由小排到大並依順序分別給予等級，如有出生體重相同者取其平均等級，最後分別計算各組的等級和，並以 $R_1$、$R_2$ 及 $R_3$ 代表，當各組的等級和較這些等級和的期望值大或小時，代表不同吸煙狀況的孕婦其嬰兒出生體重間是有差異的，將會棄卻虛無假設 $H_0$：$M_1 = M_2 = M_3$，這裡的 $M_1$、$M_2$ 及 $M_3$ 分別代表三組嬰兒出生體重所來自母群體的中位數。若要比較 k 組母群體中位數是否相等，也就是檢定虛無假設 $H_0$：$M_1 = M_2 = \cdots = M_k$. 假設從這 k 組互相獨立的母群體中所隨機抽出的樣本，其觀測值數目分別是 $n_1$、$n_2$、$\cdots$、$n_k$，混和之後總共有 $n(= n_1 + n_2 + \cdots + n_k)$ 個觀測值，將此 n 個觀測依數值大小排列後，分別給予等級，如果數值相等則以平均等級取代，然後分別計算各組的等級和，分別為 $R_1$、$R_2$、$\cdots$、$R_k$，檢定的統計量為：

$$H = \frac{12}{n(n + 1)} \sum_{i=1}^{k} \frac{R_i^2}{n_i} - 3(n + 1)$$

當虛無假設為真時，H 的機率分布會是自由度為 k − 1 的卡方分布，當顯著水準為α時，當 $H \geq \chi^2_{k-1, 1-\alpha}$，則棄卻虛無假設；$H < \chi^2_{k-1, 1-\alpha}$，則無法棄卻虛無假設；但此檢定僅在 $n_i \geq 5$ 時才適用。

【Q4】　為探討嬰兒出生體重與孕婦妊娠初期抽菸狀態的關係，因此蒐集某醫院孕婦在妊娠初期抽菸與否及嬰兒出生體重的資料，孕婦抽菸狀況共分三種，第一種是孕婦從不抽菸（第一組），第二種是過去抽菸但自懷孕後即不再抽菸（第二組），第三種是在妊娠初期仍抽菸且每日抽菸數少於一包（第三組），而嬰兒的出生體重（克）虛擬資料則記錄如下：

| 第一組 | 第二組 | 第三組 |
|---|---|---|
| 3400 | 2550 | 2600 |
| 2810 | 3300 | 2800 |
| 3000 | 3600 | 2500 |
| 3320 | 3200 | 2100 |
| 4100 | 3500 | 3700 |
| 3730 | | 3150 |
| 3500 | | 2700 |

試問在顯著水準$\alpha = 0.05$下，孕婦在妊娠初期的抽菸狀況是否會影響嬰兒出生體重？

【Ans】 1.虛無假設與對立假設分別是

$H_0 : M_1 = M_2 = M_3$，$H_a$：不全相等

2.檢定統計量為$H$

先將$7 + 5 + 7 = 19$個觀測值混合，依數值大小排列後分別給予等級，並計算各組的等級和如下：

| 第一組 | 第二組 | 第三組 |
|---|---|---|
| 13 | 3 | 4 |
| 7 | 11 | 6 |
| 8 | 16 | 2 |
| 12 | 10 | 1 |
| 19 | 14.5 | 17 |
| 18 | | 9 |
| 14.5 | | 5 |
| $R_1 = 91.5$ | $R_2 = 54.5$ | $R_3 = 44$ |

$$H = \frac{12}{19(19 + 1)} \left[ \frac{91.5^2}{7} + \frac{54.5^2}{5} + \frac{44^2}{7} \right] - 3(19 + 1)$$
$$= 5.26$$

因為$\chi^2_{2.095} = 5.99 > 5.26$，所以本實驗所得到虛擬資料沒有足夠證據棄卻$H_0$，也就是說無法證實孕婦在妊娠初期的抽菸狀況會影響嬰兒出生體重。

如果說，Kruskal-Wallis 檢定的結果是棄卻 $H_0 : M_1 = M_2 = \cdots = M_k$，則可利用 Dunn 所提出的方法來比較第 i 組與第 j 組間中位數是否相同，即檢定 $H_0 : M_i = M_j$。

$$Z = \frac{\overline{R}_i - \overline{R}_j}{\sqrt{\dfrac{n(n+1)}{12}\left(\dfrac{1}{n_i} + \dfrac{1}{n_j}\right)}}$$

當顯著水準為 α 時，假如 $|Z| \geq z_{1-\alpha^*}$ 則棄卻 $H_0$；而 $|Z| < z_{1-\alpha^*}$ 則無法棄卻 $H_0$，這裡 $\alpha^* = \dfrac{\alpha}{k(k+1)}$。

## 五、Spearman 等級相關係數

在使用 Pearson 簡單相關係數時，必須假設兩變數 X、Y 間的聯合機率分布是二維常態分布，因此當變數無法滿足上述性質時，可利用 Spearman 等級相關係數(Spearman rank correlation coefficient)來描述變數間相關程度的強弱。計算此相關係數時，需分別就各變數 X、Y 數值大小，由小排到大，並分別給予等級，大小相同者，以平均等級取代，然後再將此等級代替原先的數值，代入計算 Pearson 簡單相關係數的公式，如以符號 $r_s$ 代表，經整理後可得：

$$r_s = 1 - \frac{6\sum\limits_{i=1}^{n} d_i^2}{n(n^2 - 1)}$$

這裡的 n 代表樣本大小，$d_i$ 則代表 $x_i$ 的等級與 $y_i$ 的等級差。

$r_s$ 的範圍在 $-1$ 與 1 之間，其值愈接近 1 代表相關程度愈強；愈接近 0，則代表兩變數不具有線性關係。我們可以檢定虛無假設 $H_0 : \rho = 0$，ρ 為母群體相關係數，當 $n \geq 10$ 時，可利用檢定統計量：

$$t_s = r_s \sqrt{\frac{n-2}{1 - r_s^2}}$$

在 $H_0$ 為真時，$t_s$ 的機率分布是自由度為 $n-2$ 的 t 分

布，對於顯著水準爲α的雙尾檢定，若 $t_s \geq t_{n-2,1-\frac{\alpha}{2}}$ 或 $t_s \leq t_{n-2,\frac{\alpha}{2}}$ 時棄卻 $H_0$，反之，則無法棄卻 $H_0$。Spearman 等級相關係數的優點是對極端值具頑強性，且可適用於順序資料，但因以等級取代原有數值，所以浪費了部分訊息，爲其缺點。

【Q5】 爲了解頭部傷害病患的復原狀態，與入院時評估病患意識程度的格拉斯寇昏迷量表(GCS)得分的關係，有 10 位病患入院時測定 GCS 得分，並於半年後調查其預後得分，當病患已死亡得分爲 0，成爲植物人得分爲 1，成爲殘障得分爲 2，復原良好則得分爲 3，試問 GCS 得分與預後得分是否有關聯？($\alpha = 0.05$)

| 病患編號 | 1 | 2 | 3 | 4 | 5 | 6 | 7 | 8 | 9 | 10 |
|---|---|---|---|---|---|---|---|---|---|---|
| GCS 得分 | 7 | 9 | 11 | 10 | 3 | 7 | 14 | 12 | 6 | 8 |
| 預後得分 | 2 | 2 | 3 | 3 | 0 | 2 | 3 | 3 | 1 | 2 |

【Ans】

| 病患編號 | 1 | 2 | 3 | 4 | 5 | 6 | 7 | 8 | 9 | 10 |
|---|---|---|---|---|---|---|---|---|---|---|
| GCS 得分等級 | 3.5 | 6 | 8 | 7 | 1 | 3.5 | 10 | 9 | 2 | 5 |
| 預後得分等級 | 4.5 | 4.5 | 8.5 | 8.5 | 1 | 4.5 | 8.5 | 8.5 | 2 | 4.5 |
| $d_i$ | −1 | 1.5 | −0.5 | −1.5 | 0 | −1 | 1.5 | 0.5 | 0 | 0.5 |
| $d_i^2$ | 1 | 2.25 | 0.25 | 2.25 | 0 | 1 | 2.25 | 0.25 | 0 | 0.25 |

$$r_s = 1 - \frac{6\sum_{i=1}^{10} d_i^2}{10(10^2 - 1)} = 0.94$$

1. 虛無假設與對立假設分別是

   $H_0$：病患在入院時所測得的 GCS 得分與半年後測得的預後得分無關。

$H_a$：病患在入院時所測得的 GCS 得分與半年後
測得的預後得分成正相關。

2. 檢定統計量為 $t_s = r_s \sqrt{\dfrac{n-2}{1-r_s^2}}$

$$= 0.94 \sqrt{\frac{10-2}{1-0.94^2}} = 7.79$$

在 $\alpha = 0.05$ 下的單尾檢定，因為 $t_{8,0.95} = 1.86 <$
7.79，因此我們棄卻 $H_0$，也就是說病患在入院時
所測得的 GCS 得分與半年後所測得的預後得分
成正相關。

## 習題

1. 何謂母數分析及無母數分析？並比較其優劣點。

2. 爲評估放鬆療法(relaxation therapy)對慢性下背部疼痛患者是否有效，從患者中隨機找出 8 人，分別於治療前與治療後以量表測量其背部疼痛指數，指數愈高，代表疼痛愈嚴重，資料如下：

| 患者編號 | 治療前指數 | 治療後指數 |
|---|---|---|
| 1 | 11 | 10 |
| 2 | 12 | 13 |
| 3 | 20 | 14 |
| 4 | 18 | 13 |
| 5 | 17 | 12 |
| 6 | 17 | 14 |
| 7 | 11 | 9 |
| 8 | 12 | 7 |

試分別以符號檢定及 Wilcoxon 符號等級檢定回答放鬆療法是否能降低背部疼痛？請分別寫出虛無假設、對立假設、檢定統計量及檢定結果。($\alpha = 0.05$)

3. 爲比較放鬆療法加上生物回饋法(biofeedback)與單獨使用放鬆療法對降低慢性下背部疼痛患者的效果是否相同，分別從疼痛狀況相似的病患中，隨機決定採用放鬆療法或放鬆療法加上生物回饋法，每組各有 8 人，並於治療前與治療後，分別以量表測量其背部疼痛指數，並計算治療前與治療後的指數差值，其資料如下：

放鬆療法：3、5、2、1、1、3、2、4

放鬆療法加上生物回饋法：7、9、8、7、9、10、11、9

試比較兩種治療方法效果是否相同？($\alpha = 0.05$)

4. 某臨床試驗欲比較某新藥劑三種不同劑量的藥效，欲比較三種不同劑量的受試者其平均年齡是否相等，其年齡資料蒐集如下：

| 劑量 | 年齡 | $n_i$ |
|------|------|-------|
| 1 | 32, 22, 20, 28, 23, 29, 41 | 7 |
| 2 | 26, 39, 33, 35, 34, 40, 27 | 7 |
| 3 | 29, 35, 32, 24, 25, 27, 36 | 7 |

試問在 $\alpha = 0.05$ 下，使用三種不同劑量的受試者平均年齡是否相等？試寫出虛無假設、對立假設、檢定統計量及檢定結果，並回答是否需要進行 Dunn 檢定？

5. 為研究頭部傷害病患年齡與預後分間的關聯，從住院病患中選定 GCS 得分在 10 分以上者，經過一段時間治療治療後，記錄其預後得分，其預後得分為 0、1、2、3，病患住院時的年齡及經治療後的預後得分如下：

| 病患編號 | 1 | 2 | 3 | 4 | 5 | 6 | 7 | 8 | 9 |
|----------|----|----|----|----|----|----|----|----|----|
| 年齡 | 35 | 33 | 27 | 25 | 41 | 38 | 26 | 45 | 37 |
| 預後得分 | 3 | 2 | 3 | 3 | 1 | 2 | 3 | 2 | 1 |

試問病患年齡與預後得分是否有關聯？($\alpha = 0.05$)

# 附錄 1

# Excel 之應用

　　為了讓讀者能夠了解如何利用電腦軟體來執行統計分析，將利用 Excel 軟體中的統計資料分析功能配合本書所提供的「某校公衛系學生的調查資料」及例題提供讀者進行實作練習，這些內容亦可當成生物統計學實習課程的教材，以期幫助使用本書的讀者能夠更加熟悉書中所介紹的統計觀念。雖然 Excel 軟體所提供的統計功能仍屬有限，但對學習基本統計觀念，則是很好的入門工具，但對於一些 Excel 的特殊技巧，則請讀者自行參閱 Excel 的使用手冊。

# 練習一：Excel 簡介

## 一、如何啓動 Excel？

1. 在桌面 Microsoft Excel 的符號上點兩下，以啓動 Excel。
2. 也可以自左下角【開始】，【程式集】，【Microsoft Excel】以啓動 Excel。會出現以下的工作表。

## 商標聲明

　　在書本中所使用的商標名稱，因爲編輯的原因，沒有特別加上註冊商標符號，我們並沒有任何冒犯商標的意圖，在此聲明尊重該商標擁有者的所有權利。

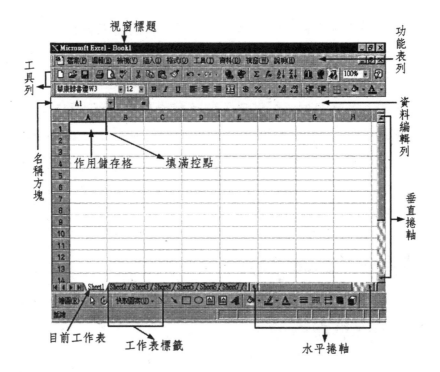

## 二、如何建立表格？

以書中表 3.1 某校公衛系大一學生的調查資料為例，先將以下的變數名稱輸入儲存格中。

在 Excel 中以英文字母代表整欄（直向）的儲存格，以數字代表整列（橫向）的儲存格，單一儲存格則以英文字母及數字標示，如 A1 為 A 欄第 1 列的單一儲存格。

在 A1 輸入 ID，B1 輸入性別，C1 輸入身高，D1 輸入體重，E1 輸入血型，F1 輸入是否抽煙，G1 輸入喜歡公衛程度，H1 輸入家中子女數，I1 輸入有無男女朋友。

然後再將表 3.1 的觀測值資料一一輸入儲存格，資料輸入完畢，我們可得下圖：

| | A | B | C | D | E | F | G | H | I |
|---|---|---|---|---|---|---|---|---|---|
| 1 | ID | 性別 | 身高 | 體重 | 血型 | 是否抽煙 | 喜歡公衛 | 家中子女 | 有無男女朋友 |
| 2 | 1 | 男 | 178 | 93 | A | YES | 喜歡 | 3 | NO |
| 3 | 2 | 男 | 176 | 65 | A | NO | 普通 | 2 | YES |
| 4 | 3 | 男 | 172 | 55 | O | YES | 不喜歡 | 5 | YES |
| 5 | 4 | 女 | 162 | 48 | O | NO | 普通 | 6 | NO |
| 6 | 5 | 女 | 159 | 51 | B | NO | 普通 | 2 | YES |
| 7 | 6 | 男 | 172 | 64 | AB | NO | 普通 | 2 | YES |
| 8 | 7 | 女 | 152 | 46 | B | NO | 普通 | 5 | NO |
| 9 | 8 | 女 | 156 | 50 | AB | NO | 普通 | 2 | NO |
| 10 | 9 | 女 | 158 | 58 | B | NO | 喜歡 | 4 | NO |
| 11 | 10 | 女 | 164 | 55 | O | NO | 普通 | 3 | YES |
| 12 | 11 | 女 | 160 | 50 | A | NO | 喜歡 | 2 | YES |
| 13 | 12 | 女 | 162 | 57 | O | YES | 喜歡 | 3 | YES |
| 14 | 13 | 女 | 167 | 59 | O | NO | 普通 | 3 | NO |

Sheet1 / Sheet2 / Sheet3 / Sheet4 / Sheet5 / Sheet6 / Sheet7

　　為了避免一筆一筆輸入資料費時，所以可採用以下的簡易輸入法。

　　1.簡易輸入 1～46（儲存格 A2～A47）連續數值：

　　　　步驟 1：在 A2 輸入 1，並將作用儲存格移至 A2，如下圖所示：

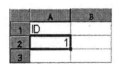

　　　　步驟 2：由【編輯】，【填滿】，【數列】。

　　　　步驟 3：在對話盒中（dialog box）中，選取【欄】。【等差級數】。【間距值】輸入 1。【終止值】輸入 46，按下【確定】即可。

　　2.簡易輸入文字：

　　性別資料輸入時，會一直重複輸入著「男」或「女」，所以：

　　　　步驟 1：在 B2 輸入「男」。

　　　　步驟 2：將 B2 作用儲存格反白（按住滑鼠左鍵拖曳），並按下 📋【複製】（或按快速鍵 Ctrl ＋ C）。

　　　　步驟 3：在所有應輸入「男」的儲存格，按下 📋【貼上】（或快速鍵 Ctrl ＋ V）。

　　　　步驟 4：仿此，亦可完成「女」的輸入。血型等的輸入亦同。

### 三、如何儲存檔案

表 3.1 製作完成之後，別忘了儲存檔案：

方法一：你可以點選工具列上的儲存檔案 符號。

方法二：自【檔案】中選取【儲存檔案】，此例我們輸入「表 3.1」當作檔名。

# 練習二：利用 Excel 進行抽樣

Excel 提供簡單隨機抽樣及系統抽樣法的抽樣功能，直接做抽樣的工作，以下將利用本書中所使用的某校公衛系大一 46 位同學的 ID 資料為抽樣架構(sampling frame)，來說明如何抽出一個由 5 位同學所構成的簡單隨機抽樣(SRS)，並利用系統抽樣法同樣抽出一個由 5 位同學所構成的隨機樣本。

### 一、簡單隨機抽樣法

利用以下某校公衛系大一 46 位同學的 ID 資料：

| | A |
|---|---|
| 1 | ID |
| 2 | 1 |
| 3 | 2 |
| 4 | 3 |
| | |
| 45 | 44 |
| 46 | 45 |
| 47 | 46 |

1. 首先在工作表的儲存格 C1 鍵入 ID。

2. 選擇【工具】，【資料分析】，【抽樣】。

爲了獲得一個隨機樣本，你必須提供三種資料給 Excel 的對話盒，

(1)抽樣架構的資料置於何處（輸入），

(2)抽樣的方式及樣本大小（抽樣方法），

(3)抽到的隨機樣本將置於何處（輸出選項）。

在對話盒中，

【輸入範圍】將 A1 至 A47 用滑鼠拖曳。

選取【標記】由於資料檔的第一個儲存格是變數名稱 ID，所以必須點選。

選取【隨機】，在【樣本數】輸入 5。

選取【輸出範圍】將 C2 作為存放所抽出的簡單隨機樣本 ID 的開始位置。

最後選【確定】，完成抽樣。這時 5 個 ID 號碼就會出現在你所指定存放的位置上，如下圖

| | C |
|---|---|
| 1 | ID |
| 2 | 16 |
| 3 | 30 |
| 4 | 1 |
| 5 | 38 |
| 6 | 46 |

## 二、系統抽樣法

1. 先在工作表的 D1 儲存格鍵入 ID。

2. 選擇【工具】，【資料分析】，【抽樣】。

　　在對話盒中，

　　【輸入範圍】將 A1 至 A47 用滑鼠拖曳。

　　選取【標記】。選取【周期】。在【間隔】輸入 9（抽樣距離定為 9）。

　　選取【輸出範圍】將 D2 作為存放所抽出的系統抽樣樣本 ID 的開始位置。

　　最後選【確定】，完成抽樣。5 個 ID 號碼就會出現在你所指定存放的位置。

| | D |
|---|---|
| 1 | ID |
| 2 | 9 |
| 3 | 18 |
| 4 | 27 |
| 5 | 36 |
| 6 | 45 |

在 Excel 中同時也可利用亂數產生器做隨機抽樣的工作，以下分別就簡單隨機抽樣法及系統抽樣法來說明：

## 一、簡單隨機抽樣法

假設有 50 位受試者參加威而剛的臨床試驗，欲隨機將受試者分為兩群，一群使用威而剛，另一群則使用安慰劑 (placebo)，現將 50 位受試者依序排列，由 1 編號到 50，然後隨機抽出 25 個 1 到 50 的號碼，對應此抽出號碼的受試者分配使用威而剛，剩下的 25 位則分配使用安慰劑。

1. 分別在 A1 輸入「亂數號碼」及在 B1 輸入「所抽中的受試者編號」。

2. 選取【工具】，【資料分析】，【亂數產生器】。
   在對話盒中，
   在【變數個數】輸入 1。
   在【亂數個數】輸入 30（為避免抽出重號，所以多抽 5 個，以便能順利抽出 25 位）。在【分配】欄內選取【均等分配】，因為每一個 ID 被抽到的機率會相等。
   在參數欄【介於】的空格內輸入 1 到 50。
   在【亂數基值】輸入 1。亂數基值也可保持空白，但每次產生的亂數值就不會相同；反之，如每次亂數基值不變，則每次所產生的亂數值也就都不變。選取【輸出範圍】輸入 A2。然後點選【確定】可得到 30 個介於 1 到 50 有小數點的數字，因此進行下面步驟，以得到整數。

3. 將作用儲存格移到 B2，用滑鼠拖曳 A 欄點選【格式】，【儲存格】，【數值】，【類別】中選取【數值】，在【小數位數】輸入 0，點選【確定】後即可得整數。

4. 最後再由 B2 拖曳至 B31，可得以下 30 個編號，刪除重號，留下的 25 個編號，即分配使用威而剛的受試者。

| | A | B |
|---|---|---|
| 1 | 亂數號碼 | 所抽中的受試者編號 |
| 2 | 1.061311686 | 1 |
| 3 | 28.61568041 | 29 |
| 4 | 10.47190771 | 10 |
| 5 | 40.62828455 | 41 |
| 6 | 29.6654561 | 30 |
| 7 | 24.51377911 | 25 |
| 8 | 18.16428114 | 18 |
| 9 | 44.90215766 | 45 |
| 10 | 41.31916257 | 41 |
| 11 | 37.58363598 | 38 |
| 12 | 9.531296731 | 10 |
| 13 | 43.08822901 | 43 |
| 14 | 35.81456954 | 36 |
| 15 | 26.16321299 | 26 |
| 16 | 15.89574877 | 16 |
| 17 | 1.734244819 | 2 |
| 18 | 5.478743858 | 5 |
| 19 | 18.85814997 | 19 |
| 20 | 8.218329417 | 8 |
| 21 | 9.129032258 | 9 |
| 22 | 49.43772698 | 49 |
| 23 | 22.83892331 | 23 |
| 24 | 6.835077975 | 7 |
| 25 | 1.228797266 | 1 |
| 26 | 1.436658834 | 1 |
| 27 | 19.51612903 | 20 |
| 28 | 27.05148473 | 27 |
| 29 | 28.98803674 | 29 |
| 30 | 30.48643452 | 30 |
| 31 | 30.75112156 | 31 |

## 二、系統抽樣法

欲由某校公衛系大一班上 46 位同學，利用系統抽樣法，從 ID 號碼 1 到 46 中，抽出 5 位同學來，如定抽樣距離為 9

　*1.*先在 A1 輸入「亂數號碼」及在 B1 輸入「所抽中同學的 ID」。

　*2.*選擇【工具】，【資料分析】，【亂數產生器】。

　　在對話盒中，

　　在【變數個數】輸入 1。

　　在【亂數個數】輸入 1。

　　在【分配】選取【均等分配】。

　　在參數欄【介於】的空格內輸入 1 到 10（抽樣起始號碼到加上抽樣距離後的號碼）。

　　在【亂數基值】輸入 1。【輸出範圍】輸入 A2。最後選【確定】，在 A2 得到所產生的有小數的隨機亂數。

　*3.*將作用儲存格移至 B2，選擇【插入】，【函數】，【數學與三角函數】，【ROUND】，【確定】。

　　在對話盒中，

　　在【Number】輸入 A2。

　　在【Num_digit】輸入 0。點選【確定】。在 B2 可得到原出現在 A2 隨機亂數四捨五入後的整數值，也就

是系統抽樣的起始號碼，或利用滑鼠拖曳 A 欄，選擇
【格式】，【儲存格】，【數字】，【類別】中選取
【數值】。在【小數位數】輸入 0，按【確定】即可
得整數。

函數 ROUND(數值,小數位數)的功能，當小數位數＝
0，表示四捨五入後是整數，小數位數＞0，表示四捨
五入到小數點後指定位數，小數位數＜0，表示四捨
五入到小數點前的指定位數。

4. 為了得到另外 4 個學生 ID 號碼，將作用儲存格放在
B2 上，選擇【編輯】。【填滿/數列】。

在對話盒中，

選取【欄】。【等差級數】。【間距值】輸入 9，也
就是抽樣距離。【終止值】輸入 46，點選【確定】。
所得到 5 個整數，也就是由 46 位同學當中，利用系
統抽樣法所抽出的學生 ID，如下圖：

| | A | B |
|---|---|---|
| 1 | 亂數號碼 | 所抽中同學的ID |
| 2 | 1.01126133 | 1 |
| 3 | | 10 |
| 4 | | 19 |
| 5 | | 28 |
| 6 | | 37 |

# 練習三：利用Excel進行資料的整理、摘要與呈現

## 一、製作次數分布表及直方圖

以書中表 3.1 某校公衛系大一學生調查資料中的身高變
數為例，說明如何以 Excel 製作次數分布表及直方圖，先介
紹製作步驟如下：（參考本書第三章）

㈠計算全距

$$R = 183-151 = 32$$

㈡決定組數

$$k = 1 + 3.322\log_{10}46 = 6.52 \approx 7$$

㈢決定組寬

$$W = \frac{32}{7} = 4.75 \approx 5$$

㈣決定各組的上下限

150-154, 155-159, 160-164, 165-169, 170-174, 175-179, 180-184

㈤計算次數

　*1.*選取身高資料（C1 ： C47）。

　*2.*點選【工具】，【資料分析】，【直方圖】。

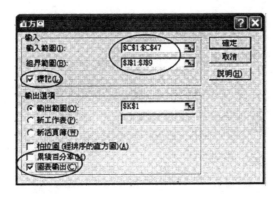

在對話盒中，

【輸入範圍】C1 ： C47 為大一學生身高資料，因為是以滑鼠拖曳方式，而不是以鍵盤輸入範圍，Excel 會自動加上 $ 符號。

【組界範圍】可以空白，電腦會自動分組。但在此我們輸入各組的上組界。

| | J |
|---|---|
| 1 | 分組 |
| 2 | 149.5 |
| 3 | 154.5 |
| 4 | 159.5 |
| 5 | 164.5 |
| 6 | 169.5 |
| 7 | 174.5 |
| 8 | 179.5 |
| 9 | 184.5 |

勾選【標記】，因為身高資料中 C1 為變數名稱，所以要勾選「標記」。

在【輸出範圍】輸入 K1。

勾選【圖表輸出】，若無勾選，則不會出現直方圖，只有次數分布表。

3.結果如下：

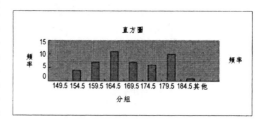

| | K | L |
|---|---|---|
| 1 | 分組 | 頻率 |
| 2 | 149.5 | 0 |
| 3 | 154.5 | 4 |
| 4 | 159.5 | 7 |
| 5 | 164.5 | 11 |
| 6 | 169.5 | 7 |
| 7 | 174.5 | 6 |
| 8 | 179.5 | 10 |
| 9 | 184.5 | 1 |
| 10 | 其他 | 0 |

次數分布表

4.直方圖的編輯：

■頻率 的去除：在直方圖上按滑鼠右鍵，會出現如下選項，選擇【圖表選項】；

繪圖區格式(O)...
圖表類型(Y)...
來源資料(S)...
圖表選項(I)...
圖表位置(L)...

出現以下的方塊，不要勾選【顯示圖例】，便可將 ■頻率 去除了。

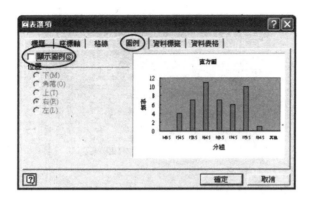

但，別急著按【確定】，我們還可以至【標題】中更改圖表標題及座標軸標題。

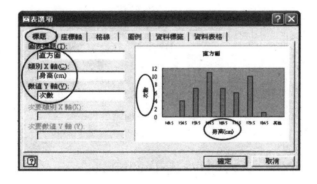

☞ 改變「繪圖區」的顏色：

在繪圖區上輕點一下滑鼠左鍵，如下圖，會出現八個可調整大小的控點。

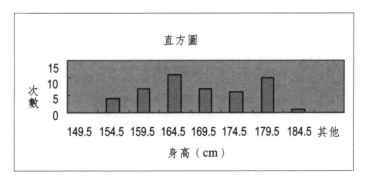

確定選取到「繪圖區格式」後，連按滑鼠左鍵兩下，即會出現以下繪圖區格式的方塊。

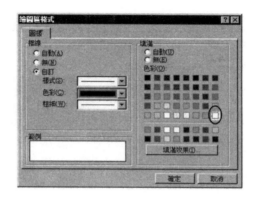

圈選白色，可得以下的結果：

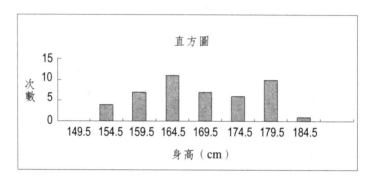

☞ 改變各資料點的顏色與間距：

在任一資料點上，快速按兩下滑鼠左鍵，即可進入
以下資料數列格式的畫面：

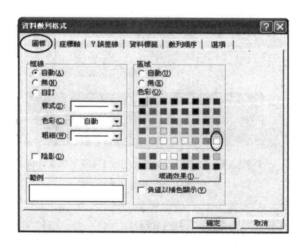

你可以依個人所需，更改為各種顏色，但在此我們
統一將其改為白色。

顔色更改完後，點選最右邊的【選項】標籤，我們將改變各資料點間的間距。

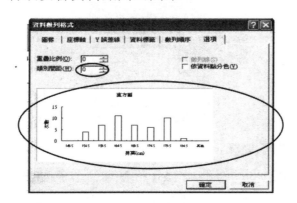

將類別間距由 150 改爲 0。

☞ 以下是經過一連串修改後的結果：

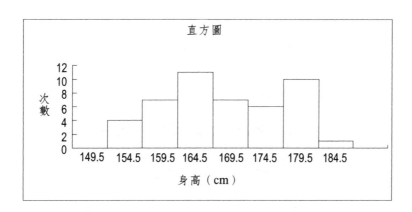

## 二、製作長條圖

1. 進行樞紐分析。

　(1)選取血型資料 E1 ： E47。

　(2)點選【資料】，【樞紐分析表及圖報表】。

　(3)利用【樞紐分析精靈】經過數個步驟可得到下圖，有關樞紐分析的詳細說明，請參考 Excel 使用手冊。

| | A | B |
|---|---|---|
| 1 | 計數／血型 | |
| 2 | 血型 | 小計 |
| 3 | A | 11 |
| 4 | AB | 3 |
| 5 | B | 13 |
| 6 | O | 19 |
| 7 | 總計 | 46 |

2. 製作長條圖。

利用上面所得的次數分布表來製作長條圖：

(1)按【插入】，【圖表】，【圖表精靈】，
　圖表精靈中包括：

　步驟 4 之 1：選擇圖表類型。

　步驟 4 之 2：選擇資料範圍。

　步驟 4 之 3：選擇圖表選項。

　步驟 4 之 4：設定圖表位置。

(2)根據【圖表精靈】的指示一步步地完成：

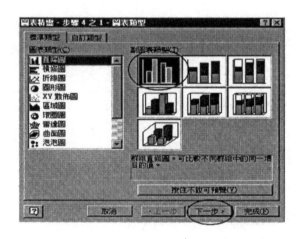

最後可得以下的長條圖：

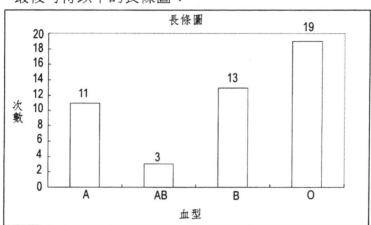

## 三、製作散布圖

以某校公衛系大一學生身高與體重資料爲例。資料來源爲表 3.1。

*1.* 選取 C1：D47。

*2.* 選取【插入】，【圖表】，【XY 散佈圖】。

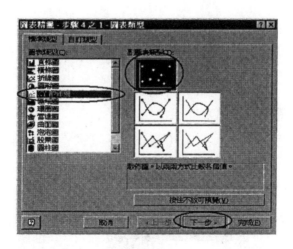

*3.*經過數個步驟及一連串的編修，可得下圖：

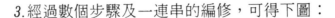

## 四、製作線圖

以台灣地區歷年來因溺水致死人數之資料為例。資料如下所示：

| | A | B | C | D |
|---|---|---|---|---|
| 1 | 年度 | 男 | 女 | 總計 |
| 2 | 75 | 1177 | 354 | 1531 |
| 3 | 76 | 1178 | 391 | 1569 |
| 4 | 77 | 1175 | 342 | 1517 |
| 5 | 78 | 1170 | 348 | 1518 |
| 6 | 79 | 1283 | 382 | 1665 |
| 7 | 80 | 1073 | 364 | 1437 |
| 8 | 81 | 953 | 292 | 1245 |
| 9 | 82 | 916 | 320 | 1236 |
| 10 | 83 | 871 | 283 | 1154 |
| 11 | 84 | 842 | 270 | 1112 |

*1.*選取 A1：D11。

*2.*選取【插入】，【圖表】，【XY 散佈圖】。

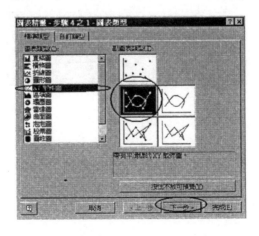

*3.*經過數個步驟及一連串的編修，可得下圖：

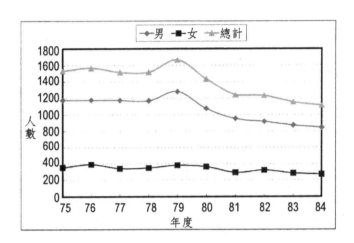

# 練習四：以Excel計算資料集中趨勢及變異性的測度

　　以某校公衛系大一學生身高變數（共 46 人）為例，說明如何利用 Excel 求得重要的敘述統計量。

## 一、敘述統計量摘要表

*1.*選取【工具】，【資料分析】，【敘述統計】，【確定】。

| | C |
|---|---|
| 1 | 身高 |
| 2 | 178 |
| 3 | 176 |
| 4 | 172 |
| 45 | 185 |
| 46 | 163 |
| 47 | 157 |

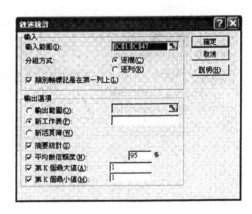

在對話盒中，

【輸入範圍】輸入大一學生的身高資料所在的儲存格範圍，這裡是C1至C47，範圍包括變數名稱及資料。

【分組方式】由於資料是直向排列，所以點選逐欄。

【類別軸標記是在第一列上】勾選後，變數名稱會在輸出範圍中顯現。

【輸出選項】中點選【新工作表】，勾選【摘要統計】，【平均數信賴度】95％為預設值，【第 K 個最大值】，及【第K個最小值】。平均數信賴度的說明見練習七，第 K 個最大值及第 K 個最小值，分別是資料中的最大值及最小值，預設值均為 1，得到如下資料：

| | A | B | |
|---|---|---|---|
| 1 | | 身高 | |
| 2 | | | |
| 3 | 平均數 | 165.9347826 | $=\dfrac{8.311711079}{\sqrt{46}}$ |
| 4 | 標準誤 | 1.225494941 | |
| 5 | 中間值 | 166 | ＝中位數 |
| 6 | 眾數 | 176 | |
| 7 | 標準差 | 8.311711079 | |
| 8 | 變異數 | 69.08454106 | |
| 9 | 峰度 | -1.004326228 | |
| 10 | 偏態 | 0.021575356 | |
| 11 | 範圍 | 32 | ＝全距 |
| 12 | 最小值 | 151 | |
| 13 | 最大值 | 183 | |
| 14 | 總和 | 7633 | |
| 15 | 個數 | 46 | |
| 16 | 第 K 個最大值(1) | 183 | |
| 17 | 第 K 個最小值(1) | 151 | |
| 18 | 信賴度(95.0%) | 2.468273406 | |

## 二、利用 Excel 中的函數計算重要統計量

(一)平均數的計算：

母群體平均數 $\mu = \dfrac{1}{N}\sum\limits_{i=1}^{N}X_i$ ；樣本平均數 $\overline{X} = \dfrac{1}{n}\sum\limits_{i=1}^{n}X_i$ 。

方法一：1.選取任一空白儲存格。

2.鍵入「= AVERAGE(C2: C47)」（大小寫均可）。

3.按下【Enter】，可得 165.9347826。

方法二：1.選取任一空白儲存格，

2. 選取【插入】，【函數】，【統計】，【AVERAGE】。

在對話盒中，

在【Number1】輸入大一學生身高資料所在的儲存格範圍，這裡是 C2：C47，可馬上預覽結果，平均數同為 165.9347826。

(二)變異數及標準差的計算：

母群體變異數 $\sigma^2 = \dfrac{\sum\limits_{i=1}^{N}(X_i - \mu)^2}{N}$ ；

樣本變異數 $S^2 = \dfrac{\sum\limits_{i=1}^{n}(X_i - \overline{X})^2}{n-1}$ ，

變異數開平方根後的值為標準差。

計算樣本標準差：

方法一：1.選取任一空白儲存格。

2.鍵入「= STDEV(C2: C47)」。

3.按下【Enter】，可得 8.311711079。

方法二：1.選取任一空白儲存格。

2. 選取【插入】，【函數】，【統計】，【STDEV】。

在對話盒中，

在【Number1】輸入大一學生身高資料 C2：C47，可馬上預覽結果，標準差同為 8.311711079。

另外，STDEVP 為計算母群體標準差函數，VARP 為計算母群體變異數函數，VAR 為計算樣本變異數函數。

㈢幾何平均數的計算：

樣本中，n 個觀測值的連乘積開 n 次方根，稱為樣本幾何平均數，

$$\overline{x}_g = \sqrt[n]{x_1 \cdot x_2 \cdots x_n}$$

方法一：1.選取任一空白儲存格。

2.鍵入「＝GEOMEAN(C2:C47)」。

3.按下【Enter】，可得 165.7309117。

方法二：1.選取任一空白儲存格。

2.選取【插入】，【函數】，【統計】，【GEOMEAN】。

在對話盒中，

在【Number1】輸入大一學生身高資料 C2：C47，可馬上預覽結果，幾何平均數同為 165.7309117。

㈣第75百分位數，第25百分位數及內四分位全距的計算：

內四分位全距為第 75 百分位數和第 25 百分位數的差，內四分位全距描述位於中間 50%觀測值的分散情形。

方法一：1.在 C48 鍵入「＝QUARTILE(C2:C47,1)」（其中 1 表示 25 百分位數）可得 Q1 ＝ 160。

2.在 C49 鍵入「＝QUARTILE(C2:C47,3)」（其中 3 表示第 75 百分位數）可得 Q3 ＝ 172。

3.在 C50 鍵入「＝C49−C48」，因為內四分位全距＝Q3−Q1，可得內四分位全距為 12。

方法二：1.在 C48，選取【插入】，【函數】，【統計】，【QUARTILE】。

在對話盒中，

在【Array】輸入大一學生身高資料 C2：C47。

在【Quart】輸入 1（表示第 25 百分位數）。

可馬上預覽結果，Q1 ＝ 160。

2. 在 C49，選取【插入】，【函數】，【統計】，【QUARTILE】。

在對話盒中，

在【Array】輸入大一學生身高資料 C2：C47。

在【Quart】輸入 3（表示第 75 百分位數）。

可馬上預覽結果，Q3 ＝ 172。

3. 在 C50 鍵入「＝ C49－C48」，因為內四分位全距＝ Q3－Q1，得內四分位全距為 12。

# 練習五：利用 Excel 進行分立機率分布圖的製作

## 一、製作二項分布圖

以下將介紹如何產生 n（試行）＝ 10 及 p（成功機率）＝ 0.1 時的二項分布：

1. 開一新的工作表，在 A1 到 A11 輸入 0 至 10，如下所示：

2. 在 B1 輸入函數「＝BINOMDIST(A1,10,0.1,FALSE)」
可得 0.348678，即計算 $P(X = 0) = C_0^{10}(0.1)^0(1-0.1)^{10-0}$，
所使用函數 BINOMDIST(x,n,p,cumulative)，其中，x
為實驗中成功的次數，n 為試行數，p 為成功機率，
cumulative 如設為 TRUE 時傳回累積分布函數值，設
為 FALSE 時，則傳回機率密度函數值。

|   | A | B |
|---|---|---|
| 1 | 0 | 0.348678 |
| 2 | 1 | |
| 3 | 2 | |
| 4 | 3 | |
| 5 | 4 | |
| 6 | 5 | |
| 7 | 6 | |
| 8 | 7 | |
| 9 | 8 | |
| 10 | 9 | |
| 11 | 10 | |

3. 以滑鼠拖曳作用儲存格的右下角至 B11。

4. 拖曳後的結果：

|   | A | B |
|---|---|---|
| 1 | 0 | 0.348678 |
| 2 | 1 | 0.38742 |
| 3 | 2 | 0.19371 |
| 4 | 3 | 0.057396 |
| 5 | 4 | 0.01116 |
| 6 | 5 | 0.001488 |
| 7 | 6 | 0.000138 |
| 8 | 7 | 8.75E-06 |
| 9 | 8 | 3.65E-07 |
| 10 | 9 | 9E-09 |
| 11 | 10 | 1E-10 |

5. 選取 B1 到 B11。

6. 【插入】，【圖表】，【圖表精靈】，【長條圖】，
以下步驟同長條圖之製作過程，經一連串的編輯工
作，得下圖：

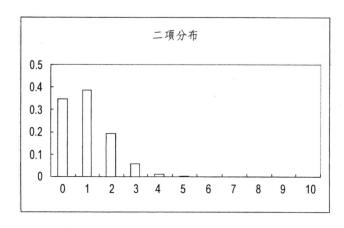

## 二、製作布瓦松分佈圖

以下介紹如何產生μ＝ 1 時的布瓦松分布：

*1.*開新工作表，在A1 到A11 輸入 0 至 10，如下所示：

| | A |
|---|---|
| 1 | 0 |
| 2 | 1 |
| 3 | 2 |
| 4 | 3 |
| 5 | 4 |
| 6 | 5 |
| 7 | 6 |
| 8 | 7 |
| 9 | 8 |
| 10 | 9 |
| 11 | 10 |

*2.*在 B1 輸入函數「＝ POISSON(A1,1,FALSE)」，可得 0.367879441，即計算 $P(X = 0) = \dfrac{e^{-1}1^0}{0!}$，所用函數 POISSON(x, u, cumulative)，其中，x 為某事件發生的次數，u 為布瓦松分布中的平均發生次數，cumulative 如設為 TRUE 時傳回累積分布函數值，設為 FALSE 時，則傳回機率密度函數值。

| | A | B |
|---|---|---|
| 1 | 0 | 0.367879441 |
| 2 | 1 | |
| 3 | 2 | |
| 4 | 3 | |
| 5 | 4 | |
| 6 | 5 | |
| 7 | 6 | |
| 8 | 7 | |
| 9 | 8 | |
| 10 | 9 | |
| 11 | 10 | |

*3.*以滑鼠拖曳 B1 作用儲存格（右下角）至 B11，可得下圖

| | A | B |
|---|---|---|
| 1 | 0 | 0.367879441 |
| 2 | 1 | 0.367879441 |
| 3 | 2 | 0.183939721 |
| 4 | 3 | 0.06131324 |
| 5 | 4 | 0.01532831 |
| 6 | 5 | 0.003065662 |
| 7 | 6 | 0.000510944 |
| 8 | 7 | 7.2992E-05 |
| 9 | 8 | 9.12399E-06 |
| 10 | 9 | 1.01378E-06 |
| 11 | 10 | 1.01378E-07 |

*4.* 選取 B1 到 B11。

*5.* 【插入】，【圖表】，【圖表精靈】，【直條圖】
（即長條圖），以下步驟同長條圖的製作過程。

*6.* 下圖是經一連串編修後的結果：

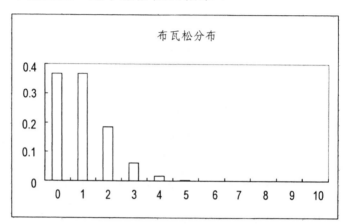

# 練習六：利用Excel計算常態分布的機率密度函數值及累積分布函數值

Excel 提供下列函數計算常態分布及標準常態分布的機率密度函數值及累積分布函數值：

*1.* NORMDIST(x, mean, standard_dev, cumulative)，可用
來計算常態分布的累積分布函數值或機率密度函數
值，其中，x 為常態分布中所給定的某數值，mean 則
為此一常態分布的平均數，standard_dev 則為此一常
態分布的標準差，如 cumulative 設為 TRUE，會傳回
此一常態分布的累積分布函數值，設為 FALSE 時，
則傳回機率密度函數值。

*2.* NORMSDIST(x)計算在標準常態分布中，小於或等於
給定數值 x 的累積分布函數值，即 $P(Z \leq x)$。

*3.* NORMINV(probability, mean, standard_dev)，提供相
對於常態分布中面積小於或等於給定機率值的數值，

其中，probability 為常態分布中所給定某機率值，mean 則為此一常態分布的平均數，standard_dev 則為此一常態分布的標準差。

4. NORMSINV(probability)提供相對於標準常態分布中面積小於或等於給定機率值的數值，其中，probability 即為所給定的某機率值。

例題 1：試求 P(Z≤1.96）

(1)選取任一空白儲存格。

(2) 鍵入「 =  NORMDIST(1.96,0,1,TRUE)」或「 = NORMSDIST(1.96）」。

(3)按下【ENTER】可得 0.975。

例題 2：求符合 P(Z > z）= 0.05 的 z 值

(1)選取任一空白儲存格。

(2)鍵入「 = NORMINV(0.95,0,1)」或「 = NORMSINV(0.95）」。

(3)按下【ENTER】可得 1.645。

例題 3：假如某醫院大一新生所構成的母群體其體重分布近似常態，且知其平均數為 58 公斤，標準差為 2 公斤，若以 X 代表體重的隨機變數，試求從此一母群體當中，隨機找出一位新生來，其體重大於 61.92 公斤的機率？

(1)選取任一空白儲存格。

(2)鍵入「 = NORMDIST(61.92, 58, 2, TRUE）」。

(3)按下【ENTER】可得 0.975，此為 P(X ≤ 61.92)，因此 P(X > 61.92)= 1－0.975 = 0.025。

# 練習七：利用 Excel 建立信賴區間

## 一、單一母群體平均數的信賴區間（當母群體變異數已知）

　　某縣所有 70 歲以上的老人所構成的母群體，其膽固醇的分布近似常態分布，並且其標準差爲 40 mg/100 ml，如想以區間估計母群體膽固醇值的平均數 u，今隨機抽出一個 16 位老人的樣本，膽固醇值的平均數爲 200 mg/100 ml，試以 Excel 建立 u 的 95 ％信賴區間。由於 u 的 100（1$-$α）％信賴區間可寫成（$\overline{X}-Z_{1-\frac{\alpha}{2}}\dfrac{\sigma}{\sqrt{n}}, \overline{X}+ Z_{1-\frac{\alpha}{2}}\dfrac{\sigma}{\sqrt{n}}$）。

　　函數 CONFIDENCE(alpha, standard_dev, size)，其中 alpha 爲顯著水準，standard_dev 爲已知的母群體標準差，size 爲樣本大小，所傳回的值爲 $Z_{1-\frac{\alpha}{2}}\dfrac{\sigma}{\sqrt{n}}$。

1. 在 A1 輸入「信賴下限」，在 B1 輸入「信賴上限」。
2. 在 A2 輸入公式「＝200$-$CONFIDENCE(0.05, 40, 16)」。
3. 在 B2 輸入公式「＝200$+$CONFIDENCE(0.05, 40, 16)」。

　　或利用【插入】，【函數】，【統計】，【CONFIDENCE】，計算 $Z_{1-\frac{\alpha}{2}}\dfrac{\sigma}{\sqrt{n}}$。

| | A | B |
|---|---|---|
| 1 | 信賴下限 | 信賴上限 |
| 2 | 180.4003892 | 219.5996108 |

　　結果與書中第 9 章 Q2 相同。

## 二、單一母群體平均數的信賴區間（當母群體變異數未知）

以某校公衛系大一學生體重為例，當母群體的變異數未知，以樣本變異數 $S^2$ 來估計母群體變異數時，說明如何利用 t 分布來建立母群體平均數的 95%信賴區間，其信賴區間可寫成（$\overline{X} - t_{1-\frac{\alpha}{2}}\dfrac{S}{\sqrt{n}}, \overline{X} + t_{1-\frac{\alpha}{2}}\dfrac{S}{\sqrt{n}}$）。

*1.* 選取 D1：D47 體重資料。

*2.* 選取【工具】，【資料分析】，【敘述統計】，【確定】。

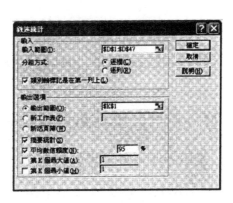

選取適當選項後，按【確定】可得下列資料：

| | K | L |
|---|---|---|
| 1 | | 體重 |
| 2 | | |
| 3 | 平均數 | 56.91304348 |
| 4 | 標準誤 | 1.489034342 |
| 5 | 中間值 | 54.5 |
| 6 | 眾數 | 48 |
| 7 | 標準差 | 10.09912227 |
| 8 | 變異數 | 101.9922705 |
| 9 | 峰度 | 4.128590637 |
| 10 | 偏態 | 1.737617785 |
| 11 | 範圍 | 50 |
| 12 | 最小值 | 43 |
| 13 | 最大值 | 93 |
| 14 | 總和 | 2618 |
| 15 | 個數 | 46 |
| 16 | 信賴度(95.0%) | 2.999068985 |

*3.* 在 M1 輸入「信賴下限」，在 N1 輸入「信賴上限」。

*4.* 在 M2 輸入公式「＝ L3 － L16」；在 N2 輸入公式「＝ L3＋L16」。由於勾選【平均數信賴度】95%（預設值），在 L16 所得到的數值為 $t_{45,\,0.975}$ 乘上 $\left(\dfrac{s}{\sqrt{n}}\right.$ ＝×1.489034342)。

函數 TINV(probability, deg_freedom)，其中 probability（＝ p)是雙尾機率值，deg_freedom 是自由度，傳回的值為 $t_{n-1,\,1-\frac{p}{2}}$。TINV(0.05,45)＝ $t_{45,\,0.975}$ ＝ 2.014103302。

*5.* 或在 M3 輸入公式「＝ L3－TINV(0.05,45)*L4」，在 N3 輸入公式「＝ L3＋TINV(0.05,45)*L4」。

| | M | N |
|---|---|---|
| 1 | 信賴下限 | 信賴上限 |
| 2 | 53.91397449 | 59.91211246 |
| 3 | 53.91397449 | 59.91211246 |

## 三、單一母群體變異數的信賴區間

以某校公衛系大一學生體重為例，說明如何建立母群體變異數的 95%信賴區間，其信賴區間可寫成 $\left(\dfrac{(n-1)S^2}{\chi^2_{n-1,\,1-\frac{\alpha}{2}}}\,,\right.$ $\left.\dfrac{(n-1)S^2}{\chi^2_{n-1,\,\frac{\alpha}{2}}}\right)$：

*1.* 在 P1 輸入「信賴下限」；在 Q1 輸入「信賴上限」。

*2.* 在 P2 輸入公式「＝45*L8/CHIINV(0.025,45)」[即 $(\dfrac{(n-1)S^2}{\chi^2_{n-1,\,1-\frac{\alpha}{2}}})$]，在 Q2 輸入公式「＝45*L8/CHIINV(0.975, 45)」[即$(\dfrac{(n-1)S^2}{\chi^2_{n-1,\,\frac{\alpha}{2}}})$]。

備註：$\chi^2_{45,\,0.025}$ ＝ 28.36617724（可由【插入】，【函數】，【統計】，【CHIINV】求得）。

$\chi^2_{45,\,0.975}$ ＝ 65.41013091（同上）。

Excel 中函數 CHIINV(probability, deg_freedom)，其中 probability（＝p)是右單尾機率值，deg_freedom 是自由度，傳回的值為 $\chi^2_{n-1,1-P}$。

CHIINV(0.025,45)＝$\chi^2_{45,0.975}$＝65.41013091。

CHIINV(0.975,45)＝$\chi^2_{45,0.025}$＝28.36617724。

3. 得到

| | P | Q |
|---|---|---|
| 1 | 信賴下限 | 信賴上限 |
| 2 | 70.1672984 | 161.8001656 |

# 練習八：利用 Excel 進行假設檢定

本練習中所用到的資料，來自書中的表 3.1 或表 3.2。

## 一、單一母群體平均數的假設檢定

欲檢定大一男同學的身高平均數是否等於 175 cm？

(一)假設母群體變異數 $\sigma^2$ 已知：$\sigma^2$ ＝ 25 cm²，有 21 位男同學，檢定 $H_0：\mu_男$ ＝ 175 cm，$H_a：\mu_男 \neq 175$ cm。

| | A |
|---|---|
| 1 | 男生身高 |
| 2 | 178 |
| 3 | 176 |
| 4 | 172 |
| 5 | 172 |
| 18 | 168 |
| 19 | 177 |
| 20 | 176 |
| 21 | 160 |
| 22 | 183 |

1. 選取 A23 作用儲存格。

2. 選取【插入】，【函數】，【統計】，【ZTEST】。

　在對話盒中，

　在【Array】輸入 A2：A22，即欲檢定的 21 位大一男同學身高資料儲存範圍。

　在【X】輸入 175（假設的母群體平均數）。

　在【Sigma】輸入 sqrt(25)（已知 $\sigma^2 = 25$ cm²，函數 sqrt 是開根號，可得 $\sigma$）。

3. Excel 中 ZTEST 所提供的 p 值為 P(Z > z)，所以此時雙尾檢定的 p 值等於 2x(1 − 0.947) = 0.106。

4. 此為一雙尾 Z 檢定，$\alpha = 0.05$，p 值 = 0.106 > 0.05，檢定結果顯示，無法棄卻大一男同學的身高平均值等於 175cm。如果 ZTEST 所傳回的 p 值，小於 0.025 或大於 0.975，代表檢定統計量的數值落於棄却區；反之，則代表落於接受區，如本例中所傳回的值為 0.947，結論同為無法棄卻大一男同學的身高平均值等於 175 cm。

㈡假設母群體變異數 $\sigma^2$ 未知，$H_0 : \mu_{男} = 175$ cm，$H_a : \mu_{男} \neq 175$ cm。

1. 求取樣本平均數及樣本變異數：

　⑴選取【工具】，【資料分析】，【敘述統計】，可得下圖：

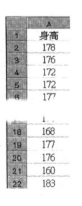

　在對話盒中，

　在【輸入範圍】輸入大一男同學的身高資料 A1 至

A22（小寫亦可）（亦可用滑鼠拖曳）。在【分組方式】勾選逐欄。然後勾選【類別軸標記是在第一列上】。再勾選【輸出範圍】輸入 C1。勾選【摘要統計】。

(2)執行以上選項後可得如下結果：

| | C | D |
|---|---|---|
| 1 | | 男生身高 |
| 2 | | |
| 3 | 平均數 | 173.2380952 |
| 4 | 標準誤 | 1.075494929 |
| 5 | 中間值 | 175 |
| 6 | 眾數 | 176 |
| 7 | 標準差 | 4.928536922 |
| 8 | 變異數 | 24.29047619 |
| 9 | 峰度 | 1.558153727 |
| 10 | 偏態 | -0.73687448 |
| 11 | 範圍 | 23 |
| 12 | 最小值 | 160 |
| 13 | 最大值 | 183 |
| 14 | 總和 | 3638 |
| 15 | 個數 | 21 |

(3)得到樣本平均數為 173.2380952；樣本變異數為 24.29047619。

2. 求取 t 值：

(1)已知公式：$t = \dfrac{\bar{x} - \mu}{\sqrt{\dfrac{s^2}{n}}}$

(2)帶入公式：t = (D3 − 175) / sqrt (D8/D15)＝ −1.638226936

3. 求取 p-value：

(1)選取【插入】，【函數】，【統計】，【TDIST】，在對話盒中，

在【X】輸入：1.638226936（t 值為−1.638226936，但只能輸入正值，因 t 分佈是左右對稱，所以不會造成問題）。

在【Deg_freedom】輸入：20（自由度＝樣本數−

1）。

在【Tails】輸入：2（代表雙尾）。

(2)得到 p 值等於 0.117011727，無法棄却 $H_0$，因此大一男同學身高平均值等於 175 cm。

Excel 函數 TDIST（x, deg_freedom, tails）其中 x 是 T 分布中給定的 t 值，deg_freedom 為自由度，tails 指出是單尾或雙尾，當值為 1 代表單尾傳回機率 P(T > t)；值為 2 代表雙尾，傳回機率 P(T > t) 及 P(T < −t) 之和，並且函數中 x 值不得鍵入負數。由於 t 分佈是對稱於 0，所以不會造成問題。

TDIST (12.706, 1, 1) = P(T > 12.706) = 0.025。

TDIST (12.706, 1, 2) = P(T < −12.706) + P(T > 12.706)

$$= 2 \times 0.025 = 0.05。$$

## 二、兩個母群體平均數差的假設檢定

欲檢定某校公衛系大一男同學的身高平均數與大一女同學的身高平均數是否相等？

㈠假設兩個母群體變異數已知：男同學 21 人，$\sigma^2_{男} = 25 \, cm^2$，女同學 25 人，$\sigma^2_{女} = 23 \, cm^2$，檢定 $H_0 : \mu_{男} = \mu_{女}$，$H_a : \mu_{男} \neq \mu_{女}$。

1.求取 z 值：

(1)選取【工具】，【資料分析】，【z 檢定：兩個母體平均數差異檢定】，可得下圖：

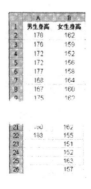
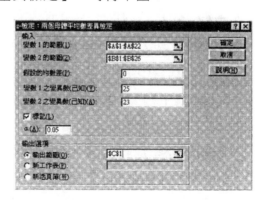

在對話盒中，

【變數 1 的範圍】輸入大一男生的身高資料 A1 至 A22。

【變數 2 的範圍】輸入大一女生的身高資料 B1 至 B26。

【假設的均數差】輸入 0（因為假設男及女平均身高無差別）。

【變數 1 之變異數（已知）】輸入 25（男同學）。

【變數 2 之變異數（已知）】輸入 23（女同學）。

勾選【標記】。

【α】（顯著水準）輸入 0.05。

【輸出範圍】輸入同一工作表上的任一儲存格，此例填入 C1（亦可選擇新工作表）。

(2)執行以上選項後可得如下結果：

| | C | D | E |
|---|---|---|---|
| 1 | z 檢定：兩個母體平均數差異檢定 | | |
| 2 | | | |
| 3 | | 男生身高 | 女生身高 |
| 4 | 平均數 | 173.2380952 | 159.8 |
| 5 | 已知的變異數 | 25 | 23 |
| 6 | 觀察值個數 | 21 | 25 |
| 7 | 假設的均數差 | 0 | |
| 8 | z | 9.250122543 | |
| 9 | P(Z<=z) 單尾 | 0 | |
| 10 | 臨界值：單尾 | 1.644853476 | |
| 11 | P(Z<=z) 雙尾 | 0 | |
| 12 | 臨界值：雙尾 | 1.959962787 | |

2.結論：

由以上資料可得 z 值等於 9.250122543，大於雙尾時的臨界值，p 值等於 0，因此棄卻 $H_0$，即大一男同學身高平均數不等於大一女同學身高平均數。

㈡假設兩個母群體變異數未知，且 $\sigma^2_{\text{男}}=\sigma^2_{\text{女}}$，檢定 $H_0：\mu_{\text{男}}$ $=\mu_{\text{女}}$，$H_a：\mu_{\text{男}}\neq\mu_{\text{女}}$。

1.求取 t 值：

(1)選取【工具】，【資料分析】，【t 檢定：兩個母體平均數差的檢定，假設變異數相等】，可得下圖：

在對話盒中，

【變數 1 的範圍】輸入大一男生的身高資料 A1 至 A22。

【變數 2 的範圍】輸入大一女生的身高資料 B1 至 B26。

【假設的均數差】輸入 0（因為假設男及女身高平均數無差別）。

勾選【標記】。

在【α】（顯著水準）輸入 0.05。

在【輸出範圍】輸入同一工作表上的任一儲存格，此例填入 C1（亦可選擇新工作表）。

(2)執行以上選項後可得如下結果：

| | C | D | E |
|---|---|---|---|
| 1 | t 檢定：兩個母體平均數差的檢定，假設變異數相等 | | |
| 2 | | | |
| 3 | | 男生身高 | 女生身高 |
| 4 | 平均數 | 173.2380952 | 159.8 |
| 5 | 變異數 | 24.29047619 | 23.41666667 |
| 6 | 觀察值個數 | 21 | 25 |
| 7 | Pooled 變異數 | 23.81385281 | |
| 8 | 假設的均數差 | 0 | |
| 9 | 自由度 | 44 | |
| 10 | t 統計 | 9.30301279 | |
| 11 | P(T<=t) 單尾 | 2.95428E-12 | |
| 12 | 臨界值：單尾 | 1.680230071 | |
| 13 | P(T<=t) 雙尾 | 5.90856E-12 | |
| 14 | 臨界值：雙尾 | 2.0153675 | |

*2.*結論：

　　由以上資料可得 t 值等於 9.30301279，大於雙尾時的臨界值，p 值小於 0.05，棄卻 $H_0$，即大一男同學身高平均數不等於大一女同學身高平均數。

(三)假設兩個母群體變異數未知，且 $\sigma^2_{男} \neq \sigma^2_{女}$，檢定 $H_0 : \mu_{男} = \mu_{女}$，$H_a : \mu_{男} \neq \mu_{女}$。

*1.*求取 t 值：

(1)選取【工具】，【資料分析】，【t 檢定：兩個母體平均數差的檢定，假設變異數不相等】，可得下圖：

在對話盒中，

【變數 1 的範圍】輸入大一男生的身高資料 A1 至 A22。

【變數 2 的範圍】輸入大一女生的身高資料 B1 至 B26。

【假設的均數差】輸入 0（因為假設男及女身高平均數無差別）。

勾選【標記】。

【α】（顯著水準）輸入 0.05。

【輸出範圍】輸入同一工作表上的任一儲存格，此例填入 C1（亦可選擇新工作表）。

(2)執行以上選項後可得如下結果：

|  | C | D | E |
|---|---|---|---|
| 1 | t 檢定：兩個母體平均數差的檢定，假設變異數不相等 | | |
| 2 | | | |
| 3 | | 男生身高 | 女生身高 |
| 4 | 平均數 | 173.2380952 | 159.8 |
| 5 | 變異數 | 24.29047619 | 23.41666667 |
| 6 | 觀察值個數 | 21 | 25 |
| 7 | 假設的均數差 | 0 | |
| 8 | 自由度 | 42 | |
| 9 | t 統計 | 9.287870854 | |
| 10 | P(T<=t) 單尾 | 4.85454E-12 | |
| 11 | 臨界值：單尾 | 1.681951289 | |
| 12 | P(T<=t) 雙尾 | 9.70908E-12 | |
| 13 | 臨界值：雙尾 | 2.018082341 | |

2.結論：

由以上資料可得 t 值等於 9.287870854，大於雙尾臨界值，p 值小於 0.05，棄卻 $H_0$，即大一男同學身高平均數不等於大一女同學身高平均數。

## 三、配對樣本下兩母群體平均數差的假設檢定

比較某校公衛系 21 位男同學在大一時的體重平均數與在大四時的體重平均數是否相等？即 $H_0：\mu_{大一}＝\mu_{大四}$，$H_a：$

$\mu_{大一} \neq \mu_{大四}$。

*1.*求取 t 值：

(1)選取【工具】，【資料分析】，【t 檢定：成對母
體平均數差異檢定】，可得下圖：

在對話盒中，

【變數 1 的範圍】輸入大一男生的體重資料 A1 至
A22。

【變數 2 的範圍】輸入大一女生的體重資料 B1 至
B22。

【假設的均數差】輸入 0（因為假設男及女身高平
均數無差別）。

勾選【標記】。

【α】（顯著水準）輸入 0.05。

【輸出範圍】輸入同一工作表上的任一儲存格，此
例填入 C1（亦可選擇新工作表）。

(2)執行以上選項後可得如下結果：

| | C | D | E |
|---|---|---|---|
| 1 | t 檢定：成對母體平均數差異檢定 | | |
| 2 | | | |
| 3 | | 大一體重 | 大四體重 |
| 4 | 平均數 | 63.38095238 | 65.57142857 |
| 5 | 變異數 | 121.847619 | 111.3571429 |
| 6 | 觀察值個數 | 21 | 21 |
| 7 | 皮耳森相關係數 | 0.933785808 | |
| 8 | 假設的均數差 | 0 | |
| 9 | 自由度 | 20 | |
| 10 | t 統計 | -2.536447601 | |
| 11 | P(T<=t) 單尾 | 0.009819994 | |
| 12 | 臨界值：單尾 | 1.724718004 | |
| 13 | P(T<=t) 雙尾 | 0.019639988 | |
| 14 | 臨界值：雙尾 | 2.085962478 | |

2.結論：

由以上資料可得 t 值等於 $-2.536447601$，p 值為 $0.019639988$，p 值小於 0.05，棄卻 $H_0$，即男同學在大一時的體重與在大四時的體重平均數不相等。

## 四、兩個母群體變異數比值的假設檢定

如欲檢定某校公衛系大一男同學與大一女同學身高變異數是否相等？即 $H_0 : \sigma^2_{\text{男}} = \sigma^2_{\text{女}}$，$H_a : \sigma^2_{\text{男}} \neq \sigma^2_{\text{女}}$。

1.求取 F 值：

(1)選取【工具】，【資料分析】，【F 檢定：兩個常態母體變異數的檢定】，可得下圖：

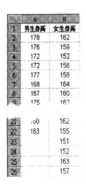
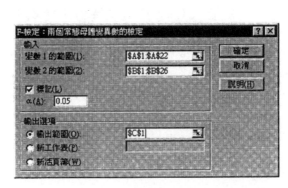

在對話盒中，

【變數 1 的範圍】輸入大一男生的身高資料 A1 至 A22。

【變數 2 的範圍】輸入大一女生的身高資料 B1 至 B26。

勾選【標記】。

【α】水準輸入 0.05。

【輸出範圍】輸入同一工作表上的任一儲存格，此例填入 C1（亦可選擇新工作表）。

(2)執行以上選項後可得如下結果：

| | C | D | E |
|---|---|---|---|
| 1 | F 檢定：兩個常態母體變異數的檢定 | | |
| 2 | | | |
| 3 | | 男生身高 | 女生身高 |
| 4 | 平均數 | 173.2380952 | 159.8 |
| 5 | 變異數 | 24.29047619 | 23.41666667 |
| 6 | 觀察值個數 | 21 | 25 |
| 7 | 自由度 | 20 | 24 |
| 8 | F | 1.037315709 | |
| 9 | P(F<=f) 單尾 | 0.461086336 | |
| 10 | 臨界值：單尾 | 2.026663282 | |

2.結論：

由以上資料可得 F 值等於 1.037315709，小於『臨界值：單尾』之 2.02663282，p 值為 0.461086336 大於 0.05，無法棄卻 $H_0$，即大一男同學身高變異數等於大一女同學身高變異數。

# 練習九：利用 Excel 進行卡方檢定

## 一、適合度檢定

例：甲地區人民的血型分布爲 45%屬於 A 型，40%屬於 O 型，AB 型或 B 型則共佔 15%，現有 100 人其血型分布爲 A(43 人)，O(39 人)，AB 或 B(18 人)，試檢定此 100 人的血型分布是否與甲地區人民的血型一致？

$H_0$：此 100 人的血型分布與甲地區人民的血型分布一致，$H_a$：此 100 人的血型分布與甲地區人民的血型分布不一致。

1. 在 B1 輸入「觀測次數」；在 A2 輸入「A」，在 A3 輸入「O」，在 A4 輸入「AB 或 B」，在 B2 輸入「43」，在 B3 輸入「39」，在 B4 輸入「19」，在 B5 輸入「100」。

| | A | B |
|---|---|---|
| 1 | | 觀測次數 |
| 2 | A | 43 |
| 3 | O | 39 |
| 4 | AB或B | 18 |
| 5 | | 100 |

2. 在 C1 輸入「期望次數」。

3. 在 C2 輸入公式「＝B5*45/100」，在 C3 輸入公式「＝B5*40/100」，在 C4 輸入公式「＝B5*15/100」以計算期望次數。

4. 在 E1 輸入「卡方值」字樣，並在 E2 輸入公式「＝$(43-45)^2/45+(39-40)^2/40+(18-15)^2/15$」此公式代表的是：$\chi^2 = \Sigma\{(O-E)^2/E\}$。可以算出$\chi^2$值等於 0.713888889。並利用函數 CHIDIST(x,deg_freedom)求卡方值的機率，輸入公式「＝CHIDIST(0.713888889, 2)」得 0.699811375。函數 CHIDIST(x, deg_freedom)

傳回右單尾的累積機率，其中 x 為所給定的卡方值，deg_freedom 則為卡方分布的自由度。

5. 亦可在 F1 輸入「p 值」字樣，並在 F2 輸入公式「＝CHITEST (B2: B4, C2:C4)」，可以算出 p 值等於 0.699811375。函數 CHITEST(actual_range, expected_range)，可傳回此卡方檢定的結果，即 p 值。其中 actual_range 為用來進行此卡方檢定的觀測次數所在的儲存格範圍，expected_range 則為期望次數所在的儲存格範圍。

| | A | B | C | D | E | F |
|---|---|---|---|---|---|---|
| 1 | | 觀測次數 | 期望次數 | | 卡方值 | p值 |
| 2 | A | 43 | 45 | | 0.713888889 | 0.699811375 |
| 3 | O | 39 | 40 | | | |
| 4 | AB或B | 18 | 15 | | | |
| 5 | | 100 | | | | |

## 二、獨立性檢定

(一) 2×2 列聯表

例：比較兩種預防頭部傷害患者早期癲癇發作的藥劑 A 與 B，在產生有害反應上，是否有差異時，資料整理成列聯表如下：

$H_0$：藥劑種類與發生有害反應無關，

$H_a$：藥劑種類與發生有害反應有關。

| | A | B | C | D |
|---|---|---|---|---|
| 1 | 觀測次數 | | | |
| 2 | | 是 | 否 | 總計 |
| 3 | A | 10 | 37 | 47 |
| 4 | B | 7 | 38 | 45 |
| 5 | 總計 | 17 | 75 | 92 |

1. 在 G3 鍵入「＝D3*B5/D5」，在 H3 鍵入「＝D3*C5/D5」。

在 G4 鍵入「＝D4*B5/D5」，在 H4 鍵入「＝D4*C5/D5」。

2.在 G5 鍵入「＝ G3 ＋ G4」，在 H5 鍵入「＝ H3 ＋ H4」。

在 I3 鍵入「＝ G3 ＋ H3」，在 I4 鍵入「＝ G4 ＋ H4」。

3.在 K1 輸入「卡方值」，並在 K2 輸入公式「＝(B3 － G3)^2/G3 ＋(C3 － H3)^2/H3 ＋(B4 － G4)^2/G4 ＋(C4 － H4)^2/H4」。

可以算出 $\chi^2$ 值等於 0.499503。

4.在 L1 輸入「p值」，並在 L2 輸入公式「＝CHITEST (B3:C4,G3:H4)」，

可以算出 p 值等於 0.479719。

| | F | G | H | I | J | K | L |
|---|---|---|---|---|---|---|---|
| 1 | 期望次數 | | | | | 卡方值 | p值 |
| 2 | | 是 | 否 | 總計 | | 0.499503 | 0.479719 |
| 3 | A | 8.684783 | 38.31522 | 47 | | | |
| 4 | B | 8.315217 | 36.68478 | 45 | | | |
| 5 | 總計 | 17 | 75 | 92 | | | |

(二) r×c 列聯表

　　例：某校公衛系大四同學資料，性別與喜歡公衛程度是否有關聯？

　　$H_0$：性別與喜歡公衛程度無關，

　　$H_a$：性別與喜歡公衛程度有關。

| | A | B | C |
|---|---|---|---|
| 1 | ID | 性別 | 喜歡公衛程度 |
| 2 | 1 | 男 | 喜歡 |
| 3 | 2 | 男 | 普通 |
| 4 | 3 | 男 | 不喜歡 |
| 5 | 4 | 女 | 不喜歡 |
| 6 | 5 | | |
| 42 | 41 | 女 | 喜歡 |
| 43 | 42 | 女 | 普通 |
| 44 | 43 | 男 | 普通 |
| 45 | 44 | 男 | 普通 |
| 46 | 45 | 女 | 普通 |
| 47 | 46 | 女 | 普通 |

*1.*計算觀測次數

　(1)選取【資料】，【樞紐分析表及圖報表】。

　(2)可利用樞紐分析的技巧得到下表，有關樞紐分析的
　　使用，請參考 Excel 使用手冊。

| | A | B | C | D | E |
|---|---|---|---|---|---|
| 1 | 計數 的ID | 喜歡公衛程度 ▾ | | | |
| 2 | 性別 ▾ | 不喜歡 | 喜歡 | 普通 | 總計 |
| 3 | 女 | 3 | 8 | 14 | 25 |
| 4 | 男 | 3 | 7 | 11 | 21 |
| 5 | 總計 | 6 | 15 | 25 | 46 |

*2.*$\chi^2$ 檢定

　(1)先分別進行以下輸入：

　　G2 輸入【性別】，G3 輸入【女】，G4 輸入
　　【男】，G5 輸入【總計】，H1 輸入【期望次
　　數】，H2 輸入【不喜歡】，I2 輸入【喜歡】，J2
　　輸入【普通】，K2 輸入【總計】。

| | G | H | I | J | K |
|---|---|---|---|---|---|
| 1 | | 期望次數 | | | |
| 2 | 性別 | 不喜歡 | 喜歡 | 普通 | 總計 |
| 3 | 女 | | | | |
| 4 | 男 | | | | |
| 5 | 總計 | | | | |

　(2)在 H3 輸入公式「＝$E3*B$5/$E$5」並複製至 I3、
　　J3、H4、I4、J4，K3 鍵入「＝ H3＋I3＋J3」，K4
　　鍵入「＝ H4＋I4＋J4」，H5 鍵入「＝ H3 ＋
　　H4」，I5 鍵入「＝ I3＋I4」，J5 鍵入「＝ J3＋
　　J4」，K5 鍵入「＝ K3＋K4」。

　　可得以下數值（即期望次數及總計）：

| | G | H | I | J | K |
|---|---|---|---|---|---|
| 1 | | 期望次數 | | | |
| 2 | 性別 | 不喜歡 | 喜歡 | 普通 | 總計 |
| 3 | 女 | 3.26087 | 8.152174 | 13.58696 | 25 |
| 4 | 男 | 2.73913 | 6.847826 | 11.41304 | 21 |
| 5 | 總計 | 6 | 15 | 25 | 46 |

(3)選取 A7 之作用儲存格，或工作表上任一儲存格。

(4) 選取【插入】，【函數】，【統計】，【CHIT-EST】。

在對話盒中，

在【Actual_range】輸入 B3：D4。

在【Exepected_range】輸入 H3：J4。

由底下可直接預覽計算結果，按下【確定】，可在 A7 得到卡方機率值等於 0.961057888。

(5)結果討論：

由於卡方機率值等於 0.961057888，大於顯著水準 0.05，所以我們說某校公衛系大四學生，男女喜歡公衛程度一致。

## 三、McNemar's 檢定

例：有關某校公衛系 46 位同學的資料中，當在大一時詢問此46位同學是否有男女朋友，經過4年大學生涯之後，在畢業前又重新詢問此 46 位同學是否有男女朋友，我們想要知道，大學 4 年對有無男女朋友的狀況是否有改變？

$H_0$：4 年大學生涯對有無男女朋友的狀況未變，也就是無關，$H_a$：4 年大學生涯對有無男女朋友的狀況改變，也就是有關。

| | A | B | C |
|---|---|---|---|
| 1 | 編號 | 大一有無男女朋友 | 大四有無男女朋友 |
| 2 | 1 | NO | NO |
| 3 | 2 | YES | NO |
| 4 | 3 | YES | YES |
| 5 | 4 | NO | YES |
| 6 | 5 | YES | YES |
| 7 | 6 | YES | YES |
| 8 | 7 | NO | YES |
| 9 | 8 | NO | YES |
| | | | |
| 40 | 39 | NO | YES |
| 41 | 40 | NO | NO |
| 42 | 41 | NO | NO |
| 43 | 42 | NO | NO |
| 44 | 43 | NO | YES |
| 45 | 44 | NO | YES |
| 46 | 45 | YES | YES |
| 47 | 46 | YES | YES |

1. 選取 A1：C47。資料來源自書中表 3.1 及表 3.2。
2. 選取【資料】，【樞紐分析表及圖報表】，【EXCEL
   清單資料庫】藉樞紐分析表可得下表：

| 計數/編號 | 大四有無男女用友 ▾ | | 總計 |
|---|---|---|---|
| 大一有無男女朋友 ▾ | NO | YES | 總計 |
| NO | 12 | 18 | 30 |
| YES | 2 | 14 | 16 |
| 總計 | 14 | 32 | 46 |

3. 在 E8 輸入「觀測次數」；在 E9 輸入「卡方值」；在
   E10 輸入「p 值」；F7 輸入「Yes→No」；在 G7 輸
   入「No→Yes」。

| | 計數/編號 | 大四有無男女朋友 ▾ | | |
|---|---|---|---|---|
| | 大一有無男女朋友 ▾ | NO | YES | 總計 |
| | NO | 12 | 18 | 30 |
| | YES | 2 | 14 | 16 |
| | 總計 | 14 | 32 | 46 |
| | | | | |
| | | Yes→No | No→Yes | |
| | 觀測次數 | 2 | 18 | |
| | 卡方值 | 11.25 | | |
| | p值 | 0.00079623 | | |

4. 在 F8 輸入「2」，因為 YES→NO。
   在 G8 輸入「18」，因為 NO→YES。
   在 F9 輸入公式「＝〔（ABS(F8 － G8)－ 1）^2〕/
   （F8 ＋ G8）」。函數 ABS(x)可傳回數值 x 的絕對
   值。
5. 計算結果，得 $\chi^2$ 值等於 11.25，在 F10 輸入公式「＝
   CHIDIST(11.25,1)」得 p 值等於 0.00079623，
   其 p 值遠小於 0.05，代表棄卻 $H_0$，也就是說 4 年大學
   生涯改變了有無男女朋友的狀況。

# 練習十：利用 Excel 進行單向變異數分析

## 一、單向變異數分析

例：某校公衛系大四學生，依據「是否喜歡公衛系」可將其分為三組，分別為「喜歡」、「普通」、「不喜歡」，試檢定此三組學生身高平均數是否有差異？

$H_0$：三組學生身高平均數相等，

$H_a$：三組學生身高平均數不全相等

1. 選取【工具】，【資料分析】，【單因子變異數分析】，可得下圖：

在對話盒中，

在【輸入範圍】輸入喜歡、普通、不喜歡三組學生身高資料的儲存格範圍，本例是 A1 至 C26（或用滑鼠拖曳），資料範圍中有未含資料的儲存格，但並不影響結果。

在【分組方式】點選【逐欄】。然後勾選【類別軸標記是在第一列上】。

在【α】（顯著水準）輸入 0.05 預設值。

在【輸出範圍】輸入在同一工作表中的任一儲存格，這裡鍵入 D1，亦可選擇新工作表或新活頁簿來貼我們的輸出資料。

*2.* 執行以上選項後可得以下結果：

| | D | E | F | G | H | I | J |
|---|---|---|---|---|---|---|---|
| 1 | 單因子變異數分析 | | | | | | |
| 2 | | | | | | | |
| 3 | 摘要 | | | | | | |
| 4 | 組 | 個數 | 總和 | 平均 | 變異數 | | |
| 5 | 喜歡 | 15 | 2490 | 166 | 64.28571 | | |
| 6 | 普通 | 25 | 4149 | 165.96 | 80.45667 | | |
| 7 | 不喜歡 | 6 | 1006 | 167.6667 | 35.46667 | | |
| 8 | | | | | | | |
| 9 | | | | | | | |
| 10 | ANOVA | | | | | | |
| 11 | 變源 | SS | 自由度 | MS | F | P-值 | 臨界值 |
| 12 | 組間 | 14.9458 | 2 | 7.472899 | 0.106816 | 0.898928 | 3.214481 |
| 13 | 組內 | 3008.293 | 43 | 69.96031 | | | |
| 14 | | | | | | | |
| 15 | 總和 | 3023.239 | 45 | | | | |

*3.* 由以上變異數分析可得 F 值等於 0.106816，臨界值為 3.214；而 p 值等於 0.898928，所以大於顯著水準 0.05，因此大四學生依據「是否喜歡公衛系」，分成的三組：喜歡、普通、不喜歡，我們無法棄卻 $H_0$，代表此三組的身高平均數並沒有差異。

## 二、單向變異數分析(以課本公式輸入)

*1.* 在 J2 輸入「不喜歡」；在 J3 輸入「喜歡」；在 J4 輸入「普通」；在 J5 輸入「總平均值」；在 K1 輸入「平均值」。

*2.* 在 K2 輸入公式「＝ AVERAGE（A2：A7）」，計算不喜歡公衛系的學生，其身高平均值。

在 K3 輸入公式「＝ AVERAGE（B2：B16）」，計算喜歡公衛系的學生，其身高平均值。

在 K4 輸入公式「＝ AVERAGE(C2:C26)」，計算普通喜歡公衛系的學生，其身高平均值。

在 K5 輸入公式「＝ AVERAGE(A2:A7,B2:B16,C2:C26)」，計算全班學生之身高平均值。

*3.* 在 J7 輸入「組間」；在 J8 輸入「組內」；在 J9 輸入「總平方和」；在 K6 輸入「平方和」。

4. 組間平方和（SSB）$=\sum_i\sum_j(\bar{y}_i.-\bar{y}..)^2=\sum_i n_i(\bar{y}_i.-\bar{y}..)^2$，

　在 K7 輸入公式「$=(6*(K2-K5)^2)+(15*(K3-K5)^2)+(25*(K4-K5)^2)$」，由此算出 14.9457971，即為組間平方和。

5. 組內平方和（SSW）$=\sum_i\sum_j(\bar{y}_{ij}-\bar{y}_i.)^2$，

　(1)在 D2 輸入公式「$=（A2-\$K\$2）^2$」，並複製至 D3：D7。

　　在 E2 輸入公式「$=（B2-\$K\$3）^2$」，並複製至 E3：E16。

　　在 F2 輸入公式「$=（C2-\$K\$4）^2$」，並複製至 F3：F26。

　(2)在 K8 輸入公式「$=SUM（D2：D7,E2：E16,F2：F26）$」，將(1)中所算出的數值相加，所得的值 3008.293333，即為組內平方和。

6. 總平方和（SST）$=\sum_i\sum_j(\bar{y}_{ij}-\bar{y}..)^2$，

　(1)在 G2 輸入公式「$=（A2-\$K\$5）^2$」，並複製至 G3：G7。

　　在 H2 輸入公式「$=（B2-\$K\$5）^2$」，並複製至 H3：H16。

　　在 I2 輸入公式「$=（C2-\$K\$5）^2$」，並複製至 I3：I26。

　(2)在 K9 輸入公式「$=SUM（G2：G7,H2：H16,I2：I26）$」，將(1)中所算出的數值相加，所得的值 3023.23913，即為總平方和。

7. 在 L6 輸入「自由度」字樣；L7 輸入算式「$=3-1$」；L8 輸入算式「$=46-3$」；L9 輸入算式「$=46-1$」。

8. 在 M6 輸入「均方」字樣；在 M7 輸入公式「$=K7/2$」；在 M8 輸入公式「$=K8/43$」。

9. 在 N6 輸入「F 值」字樣；在 N7 輸入公式「＝ M7/M8」。

10. 在 O6 輸入「p 值」；O7 輸入公式「＝ FDIST(N7,L7,L8)」。

Excel 函數 FDIST (x, deg_freedom 1, deg_freedom 2)，其中 x 為 F 分布中給定的 f 值，deg_freedom 1 為分子自由度，deg_freedom 2 為分母自由度，傳回 $P(F > f)$。本例中 $P(F > 0.106816258) = 0.89892849$。

11. 以下列出本計算過程中所得的結果：

# 練習十一：利用Excel進行迴歸與相關分析

## 一、散布圖製作

以某校公衛系學生大一時的體重(X)，與大四時重新再測量後的體重(Y)為例：

1. 選取 A1：B47 大一與大四學生 46 人的體重資料。資料來自書中表 3.1 及表 3.2。

| | A | B |
|---|---|---|
| 1 | 大一體重 | 大四體重 |
| 2 | 93 | 83 |
| 3 | 65 | 66 |
| 4 | 55 | 55 |
| 5 | 48 | 48 |
| 6 | 51 | 53 |
| 7 | 64 | 68 |
| 42 | 47 | 45 |
| 43 | 48 | 48 |
| 44 | 52 | 58 |
| 45 | 70 | 73 |
| 46 | 52 | 52 |
| 47 | 48 | 48 |

2.選取【插入】，【圖表】，【圖表精靈】。

選取【XY 散佈圖】，按【下一步】。選取【標題】標籤。

【圖表標題】輸入體重散布圖。【數值X軸】輸入大一體重。【數值Y軸】輸入大四體重。選取【格線】標籤，取消勾選【主要格線】。選取【圖例】標籤，取消勾選【顯示圖例】。

經過一連串的編輯得下圖：

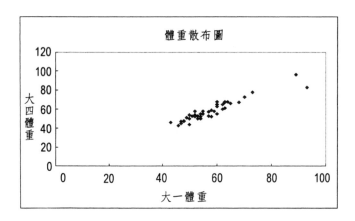

3.更改 X 及 Y 軸刻度：

(1)在X軸任一數字上，快速連按兩下滑鼠左鍵，可得【座標軸格式】，選取【刻度】標籤。將最小值設定為40。將最大值設定為95。【數值Y軸交叉於】輸入 40。

(2)在Y軸任一數字上，快速連按兩下滑鼠左鍵，同樣

可得【座標軸格式】，選取【刻度】標籤。將最小
值設定為 40。【數值 X 軸交叉於】輸入 40。

(3)最後得下圖：

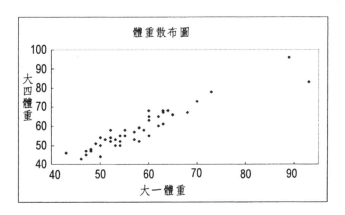

## 二、配適迴歸線製作

1.以滑鼠點選散布圖。

2.按滑鼠右鍵，選取【加上趨勢線】，選取【線性】。

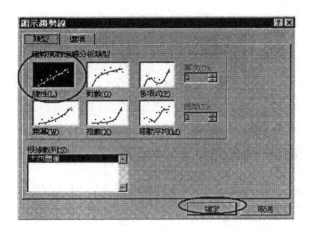

*3.* 可得下圖：

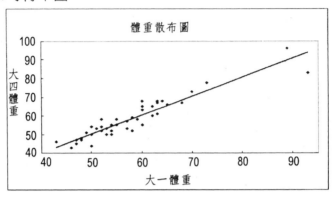

*4.* 選取【選項】，趨勢線名稱點選【自動】，勾選【圖表上顯示公式】及【圖表上顯示 R-squared 值】。

*5.* 可得下圖：

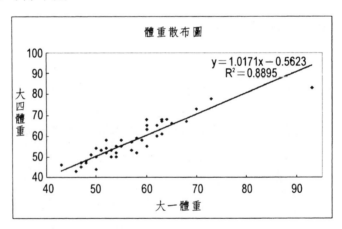

## 三、迴歸分析中的估計與檢定

*1.* 選取【工具】，【資料分析】，【迴歸】，可得下圖：

在對話盒中，

在【輸入 Y 範圍】輸入大四學生體重資料 B1：B47。

在【輸入 X 範圍】輸入大一學生體重資料 A1：A47。

勾選【標記】。【常數為零】不要勾選，除非指定截距為零。

勾選【信賴度】，並輸入 95%。

選取【新工作表】。

2. 可得下列資料及圖：

**摘要輸出**

| 迴歸統計 | |
|---|---|
| R 的倍數 | 0.943139 |
| R 平方 | 0.889511 |
| 調整的 R 平方 | 0.886999 |
| 標準誤 | 3.661235 |
| 觀察值個數 | 46 |

$r = \sqrt{r^2} = 0.9431$

$r^2 = \dfrac{SSR}{SST} = \dfrac{4748.304}{5338.109} \approx 0.8895$

**ANOVA**

| | 自由度 | SS | MS | F | 顯著值 |
|---|---|---|---|---|---|
| 迴歸 | 1 | 4748.304 | 4748.304 | 354.2283 | 1.14E−22 |
| 殘差 | 44 | 589.8043 | 13.40464 | | |
| 總和 | 45 | 5338.109 | | | |

$F = t^2 = (18.82095)^2$

| | 係數 | 標準誤 | t 統計 | P－值 | 下限 95% | 上限 95% | 下限 95.0% | 上限 95.0% |
|---|---|---|---|---|---|---|---|---|
| 截距 | -0.562267 | 3.122752 | -0.180055 | 0.857936 | -6.85576 | 5.731226 | -6.85576 | 5.731226 |
| 大一體重 | 1.017137 | 0.054043 | 18.82095 | 1.14E-22 | 0.908221 | 1.126053 | 0.908221 | 1.126053 |

| 殘差輸出 | | | | 機率輸出 | | |
|---|---|---|---|---|---|---|
| 觀察值 | 預測為大四體重 | 殘差 $Y_i - \hat{Y}_i$ | 標準化殘差 | 百分比 | 大四體重 | |
| 1 | 94.03146 | -11.0315 | -3.04709 | 1.086957 | 43 | 檢定 $H_0: \beta_1 = 0, H_a: \beta_1 \neq 0$ |
| 2 | 65.55163 | 0.448372 | 0.123848 | 3.26087 | 44 | $t = \dfrac{b_1}{s_{b1}} \approx 18.82095$; |
| 3 | 55.38026 | -0.38026 | -0.10503 | 5.434783 | 45 | F 值: |
| 4 | 48.2603 | -0.2603 | -0.0719 | 7.608696 | 46 | $F = \dfrac{MSR}{MSE} \approx 354.2283$ |
| 5 | 51.31171 | 1.688287 | 0.466336 | 9.782609 | 47 | 標準誤: |
| 6 | 64.53449 | 3.465508 | 0.957236 | 11.95652 | 47 | $S_{b0} = \sqrt{MSE}\sqrt{\dfrac{1}{n} + \dfrac{\bar{x}^2}{\Sigma(x_i - \bar{x})^2}}$ |
| 39 | 46.2603 | -1.2603 | -0.34812 | 83.69565 | 67 | |
| 40 | 48.2603 | -1.2603 | -0.34812 | 85.86957 | 68 | $= 3.12275$ |
| 41 | 47.24317 | -2.24317 | -0.6196 | 88.04348 | 68 | $S_{b1} = \dfrac{\sqrt{MSE}}{\sqrt{\sum\limits_{i=1}^{n}(x_i - \bar{x})^2}}$ |
| 42 | 48.2603 | -0.2603 | -0.0719 | 90.21739 | 68 | |
| 43 | 52.32885 | 5.671151 | 1.566475 | 92.3913 | 73 | $= 0.054$ |
| 44 | 70.63731 | 2.362687 | 0.652617 | 94.56522 | 78 | |
| 45 | 52.32885 | -0.32885 | -0.09083 | 96.73913 | 83 | |
| 46 | 48.2603 | -0.2603 | -0.0719 | 98.91304 | 96 | |

| 變異原因 | 自由度 | 平方和 | 均方 |
|---|---|---|---|
| 迴歸 | 1 | $SSR = \sum\limits_{i=1}^{n} (\hat{Y}_i - \bar{Y})^2$ | $MSR = \dfrac{SSR}{1}$ |
| 機差 | $n-2$ | $SSE = \sum\limits_{i=1}^{n} (Y_i - \hat{Y}_i)^2$ | $MSE = \dfrac{SSE}{n-2}$ |
| 總計 | $n-1$ | $SST = \sum\limits_{i=1}^{n} (Y_i - \bar{Y})^2$ | |

$\beta_0$ 及 $\beta_1$ 的 $100(1-\alpha)$% 信賴下,上限:

$(b_0 - t_{n-2,\ 1-\alpha/2}S_{b0},$
$\qquad b_0 + t_{n-2,\ 1-\alpha/2}S_{b0})$
$= (-6.85, 5.73),\ \alpha = 0.05$

$(b_1 - t_{n-2,\ 1-\alpha/2}S_{b1},$
$\qquad b_1 + t_{n-2,\ 1-\alpha/2}S_{b1})$
$= (0.91, 1.13),\ \alpha = 0.05$

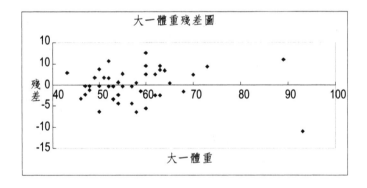

大一體重殘差圖

## 四、複迴歸

某校公衛系學生大一時的身高（$X_1$）及體重（$X_2$）與大四時重新再測量後的體重（Y）的迴歸關係。資料來自書中表 3.1 及表 3.2。

1. 選取【工具】，【資料分析】，【迴歸】，可得下圖：

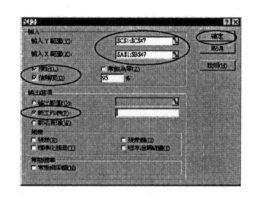

| | A | B | C |
|---|---|---|---|
| 1 | 大一身高 | 大一體重 | 大四體重 |
| 2 | 178 | 93 | 83 |
| 3 | 176 | 65 | 66 |
| 4 | 172 | 55 | 55 |
| 5 | 162 | 48 | 48 |
| 6 | 159 | 51 | 53 |
| 7 | 172 | 64 | 68 |
| 41 | 155 | 48 | |
| 42 | 151 | 47 | 45 |
| 43 | 152 | 48 | 48 |
| 44 | 160 | 52 | 58 |
| 45 | 183 | 70 | 73 |
| 46 | 163 | 52 | 52 |
| 47 | 157 | 48 | 48 |

在對話盒中，

在【輸入 Y 範圍】輸入大四體重資料 C1：C47。

在【輸入 X 範圍】輸入大一體重資料 A1：B47。

勾選【標記】。

勾選【信賴度】，並輸入 95%。

勾選【新工作表】。

2.可得下列資料：

| 摘要輸出 | |
|---|---|
| 迴歸統計 | |
| R 的倍數 | 0.950137205 |
| R 平方 | 0.902760709 |
| 調整的 R 平方 | 0.898237951 |
| 標準誤 | 3.47440444 |
| 觀察值個數 | 46 |

ANOVA

| | 自由度 | SS | MS | F | 顯著值 |
|---|---|---|---|---|---|
| 迴歸 | 2 | 4819.034788 | 2409.517394 | 199.6040381 | 1.7322E-22 |
| 殘差 | 43 | 519.0739072 | 12.07148621 | | |
| 總和 | 45 | 5338.108696 | | | |

| | 係數 | 標準誤 | t統計 | P-值 | 下限 95% | 上限 95% | 下限 95.0% | 上限 95.0% |
|---|---|---|---|---|---|---|---|---|
| 截距 | -28.39506399 | 11.87404459 | -2.391355681 | 0.021232788 | -52.34134065 | -4.44878733 | -52.341341 | -4.44878733 |
| 大一身高 | 0.208274372 | 0.086042515 | 2.420598366 | 0.019791428 | 0.034753222 | 0.38179552 | 0.03475322 | 0.381795522 |
| 大一體重 | 0.898936082 | 0.070814127 | 12.69430434 | 3.867E-16 | 0.756125882 | 1.04174628 | 0.75612588 | 1.041746281 |

## 五、利用 Excel 求相關係數

以下是某校公衛系學生（46人）大一與大四時的體重資料，欲計算大一體重變數與大四體重變數間的相關係數。

1. 選取【工具】，【資料分析】，【相關係數】。

   在對話盒中，

   在【輸入範圍】輸入 A1：B47（或直接以滑鼠拖曳）。

   勾選【逐欄】。

   勾選【類別軸標記是在第一列上】。

   勾選【新工作表】。

   按下【確定】。

2. 於是可得公衛系學生大一體重變數與大四體重變數間的相關係數 0.9431，

|  | 大一體重 | 大四體重 |
|---|---|---|
| 大一體重 | 1 |  |
| 大四體重 | 0.943138706 | 1 |

附錄 2

# 連加符號(Summation notation)

在統計學中，常以希臘字母$\Sigma$(sigma)來作爲連加的記號。

## 一、單下標的連加符號

設有一個變數 X，共有 N 個觀測值 $x_1$、$x_2$、$\cdots$、$x_N$，其和爲$x_1 + x_2 + \cdots + x_N$，可用$\sum\limits_{i=1}^{N}x_i$表示。其中 $\Sigma$ 爲連加符號，i 爲 x 的下標(subscript)，其值爲 1 到 N 的任一正整數，也可簡寫爲$\Sigma x_i$。

連加符號有幾個重要性質，簡述如下：

1.若 c 爲一常數，則 $\sum\limits_{i=1}^{N}c = Nc$

證：$\sum\limits_{i=1}^{N}c = \underbrace{c + c + \cdots + c}_{\text{N 個}} = Nc$

2.若 c 爲一常數，則 $\sum\limits_{i=1}^{N}cx_i = c\sum\limits_{i=1}^{N}x_i$

證：$\sum\limits_{i=1}^{N}cx_i = cx_1 + cx_2 + \cdots + cx_N$

$\quad\quad = c(x_1 + x_2 + \cdots + x_N)$

$\quad\quad = c\sum\limits_{i=1}^{N}x_i$

3. $\sum\limits_{i=1}^{N}(x_i \pm y_i \pm z_i) = \sum\limits_{i=1}^{N}x_i \pm \sum\limits_{i=1}^{N}y_i \pm \sum\limits_{i=1}^{N}z_i$

證：$\sum\limits_{i=1}^{N}(x_i \pm y_i \pm z_i) = (x_1 \pm y_1 \pm z_1) + (x_2 \pm y_2 \pm z_2) +$

$\quad\quad\quad\quad \cdots + (x_N \pm y_N \pm z_N)$

$\quad\quad\quad = (x_1 + x_2 + \cdots + x_N)$

$\quad\quad\quad \pm (y_1 + y_2 + \cdots + y_N)$

$\quad\quad\quad \pm (z_1 + z_2 + \cdots + z_N)$

$\quad\quad\quad = \sum\limits_{i=1}^{N}x_i \pm \sum\limits_{i=1}^{N}y_i \pm \sum\limits_{i=1}^{N}z_i$

【Ex1】當 $x_1 = 1$、$x_2 = 3$、$x_3 = 5$，$y_1 = 2$、$y_2 = 4$、$y_3 = 6$。

① $\sum\limits_{i=1}^{3} x_i = x_1 + x_2 + x_3 = 1 + 3 + 5 = 9$

② $\sum\limits_{i=1}^{3} x_i^2 = 1^2 + 3^2 + 5^3 = 35$

③ $\sum\limits_{i=1}^{3} 7x_i = 7\sum\limits_{i=1}^{3} x_i = 7 \times 9 = 63$

④ $\sum\limits_{i=1}^{3} (x_i + y_i) = \sum\limits_{i=1}^{3} x_i + \sum\limits_{i=1}^{3} y_i = 9 + 12 = 21$

⑤ $\sum\limits_{i=1}^{3} 7 = 7 + 7 + 7 = 21$

⑥ $(\sum\limits_{i=1}^{3} x_i)^2 = (1 + 3 + 5)^2 = 81$

⑦ $\sum\limits_{i=1}^{3} x_i y_i = (1 \times 2) + (3 \times 4) + (5 \times 6) = 44$

【Ex2】 試展開下式 $\dfrac{1}{N}\sum\limits_{i=1}^{N} x_i$。

【Ans】 $\dfrac{1}{N}\sum\limits_{i=1}^{N} x_i = \dfrac{1}{N}(x_1 + x_2 + \cdots + x_N)$

$\qquad\qquad = u$ （*母群體平均值*）

【Ex3】 求 $\sum\limits_{i=1}^{N} (x_i - u)$ 之值。

【Ans】 $\sum\limits_{i=1}^{N} (x_i - u) = \sum\limits_{i=1}^{N} x_i - \sum\limits_{i=1}^{N} u = \sum\limits_{i=1}^{N} x_i - Nu$

$\qquad$ 又 $\sum\limits_{i=1}^{N} x_i = Nu \Rightarrow \sum\limits_{i=1}^{N} (x_i - u) = 0$

【Ex4】 證 $\sum\limits_{i=1}^{N} (x_i - u)^2 = \sum\limits_{i=1}^{N} x_i^2 - \dfrac{(\sum x_i)^2}{N} = $ *平方和*(sum of squares)

【Ans】 $\sum\limits_{i=1}^{N} (x_i - u)^2 = \sum\limits_{i=1}^{N} (x_i^2 - 2x_i u + u^2)$

$$= \sum_{i=1}^{N} x_i^2 - 2u\sum_{i=1}^{N} x_i + Nu^2$$

$$= \sum_{i=1}^{N} x_i^2 - 2\frac{\sum_{i=1}^{N} x_i}{N}\ (\sum_{i=1}^{N} x_i) + N(\frac{\sum_{i=1}^{N} x_i}{N})^2$$

$$= \sum_{i=1}^{N} x_i^2 - 2\frac{(\sum_{i=1}^{N} x_i)^2}{N} + \frac{(\sum_{i=1}^{N} x_i)^2}{N}$$

$$= \sum_{i=1}^{N} x_i^2 - \frac{(\sum x_i)^2}{N}$$

## 二、雙下標的連加符號

觀測值有時候需要使用兩個下標來代表其屬性，例如以 $x_{ij}$ 代表第 i 個籃球隊中，第 j 位上場球員的身高，如果有兩個球隊，每隊各有五位上場球員，則 i = 1, 2，j = 1, …, 5，資料整理如下：

| 行 j 列 i | 1 | 2 | 3 | 4 | 5 | 列總和 | 列平均 |
|---|---|---|---|---|---|---|---|
| 1 | $x_{11} = 156$ | $x_{12} = 164$ | $x_{13} = 180$ | $x_{14} = 180$ | $x_{15} = 220$ | $x_{1\cdot} = 900$ | $\bar{x}_{1\cdot} = 180.0$ |
| 2 | $x_{21} = 170$ | $x_{22} = 180$ | $x_{23} = 180$ | $x_{24} = 180$ | $x_{25} = 181$ | $x_{2\cdot} = 891$ | $\bar{x}_{2\cdot} = 178.2$ |
| 行總和 | $x_{\cdot 1} = 326$ | $x_{\cdot 2} = 344$ | $x_{\cdot 3} = 360$ | $x_{\cdot 4} = 360$ | $x_{\cdot 5} = 401$ | $x_{\cdot\cdot} = 1791$ | |
| 行平均 | $\bar{x}_{\cdot 1} = 163$ | $\bar{x}_{\cdot 2} = 172$ | $\bar{x}_{\cdot 3} = 180$ | $\bar{x}_{\cdot 4} = 180$ | $\bar{x}_{\cdot 5} = 200.5$ | | $\bar{x}_{\cdot\cdot} = 179.1$ |

其中列總和 $= x_{i\cdot} = \sum_{j=1}^{5} x_{ij}$，列平均 $= \bar{x}_{i\cdot} = \frac{x_{i\cdot}}{5}$

行總和 $= x_{\cdot j} = \sum_{i=1}^{2} x_{ij}$，行平均 $= \bar{x}_{\cdot j} = \frac{x_{\cdot j}}{2}$

總和 $= x_{\cdot\cdot} = \sum_{i=1}^{2}\sum_{j=1}^{5} x_{ij}$，總平均 $= \bar{x}_{\cdot\cdot} = \frac{x_{\cdot\cdot}}{10} = \frac{1}{10}\sum_{i=1}^{2}\sum_{j=1}^{5} x_{ij}$

【Ex5】試求 $\sum_{i=1}^{2}\sum_{j=1}^{5}(x_{ij} - \bar{x}_{i\cdot})^2$ 之值。

【Ans】 $\sum_{i=1}^{2}\sum_{j=1}^{5}(x_{ij} - \bar{x}_{i\cdot})^2$

$$= (x_{11} - \overline{x}_1 .)^2 + (x_{12} - \overline{x}_1 .)^2 + (x_{13} - \overline{x}_1 .)^2$$
$$+ (x_{14} - \overline{x}_1 .)^2 + (x_{15} - \overline{x}_1 .)^2 + (x_{21} - \overline{x}_2 .)^2$$
$$+ (x_{22} - \overline{x}_2 .)^2 + (x_{23} - \overline{x}_2 .)^2 + (x_{24} - \overline{x}_2 .)^2$$
$$+ (x_{25} - \overline{x}_2 .)^2$$
$$= (156 - 180)^2 + (164 - 180)^2 + (180 - 180)^2 +$$
$$(180 - 180)^2 + (220 - 180)^2 + (170 - 178.2)^2 +$$
$$(180 - 178.2)^2 + (180 - 178.2)^2 + (180 - 178.2)^2$$
$$+ (181 - 178.2)^2$$
$$= 576 + 256 + 1600 + 67.24 + 3.24 + 3.24 + 3.24$$
$$+ 7.84$$
$$= 2516.8$$

【Ex6】試求 $\sum\limits_{i=1}^{2}\sum\limits_{j=1}^{5} (\overline{x}_i . - \overline{x} ..)^2$ 之值。

【Ans】 $\sum\limits_{i=1}^{2}\sum\limits_{j=1}^{5} (\overline{x}_i . - \overline{x} ..)^2$

$$= \sum\limits_{i=1}^{2} 5(\overline{x}_1 . - \overline{x} ..)^2$$
$$= 5 \left[ (\overline{x}_1 . - \overline{x} ..)^2 + (\overline{x}_2 . - \overline{x} ..)^2 \right]$$
$$= 5 \left[ (180 - 179.1)^2 + (178.2 - 179.1)^2 \right]$$
$$= 5(0.81 + 0.81)$$
$$= 8.1$$

【Ex7】試求 $\sum\limits_{i=1}^{2}\sum\limits_{j=1}^{5} (x_{ij} - \overline{x} ..)^2$ 之值。

【Ans】 $\sum\limits_{i=1}^{2}\sum\limits_{j=1}^{5} (x_{ij} - \overline{x} ..)^2$

$$= (x_{11} - \overline{x} ..)^2 + (x_{12} - \overline{x} ..)^2 + (x_{13} - \overline{x} ..)^2 +$$
$$(x_{14} - \overline{x} ..)^2 + (x_{15} - \overline{x} ..)^2 + (x_{21} - \overline{x} ..)^2 +$$
$$(x_{22} - \overline{x} ..)^2 + (x_{23} - \overline{x} ..)^2 + (x_{24} - \overline{x} ..)^2 +$$
$$(x_{25} - \overline{x} ..)^2$$

$$= (156 - 179.1)^2 + (164 - 179.1)^2 + (180 - 179.1)^2$$
$$+ (180 - 179.1)^2 + (220 - 179.1)^2 + (170 - 179.1)^2$$
$$+ (180 - 179.1)^2 + (180 - 179.1)^2 + (180 - 179.1)^2$$
$$+ (181 - 179.1)^2$$

$$= 533.61 + 228.01 + 0.81 + 0.81 + 1672.81 +$$
$$82.81 + 0.81 + 0.81 + 0.81 + 3.61$$

$$= 2524.9$$

我們發覺 $\displaystyle\sum_{i=1}^{2}\sum_{j=1}^{5} (x_{ij} - \bar{x}..)^2$

$$= \sum_{i=1}^{2}\sum_{j=1}^{5} (x_{ij} - \bar{x}_i.)^2 + \sum_{i=1}^{2}\sum_{j=1}^{5} (\bar{x}_i. - \bar{x}..)^2$$

即 $2524.9 = 2516.8 + 8.1$

附錄 3

習題解答

## 第一章習題解答

*1.*詳見課本內容。

*2.*類別尺度。

*3.*等比尺度。

*4.*詳見課本內容。

*5.*詳見課本內容。

## 第二章習題解答

*1.*詳見課本內容。

*2.*詳見課本內容。

*3.*詳見課本內容。

*4.*詳見課本內容。

*5.*詳見課本內容。

*6.*自變數爲音樂治療法，反應變數爲癌症病患憂鬱程度。

*7.*詳見課本內容。

## 第三章習題解答

*1.*全距＝ 50 公斤，組數＝ 7，組寬＝ 8

| 組限 | 組界 | 次數 | 相對次數 | 累積次數 | 相對累積次數 |
|------|------|------|----------|----------|--------------|
| 43-50 | 42.5-50.5 | 14 | 0.30 | 14 | 0.30 |
| 51-58 | 50.5-58.5 | 15 | 0.33 | 29 | 0.63 |
| 59-66 | 58.5-66.5 | 12 | 0.26 | 41 | 0.89 |
| 67-74 | 66.5-74.5 | 3 | 0.07 | 44 | 0.96 |
| 75-82 | 74.5-82.5 | 0 | 0 | 44 | 0.96 |
| 83-90 | 82.5-90.5 | 1 | 0.02 | 45 | 0.98 |
| 91-98 | 90.5-98.5 | 1 | 0.02 | 46 | 1.00 |
| | | 46 | | | |

2.自行製作。

3.自行製作次數直方圖。

| 組限 | 組界 | 次數 |
|---|---|---|
| 40-47 | 39.5-47.5 | 5 |
| 48-55 | 47.5-55.5 | 20 |
| 56-63 | 55.5-63.5 | 14 |
| 64-71 | 63.5-71.5 | 4 |
| 72-79 | 71.5-79.5 | 1 |
| 80-87 | 79.5-87.5 | 0 |
| 88-95 | 87.5-95.5 | 2 |

4.自行製作次數直方圖。

| 組限 | 組界 | 次數 |
|---|---|---|
| 40-46 | 39.5-46.5 | 2 |
| 47-53 | 46.5-53.5 | 18 |
| 54-60 | 53.5-60.5 | 14 |
| 61-67 | 60.5-67.5 | 7 |
| 68-74 | 67.5-74.5 | 3 |
| 75-81 | 74.5-81.5 | 0 |
| 82-88 | 81.5-88.5 | 0 |
| 89-95 | 88.5-95.5 | 2 |

5.

```
   4 | 3                              4 | 3
   4 | 6777888889                    4 | 6777888889
   5 | 000122233444    5 | 02234     5 | 0012344
   5 | 5577889         5 | 5         5 | 577889
   6 | 0000223334      6 | 000223334 6 | 0
全體 6 | 58         男   6 | 58     女
   7 | 03              7 | 03
   7 |                 7 |
   8 |                 8 |
   8 | 9               8 | 9
   9 | 3               9 | 3
```

## 第四章習題解答

*1.*和*2.*

|  | n | 算術平均數 | 中位數 | 衆數 | 變異數 | 標準差 | 變異係數 |
|---|---|---|---|---|---|---|---|
| 男 | 21 | 63.38 | 62 | 60 | 121.85 | 11.04 | 17.41 % |
| 女 | 25 | 51.48 | 50 | 48 | 22.34 | 4.73 | 9.18 % |
| 全體 | 46 | 56.91 | 54.5 | 48 | 101.99 | 10.1 | 17.75 % |

*3.*(1)甲隊：幾何平均數＝ 178.73 公分

　　　乙隊：幾何平均數＝ 179.99 公分

　　(2)甲隊：變異數＝ 0.6756（呎）$^2$

　　　　　　標準差＝ 0.822（呎）

　　　　　　變異係數＝ 13.7 %

　　　乙隊：變異數＝ 0.00056（呎）$^2$

　　　　　　標準差＝ 0.0236（呎）

　　　　　　變異係數＝ 0.39 %

*4.*(1) 45.9

　　(2) 5.1

*5.* $\bar{x} = 87.35$，$s = 11.05$

*6.* $\bar{x} = 89.35$，$s = 11.05$

*7.*詳見課本內容。

*8.*詳見課本內容。

## 第五章習題解答

*1.* S ＝｛HH, HT, TH, TT｝，樣本點爲 HH, HT, TH 及 TT，這裡 H 代表正面，T 代表反面。

*2.*(1) A∩B ＝｛(2,1)｝

　　(2) B∩C ＝｛(2,2)｝

(3) $A \cap C = \{(1,2)\}$

(4) $A \cup B = \{(1,2),(2,1),(2,2),(2,3),(2,4),(2,5),(2,6)\}$

(5) $A \cup C = \{(2,1),(1,2),(2,2),(3,2),(4,2),(5,2),(6,2)\}$

3.(1) $P(A) = \dfrac{3}{4}$

(2) $P(B) = \dfrac{1}{4}$

(3) $P(A \cap B) = \dfrac{1}{4}$

(4) $P(A \cup B) = \dfrac{3}{4}$

(5) $P(B \mid A) = \dfrac{1}{3}$

(6) $P(A \mid B) = 1$

(7) $P(A') = \dfrac{1}{4}$

(8) $P(B') = \dfrac{3}{4}$

(9)否，因為 $P(A \cap B) \neq P(A)P(B)$

(10)否，因為 $P(A \mid B)$ 及 $P(B \mid A)$ 均不為 0

4.(1) $P(A) = \dfrac{115}{200} = \dfrac{23}{40}$

(2) $P(B) = \dfrac{1}{4}$

(3) $P(A \cap B) = \dfrac{35}{200} = \dfrac{7}{40}$

(4) $P(A \mid B) = \dfrac{7}{10}$

(5) $P(B \mid A) = \dfrac{35}{115} = \dfrac{7}{23}$

(6) $P(A \cap B') = \dfrac{4}{10} = \dfrac{2}{5}$

(7) $P(A' \cap B) = \dfrac{3}{40}$

(8) $P(A' \cap B') = \dfrac{7}{20}$

5. $P(A)P(B) = \dfrac{115}{200} \times \dfrac{1}{4} \neq P(A \cap B) = \dfrac{35}{200}$ ，所以事件 A 與

事件 B 不獨立。

6. $P(D^- | T^+) = 0.9999515$, $P(D^+ | T^-) = 3.1 \times 10^{-8}$

7. 敏感度 $= 0.96$

特異性 $= 0.98$

偽陰性率 $= 1 - 0.96 = 0.04$

偽陽性率 $= 1 - 0.98 = 0.02$

## 第六章習題解答

1. (1) $u = 1.5$

(2) $\sigma^2 = 1.45$

(3) $E(X^2) = 3.7$

(4) $E(X + 3) = 4.5$

(5) $E(3X) = 4.5$

(6) $E(3X + 3) = 7.5$

(7) $Var(X + 3) = 1.45$

(8) $Var(3X) = 13.05$

(9) $Var(3X + 3) = 13.05$

(10) $E((X - u)^2) = 1.45$

(11) $E(X^2) - (E(X))^2 = 1.45$

2.和 3.

| n | x | p | | |
|---|---|---|---|---|
| | | 0.1 | 0.5 | 0.9 |
| 10 | 0 | .3487 | .0010 | .0000 |
| | 1 | .3874 | .0098 | .0000 |
| | 2 | .1937 | .0439 | .0000 |
| | 3 | .0574 | .1172 | .0000 |
| | 4 | .0112 | .2051 | .0001 |
| | 5 | .0015 | .2461 | .0015 |
| | 6 | .0001 | .2051 | .0112 |
| | 7 | .0000 | .1172 | .0574 |
| | 8 | .0000 | .0439 | .1937 |
| | 9 | .0000 | .0098 | .3874 |
| | 10 | .0000 | .0010 | .3487 |
| | $\mu$ | 1 | 5 | 9 |
| | $\sigma^2$ | 0.9 | 2.5 | 0.9 |

4. $n = 10, p = 0.1$ 時，$P(X = 8) = 3.645 \times 10^{-7}$

  $n = 10, p = 0.9$ 時，$P(X = 2) = 3.645 \times 10^{-7}$

5. $\sigma^2 = npq$ ，當 $p = 0.1$ 及 $0.9$ 時，變異數為 9

   當 $p = 0.3$ 及 $0.7$ 時，變異數為 21

   當 $p = 0.5$ 時，變異數為 25（最大）

6. $u = 4$

   (1) $P(X = 1) = 0.0733$

   (2) $P(X \geq 1) = 0.9817$

   (3) $P(X \leq 1) = 0.0916$

7.

| x | u = 1 | u = 4 | u = 7 |
|---|---|---|---|
| 0 | .3679 | .0183 | .0009 |
| 1 | .3679 | .0733 | .0064 |
| 2 | .1839 | .1465 | .0223 |
| 3 | .0613 | .1954 | .0521 |
| 4 | .0153 | .1954 | .0912 |
| 5 | .0031 | .1563 | .1277 |
| 6 | .0005 | .1042 | .1490 |
| 7 | .0001 | .0595 | .1490 |
| 8 | .0000 | .0298 | .1304 |
| 9 | .0000 | .0132 | .1014 |
| 10 | .0000 | .0053 | .0710 |
| 11 | .0000 | .0019 | .0452 |
| 12 | .0000 | .0006 | .0263 |
| 13 | .0000 | .0002 | .0142 |
| 14 | .0000 | .0001 | .0071 |
| 15 | .0000 | .0000 | .0033 |
| 16 | .0000 | .0000 | .0014 |
| 17 | | | .0006 |
| 18 | | | .0002 |
| 19 | | | .0001 |
| 20 | | | .0000 |

長條圖詳見課本內容。

8. 當 $n = 10, p = 0.1$ 時，$P(X \leq 2) = 0.9298$

當 $u = 1, P(X \leq 2) = 0.9197$

9. (1) $0.2 + 0.05 = 0.25$

(2)

| z | 0 | 1 | 2 | 3 |
|---|---|---|---|---|
| f(z) | 0.2 | 0.4 | 0.2 | 0.2 |

(3)

| x | 0 | 1 |
|---|---|---|
| f(x) | 0.45 | 0.55 |

| y | 0 | 1 | 2 |
|---|---|---|---|
| f(y) | 0.5 | 0.15 | 0.35 |

$u_x = 0.55$

$\sigma_x^2 = 0.2475$，$\sigma_x = 0.4975$

$u_y = 0.85$

$\sigma_y^2 = 0.8275$，$\sigma_y = 0.9097$

(4) $\text{Cov}(X, Y) = E(XY) - u_X u_Y$

| x \ y | 0 | 1 | 2 |
|---|---|---|---|
| 0 | 0<br>(0.2) | 0<br>(0.1) | 0<br>(0.15) |
| 1 | 0<br>(0.3) | 1<br>(0.05) | 2<br>(0.2) |

$E(XY) = 0.45$

$\text{Cov}(X, Y) = -0.0175$

(5) 否

10.(1) $E(X - Y) = E(X) - E(Y) = 1 - (-1) = 2$

$E(2X + Y) = 2E(X) + E(Y) = 2 \times 1 - 1 = 1$

(2) $\text{Var}(X - Y) = \text{Var}(X) + \text{Var}(Y) = 8$

$\text{Var}(X + Y) = \text{Var}(X) + \text{Var}(Y) = 8$

$\text{Var}(2X + Y) = \text{Var}(2X) + \text{Var}(Y) = 4\text{Var}(x) + \text{Var}(Y) = 20$

11. $\text{Var}(X + Y) = \text{Var}(X) + \text{Var}(Y) + 2\text{Cov}(X, Y)$

$= 9 + 4 + 4$

$= 17$

$\text{Var}(X - Y) = \text{Var}(X) + \text{Var}(Y) - 2\text{Cov}(X, Y)$

$= 9 + 4 - 4$

$= 9$

## 第七章習題解答

1. 0.954, 0.997

2.(1)-2

(2)-3

(3) 2.575

3. 8.8

4. 2

5. $u = 8$, $\sigma^2 = 1$

*6.* 0.7215

*7.* 0.9995, 0.9998

*8.* 0.0228

*9.* 38.3 %

*10.* 232.48 mg/100ml

*11.* 常態分布，平均數為 5，標準差為 6

*12.* 常態分布，平均數為 3，標準差為 $\sqrt{34}$

## 第八章習題解答

*1.* (1) $u = 203, \sigma = 44$

　　$P(181 \le X \le 225) = P(-0.5 \le Z \le 0.5) = 0.383$

　(2) $P(X \ge 220) = P(Z \ge 0.386) \approx 0.3498$

*2.* $P(\bar{x} < 60) = P(Z \le -4.216) = 0$

*3.* $u = 130, \sigma = 30, n = 9$

　(1) $P(\overline{X} > 150) = P(Z > 2) = 0.0228$

　(2) $P(40 < \overline{X} < 150) = P(-9 < Z < 2) = 0.9772$

　(3) $P(\overline{X} < 40) = P(Z \le -9) = 0$

*4.* $u = 25, \sigma = 8, n = 25$

　(1) $P(20 \le \overline{X} \le 30) = P(-3.125 \le \overline{X} \le 3.125) = 0.9982$

　(2) $P(\overline{X} > 40) = P(Z > 9.375) = 0$

　(3) $P(\overline{X} < 15) = P(Z \le -6.25) = 0$

*5.* $P(\overline{X}_1 - \overline{X}_2 < 5) = P(Z < 0) = 0.5$

*6.* (1) $P(\hat{p} \le 0.45) = P(Z \le -0.9) = 0.1841$

　(2) $P(\hat{p} \ge 0.6) = P(Z \ge 1.8) = 0.0359$

　(3) $P(0.52 \le \hat{p} \le 0.58) = P(0.36 \le Z \le -1.44)$

　　$= 0.9251 - 0.6406 = 0.2845$

*7.* $P(\hat{p} < 0.5) = P(Z < 0.72) = 0.7642$

*8.* $P(\hat{p}_1 - \hat{p}_2 > 0.2) = P(Z > -0.61) = 1 - 0.2709 = 0.7291$

## 第九章習題解答

1. 中年男性所構成的母群體其三酸甘油脂平均的 98 ％信賴
   下、上限為 132.03 及 151.97。
2. 中年男性所構成的母群體其三酸甘油脂平均的 98 ％信賴
   下、上限為 115.24 及 168.76。
3. $u_A - u_B$ 的 99 ％信賴區間下、上限為 $-10.80$ 及 9.98。
4. $u_A - u_B$ 的 99 ％信賴區間下、上限為 $-10.85$ 及 10.03。
5. $u_A - u_B$ 的 99 ％信賴區間下、上限為 $-4.25$ 及 3.43。
6. 此地區罹患癌症又未接受正統治療比例的 95 ％信賴區間
   下、上限為 0.369 及 0.451。
7. 男生與女生肥胖比例差的 90 ％信賴區間下、上限為 $-0.153$
   及 0.113。
8. $u_D$ 的 99 ％信賴區間下、上限為 $-4.95$ 及 $-1.75$。
9. $\sigma^2$ 的 95 ％信賴下、上限分別為 42.68 及 135.48。
   $\sigma$ 的 95 ％信賴下、上限分別為 6.53 及 11.64。
10. 兩母群體變異數比值的 90 ％信賴區間下、上限分別為
    0.3472 及 3.08。

## 第十章習題解答

1. $Z = -1.87 > Z_{0.025} = -1.96$ ，無法棄卻 $H_0$。
2. $t = -0.84 > t_{9,0.025} = -2.262$，無法棄卻 $H_0$。
3. $t = -0.109 > t_{29,0.005} = -2.756$ ，無法棄卻 $H_0$。
4. $t' = -0.108$
   $t_{28,0.005} = -2.763 < -0.108$ ，無法棄卻 $H_0$。
5. $Z = -0.276 > Z_{0.005} = -2.575$ ，無法棄卻 $H_0$。
6. $t = 0.78 < t_{30,0.995} = 2.750$ ，無法棄卻 $H_0$。
7. $t' = 0.63 < t_{15,0.975} = 2.131$，無法棄卻 $H_0$。

8. $t = -6.102 < t_{16,0.005} = -2.921$，棄卻 $H_0$。

9. $t = -6.102 < -2.583 = t_{16,0.01}$，棄卻 $H_0$。

10. $Z = -4.256 < Z_{0.025} = -1.96$，棄卻 $H_0$。

11. $Z = -0.209 > Z_{0.05} = -1.645$，無法棄卻 $H_0$。

12. $\chi^2 = 24.71 < \chi^2_{24,0.975} = 39.364$，無法棄卻 $H_0$。

13. $F = 1.035$，小於等於 0.34 及大於等於 2.98 為棄卻區，1.035 落於非棄卻區，無法棄卻 $H_0$。

## 第十一章習題解答

1.

| 實際平均數 | $\beta$ | 檢力($= 1 - \beta$) |
|---|---|---|
| 190 | 0.98761 | 0.01239 |
| 193 | 0.95 | 0.05 |
| 195 | 0.89341 | 0.10659 |
| 200 | 0.59672 | 0.40328 |
| 205 | 0.22508 | 0.77492 |

2. $\alpha = 0.1$，$n = 25$

| 實際平均數 | $\beta$ | 檢力($= 1 - \beta$) |
|---|---|---|
| 209 | 0.02753 | 0.97247 |
| 210 | 0.01707 | 0.98293 |
| 215 | 0.00091 | 0.99909 |
| 220 | 0.00002 | 0.99998 |
| 225 | 0 | 1 |

3. $\alpha = 0.05$，$n = 50$

| 實際平均數 | $\beta$ | 檢力($= 1 - \beta$) |
|---|---|---|
| 209 | 0.00198 | 0.99802 |
| 210 | 0.00078 | 0.99922 |
| 215 | 0 | 1 |
| 220 | 0 | 1 |
| 225 | 0 | 1 |

*4.* n = 21

*5.* n = 26

*6.* n = 37

*7.* n = 17

*8.* n = 10

*9.* n = 20

## 第十二章習題解答

*1.*$\chi^2 = 2.31 < 5.991 = \chi^2_{2,0.95}$，符合 1：2：1 的分離比

*2.*$\chi^2 = 0.246 < 3.841 = \chi^2_{1,0.95}$，p = 0.620

$\chi^2_{yc} = 0.078 < 3.841 = \chi^2_{1,0.95}$，p = 0.780

*3.*$\chi^2 = 6.835 > 3.841 = \chi^2_{1,0.95}$，p = 0.009

$\chi^2_{yc} = 4.946 > 3.841 = \chi^2_{1,095}$，p = 0.026

$\chi^2 = 1.11 < 3.841 = \chi^2_{1,0.95}$，p = 0.292

$\chi^2_{yc} = 0.552 < 3.841 = \chi^2_{1,0.95}$，p = 0.457

*4.*$\chi^2 = 0.079 < 5.991 = \chi^2_{2,0.95}$，p = 0.961

*5.* p = 0.569

*6.*$\chi^2 = 0.364 < 3.841 = \chi^2_{1,0.95}$

## 第十三章習題解答

*1.* 、 *2.*和 *3.*詳見本書內容。

*4.*(1) $H_0：u_A = u_B = u_C$，$H_a$：不全相等。

(2) SSW = 0.55，SSB = 3.91

| 變異原因 | 自由度 | 平方和 | 均方 | F 值 |
|---|---|---|---|---|
| 組間 | 2 | 3.91 | 1.995 | 42.5 |
| 組內 | 12 | 0.55 | 0.046 | |
| 總計 | 14 | 4.46 | | |

當α = 0.05，$F_{2,12,0.95} = 3.89 < F = 42.5$

(3) $\overline{X}_A = 1.58$，$\overline{X}_B = 0.34$，$\overline{X}_C = 0.82$，$MSE = 0.046$

$$H_0 : u_A = u_B，t = \frac{1.58 - 0.34}{\sqrt{0.046(\frac{1}{5} + \frac{1}{5})}} = \frac{1.24}{\sqrt{0.0184}} = 9.14$$

$$H_0 : u_A = u_C，t = \frac{1.58 - 0.82}{\sqrt{0.046(\frac{1}{5} + \frac{1}{5})}} = \frac{0.76}{\sqrt{0.0184}} = 5.60$$

$$H_0 : u_B = u_C，t = \frac{0.34 - 0.82}{\sqrt{0.046(\frac{1}{5} + \frac{1}{5})}} = \frac{-0.48}{\sqrt{0.0184}} = -3.54$$

$t_{12, 0.0167/2} \approx -2.804$

退燒藥 A、B、C 的藥效均不相同。

## 第十四章習題解答

*1.*詳見課本內容。

*2.*詳見課本內容。

*3.*詳見課本內容。

*4.*(1) $b_0 = 3.45$，$b_1 = 0.98$，$\hat{Y} = 3.45 + 0.98X$

(2)

| 變異原因 | 自由度 | 平方和 | 均方 | F 值 |
|---|---|---|---|---|
| 迴歸 | 1 | 3008.04 | 3008.04 | 8708.86 |
| 機差 | 44 | 15.20 | 0.3454 | |
| 總計 | 45 | 3023.24 | | |

$H_0 : \beta_1 = 0$，$H_a : \beta_1 \neq 0$

$F = \dfrac{3008.04}{0.3454} = 8708.86 > F_{1, 44, 0.95} \approx 4.08$

(3) $S_{b_0} = 1.746$，$S_{b_1} = 0.0105$，$t_{44, 0.975} \approx 2.014$，

$\beta_0$ 的 95 ％信賴上、下限為 $3.45 \pm 2.014 \times 1.746$

$\beta_1$ 的 95 ％信賴上、下限為 $0.98 \pm 2.014 \times 0.0105$

$$t = \frac{b_1}{S_{b_1}} = \frac{0.98}{0.0105} \approx 93.32$$

$$t^2 \approx 8708.62 \approx F$$

(4)當 $X = 159$ 時，$\hat{Y} = 159.3$，$S\{\hat{Y}\} = 0.113$

$\mu_{Y|X=159}$的 95％信賴上、下限爲 $159.3 \pm 2.014 \times 0.113$

(5) $r^2 = 0.9950$，$r = 0.9975$，$t = 0.9975\sqrt{\dfrac{46-2}{1-0.9975^2}}$

$= 93.63 > 2.014$

5. $OR = 4.79$，$OR$ 的 95％信賴區間爲$(-1.8842, 12.1759)$。

## 第十五章習題解答

1.詳見課本內容。

2.

| 患者編號 | 差值(d) | \|d\| | 等級 + | 等級 − |
|---|---|---|---|---|
| 1 | 1 | 1 | 1.5 | |
| 2 | −1 | 1 | | 1.5 |
| 3 | 6 | 6 | 8 | |
| 4 | 5 | 5 | 6 | |
| 5 | 5 | 5 | 6 | |
| 6 | 3 | 3 | 4 | |
| 7 | 2 | 2 | 3 | |
| 8 | 5 | 5 | 6 | |

$R_+ = 34.5$

(1) $n = 8$，$T = 7$，而 $T > \dfrac{n}{2}$，計算：

$$\sum_{i=7}^{8} \binom{8}{i}(0.5)^8 = \binom{8}{7}(0.5)^8 + \binom{8}{8}(0.5)^8$$

$$= 0.035 > \frac{0.05}{2} \text{。}$$

無法棄卻 $H_0$，即放鬆療法無法降低背部疼痛。

(2)$R^+ = 34.5$，$n = 8$，$\alpha = 0.05$，下臨界值與上臨界值分別是 3 與 33，棄卻 $H_0$，放鬆療法可降低背部疼痛。

3.

| 放鬆療法 | 等級 | 放鬆療法加上生物回饋法 | 等級 |
|:---:|:---:|:---:|:---:|
| 3 | 5.5 | 7 | 9.5 |
| 5 | 8 | 9 | 13 |
| 2 | 3.5 | 8 | 11 |
| 1 | 1.5 | 7 | 9.5 |
| 1 | 1.5 | 9 | 13 |
| 3 | 5.5 | 10 | 15 |
| 2 | 3.5 | 11 | 16 |
| 4 | 7 | 9 | 13 |
| $R_1 = 36$ | | | |

$n_1 = 8$，$n_2 = 8$，$\alpha = 0.05$，下臨界值與上臨界值分別是 49 及 87，$R_1 = 36$，棄卻 $H_0$，即兩種治療方法效果不同。

4.

| 第一組 | 第二組 | 第三組 |
|:---:|:---:|:---:|
| 12.5 | 6 | 10.5 |
| 2 | 19 | 16.5 |
| 1 | 14 | 12.5 |
| 9 | 16.5 | 4 |
| 3 | 15 | 5 |
| 10.5 | 20 | 7.5 |
| 21 | 7.5 | 18 |
| $R_1 = 59$ | $R_2 = 98$ | $R_{32} = 74$ |

$$H = \frac{12}{21(21 + 1)}(\frac{59^2}{7} + \frac{98^2}{7} + \frac{74^2}{7}) - 3(21 + 1) = 2.87$$

$\chi^2_{2, 0.95} = 5.991 > 2.87$，沒有足夠的證據棄卻 $H_0$，所以三種劑量的受試者，其平均年齡相等，無需使用 Dunn 檢定。

5.

| 病患編號 | 1 | 2 | 3 | 4 | 5 | 6 | 7 | 8 | 9 |
|---|---|---|---|---|---|---|---|---|---|
| 年齡等級 | 5 | 4 | 3 | 1 | 8 | 7 | 2 | 9 | 6 |
| 預後得分等級 | 7.5 | 4 | 7.5 | 7.5 | 1.5 | 4 | 7.5 | 4 | 1.5 |
| $d_i$ | −2.5 | 0 | −4.5 | −6.5 | 6.5 | 3 | −5.5 | 5 | 4.5 |
| $d_i^2$ | 6.25 | 0 | 20.25 | 42.25 | 42.5 | 9 | 30.25 | 25 | 20.25 |

$$r_s = 1 - \frac{6\sum\limits_{i=1}^{10} d_i^2}{9(9^2 - 1)} = -0.63$$

$$t_s = -0.63\sqrt{\frac{9-2}{1-(-0.63)^2}} = -2.15 > t_{7,0.025} = -2.365，沒$$

有足夠的證據去棄卻 $H_0$，所以病患的年齡與預後得分無

關。

# 附　表

附表 1　隨機亂數表

| | 00-04 | 05-09 | 10-14 | 15-19 | 20-24 | 25-29 | 30-34 | 35-39 | 40-44 | 45-49 |
|---|---|---|---|---|---|---|---|---|---|---|
| 1 | 17174 | 75908 | 43306 | 77061 | 97755 | 26780 | 07446 | 34836 | 47656 | 22475 |
| 2 | 26580 | 68460 | 18051 | 95528 | 78196 | 91824 | 10696 | 09283 | 06525 | 13586 |
| 3 | 24041 | 33800 | 09976 | 36785 | 11529 | 19948 | 21497 | 94665 | 54600 | 51793 |
| 4 | 74838 | 79323 | 43962 | 50531 | 30826 | 76623 | 04007 | 72395 | 03544 | 37575 |
| 5 | 72862 | 50965 | 29962 | 37114 | 73007 | 36615 | 83463 | 01021 | 56940 | 56615 |
| 6 | 82274 | 94537 | 52039 | 68725 | 06163 | 47388 | 62564 | 46097 | 71644 | 00108 |
| 7 | 77586 | 89168 | 04043 | 31926 | 83333 | 99957 | 22204 | 96361 | 79770 | 42561 |
| 8 | 17802 | 16697 | 96288 | 24603 | 36345 | 17063 | 05251 | 68206 | 71113 | 19390 |
| 9 | 10271 | 06180 | 39740 | 01903 | 01539 | 59476 | 83991 | 07954 | 83098 | 01486 |
| 10 | 07780 | 55451 | 05276 | 87719 | 42723 | 33685 | 66024 | 14236 | 96801 | 45797 |
| 11 | 05751 | 92219 | 44689 | 92084 | 10025 | 73998 | 12863 | 55026 | 09230 | 05881 |
| 12 | 14324 | 44563 | 13269 | 88172 | 47751 | 64408 | 86355 | 16960 | 72794 | 30842 |
| 13 | 12869 | 51161 | 96952 | 01895 | 35785 | 40807 | 88980 | 56656 | 88839 | 94521 |
| 14 | 36891 | 94679 | 18832 | 02471 | 98216 | 51769 | 57593 | 52247 | 65271 | 73641 |
| 15 | 22899 | 37988 | 68991 | 28990 | 87701 | 99578 | 06381 | 33877 | 45714 | 45227 |
| 16 | 58556 | 91925 | 66542 | 12852 | 57203 | 25725 | 19844 | 92696 | 56861 | 51882 |
| 17 | 08520 | 26078 | 78485 | 74072 | 60421 | 89379 | 55514 | 92898 | 17894 | 67682 |
| 18 | 31466 | 97330 | 39266 | 06800 | 32679 | 37443 | 53245 | 81738 | 73843 | 64176 |
| 19 | 43780 | 49375 | 20055 | 79095 | 79987 | 96005 | 44296 | 29004 | 25059 | 95752 |
| 20 | 15875 | 68956 | 37126 | 69074 | 68076 | 85098 | 23707 | 03965 | 52477 | 52517 |
| 21 | 22002 | 20395 | 72174 | 70897 | 00337 | 70238 | 19154 | 77878 | 33456 | 89624 |
| 22 | 28968 | 92168 | 79825 | 50945 | 99479 | 03121 | 43217 | 97297 | 47547 | 12201 |
| 23 | 19446 | 40211 | 48163 | 91237 | 78166 | 00421 | 09652 | 37508 | 75560 | 48279 |
| 24 | 98339 | 39146 | 76425 | 55658 | 60259 | 59368 | 49751 | 44492 | 99846 | 07142 |
| 25 | 42746 | 66199 | 44160 | 87627 | 31369 | 59756 | 91765 | 64760 | 46878 | 57467 |
| 26 | 25544 | 61063 | 35953 | 30319 | 61982 | 24629 | 78600 | 70075 | 64922 | 65913 |
| 27 | 22776 | 62299 | 05281 | 92046 | 98422 | 95316 | 20720 | 90877 | 01922 | 32294 |
| 28 | 22578 | 20732 | 18421 | 77419 | 75391 | 20665 | 60627 | 29382 | 37782 | 13163 |
| 29 | 51580 | 99897 | 58983 | 01745 | 37488 | 56543 | 99580 | 74823 | 80339 | 31931 |
| 30 | 63403 | 74610 | 23839 | 69171 | 52030 | 91661 | 18486 | 83805 | 62578 | 67212 |
| 31 | 77353 | 80198 | 26674 | 72839 | 09944 | 51278 | 99333 | 97341 | 87588 | 01655 |
| 32 | 68849 | 86194 | 61771 | 39583 | 40760 | 54492 | 14279 | 85621 | 67459 | 82681 |
| 33 | 50190 | 86021 | 96163 | 18245 | 58245 | 41974 | 05243 | 66966 | 07246 | 09569 |
| 34 | 91239 | 72671 | 10759 | 17927 | 38958 | 40672 | 06409 | 21979 | 87813 | 11939 |
| 35 | 23457 | 17487 | 93379 | 41738 | 87628 | 28721 | 07582 | 36969 | 09161 | 66801 |
| 36 | 60016 | 28539 | 40587 | 27737 | 50626 | 22101 | 74564 | 65628 | 11076 | 75953 |
| 37 | 37076 | 96887 | 07002 | 14535 | 70186 | 84065 | 57590 | 94324 | 14132 | 25879 |
| 38 | 66454 | 08589 | 05977 | 82951 | 77907 | 88931 | 44828 | 24952 | 68021 | 48766 |
| 39 | 14921 | 18264 | 69297 | 84783 | 83152 | 82360 | 46620 | 53243 | 56694 | 17183 |
| 40 | 79201 | 63127 | 02632 | 42083 | 23715 | 95916 | 66794 | 52598 | 84195 | 45420 |
| 41 | 73735 | 41872 | 55392 | 78688 | 46013 | 78470 | 12915 | 41744 | 27769 | 83002 |
| 42 | 67931 | 75825 | 80931 | 07475 | 06189 | 88500 | 36417 | 35724 | 65641 | 35527 |
| 43 | 40580 | 67626 | 06630 | 79770 | 08154 | 12159 | 11322 | 84871 | 53591 | 77690 |
| 44 | 44858 | 33801 | 13691 | 54744 | 55641 | 36758 | 96949 | 26400 | 00505 | 59016 |
| 45 | 84835 | 40044 | 86334 | 34812 | 35222 | 20327 | 71467 | 37874 | 51288 | 95802 |
| 46 | 88089 | 35765 | 87473 | 22457 | 56445 | 18890 | 60892 | 53132 | 87424 | 71714 |
| 47 | 64102 | 14894 | 13441 | 06584 | 23270 | 04518 | 94560 | 81582 | 69858 | 42800 |
| 48 | 62020 | 92065 | 06863 | 58852 | 84988 | 81613 | 53313 | 58765 | 27750 | 71533 |
| 49 | 36121 | 29901 | 65962 | 49271 | 09970 | 00719 | 72935 | 35598 | 53014 | 50036 |
| 50 | 73007 | 65445 | 42898 | 86105 | 55352 | 37128 | 56141 | 11222 | 16718 | 25885 |

Source: Forthofer, R. N. and Lee, E. S. (1995):" Introduction to Biostatistics: A Guide to Design, Analysis and Discovery", Academic Press, Inc., San Diego, CA.

| | 50-54 | 55-59 | 60-64 | 65-69 | 70-74 | 75-79 | 80-84 | 85-89 | 90-94 | 95-99 |
|---|---|---|---|---|---|---|---|---|---|---|
| 51 | 32220 | 61646 | 87732 | 07598 | 05465 | 68584 | 64790 | 56416 | 21824 | 61643 |
| 52 | 12782 | 34043 | 30801 | 64642 | 62329 | 85019 | 22481 | 70105 | 38254 | 57186 |
| 53 | 66400 | 03051 | 40583 | 75130 | 88348 | 50303 | 03657 | 47252 | 18090 | 35891 |
| 54 | 76763 | 78376 | 40249 | 52103 | 36769 | 53552 | 55846 | 64963 | 86763 | 67257 |
| 55 | 11767 | 46380 | 25290 | 59073 | 91662 | 89160 | 94869 | 71368 | 90732 | 33583 |
| 56 | 61292 | 87282 | 79921 | 20936 | 56304 | 81358 | 94966 | 54748 | 25865 | 48333 |
| 57 | 64169 | 56790 | 91323 | 29070 | 49567 | 86422 | 13878 | 42058 | 53470 | 22312 |
| 58 | 86741 | 20680 | 18422 | 64127 | 88381 | 27590 | 99659 | 47854 | 12163 | 41801 |
| 59 | 23215 | 07774 | 49216 | 77376 | 83893 | 37631 | 44332 | 54941 | 11038 | 09157 |
| 60 | 72324 | 05050 | 52212 | 82330 | 10707 | 92439 | 33220 | 11634 | 35942 | 09534 |
| 61 | 18209 | 60272 | 95944 | 64495 | 09247 | 61000 | 52564 | 99690 | 52055 | 70716 |
| 62 | 26568 | 12545 | 07291 | 30737 | 11449 | 36252 | 70323 | 80141 | 17833 | 48502 |
| 63 | 66895 | 34490 | 95682 | 44956 | 39491 | 54269 | 07867 | 84505 | 05578 | 91088 |
| 64 | 58908 | 21020 | 84646 | 17475 | 40539 | 62981 | 93042 | 38181 | 35279 | 21843 |
| 65 | 03091 | 10135 | 85594 | 86222 | 36342 | 07903 | 97933 | 53548 | 56768 | 77881 |
| 66 | 69948 | 54947 | 28724 | 33966 | 90529 | 16339 | 40152 | 06517 | 18221 | 53248 |
| 67 | 80774 | 71613 | 41590 | 18430 | 99863 | 70872 | 41549 | 89671 | 63628 | 82167 |
| 68 | 84702 | 95823 | 83712 | 55061 | 89773 | 63242 | 97952 | 24027 | 95176 | 95129 |
| 69 | 18067 | 54980 | 38542 | 86549 | 43966 | 92989 | 87768 | 16267 | 47616 | 63546 |
| 70 | 76825 | 11257 | 34842 | 26130 | 91870 | 37116 | 90770 | 42369 | 09614 | 16645 |
| 71 | 59759 | 28041 | 48498 | 94968 | 02759 | 29884 | 87231 | 17899 | 21157 | 91094 |
| 72 | 67377 | 59310 | 86243 | 30374 | 18340 | 58630 | 21092 | 62426 | 37022 | 40022 |
| 73 | 86655 | 18980 | 13739 | 12234 | 50705 | 68189 | 02212 | 64653 | 39716 | 29953 |
| 74 | 84073 | 53993 | 78016 | 77751 | 31457 | 18155 | 97944 | 27295 | 90526 | 57958 |
| 75 | 58999 | 77251 | 84274 | 15777 | 66045 | 84364 | 62165 | 24700 | 00055 | 06668 |
| 76 | 11308 | 03979 | 68271 | 51776 | 55915 | 67970 | 52691 | 19073 | 82178 | 66031 |
| 77 | 24585 | 78224 | 96506 | 77936 | 97772 | 65814 | 46162 | 58603 | 24666 | 49133 |
| 78 | 22369 | 34622 | 75780 | 67276 | 06726 | 07734 | 48849 | 60918 | 83256 | 17099 |
| 79 | 24914 | 45155 | 66234 | 00460 | 86700 | 72578 | 57617 | 82212 | 50104 | 34094 |
| 80 | 88320 | 48338 | 70689 | 05856 | 91247 | 29214 | 21807 | 77100 | 74896 | 24592 |
| 81 | 69848 | 33544 | 50065 | 69910 | 15783 | 76852 | 25025 | 37762 | 49049 | 21666 |
| 82 | 77987 | 45152 | 89425 | 81350 | 10697 | 90522 | 10496 | 86753 | 75366 | 83410 |
| 83 | 97709 | 78833 | 69516 | 05969 | 98796 | 60938 | 90201 | 99875 | 37430 | 87145 |
| 84 | 05209 | 88924 | 10458 | 20004 | 65788 | 91299 | 41139 | 76993 | 47040 | 15777 |
| 85 | 68616 | 23573 | 66693 | 83674 | 34890 | 57000 | 07586 | 39661 | 23774 | 50682 |
| 86 | 18260 | 40283 | 35008 | 94377 | 47286 | 93322 | 68092 | 92858 | 99829 | 59997 |
| 87 | 29121 | 89864 | 44444 | 03931 | 34222 | 49057 | 49713 | 50972 | 23191 | 29933 |
| 88 | 36834 | 59756 | 46105 | 01156 | 40367 | 50950 | 43614 | 70178 | 93359 | 77431 |
| 89 | 10757 | 21796 | 12219 | 39415 | 32020 | 04178 | 69733 | 83093 | 58039 | 74845 |
| 90 | 99465 | 88838 | 45530 | 96133 | 66529 | 57600 | 52060 | 98052 | 72613 | 32354 |
| 91 | 59157 | 66024 | 86610 | 70068 | 29879 | 30664 | 87190 | 98772 | 76243 | 62043 |
| 92 | 63489 | 17951 | 66279 | 69460 | 03659 | 53135 | 79535 | 05034 | 26052 | 75480 |
| 93 | 08723 | 61325 | 57652 | 18876 | 08976 | 51276 | 12793 | 60467 | 11655 | 04069 |
| 94 | 75883 | 23261 | 03050 | 36180 | 38486 | 47570 | 72493 | 92403 | 06412 | 10039 |
| 95 | 95560 | 45085 | 03464 | 79493 | 25121 | 04125 | 86957 | 16042 | 63551 | 40774 |
| 96 | 81329 | 74272 | 70097 | 05615 | 91212 | 73956 | 43022 | 64078 | 77377 | 14160 |
| 97 | 13536 | 31170 | 91648 | 67487 | 95149 | 17890 | 50223 | 82906 | 59466 | 01721 |
| 98 | 28778 | 55892 | 59449 | 53815 | 84565 | 62568 | 79771 | 00793 | 19324 | 10150 |
| 99 | 39757 | 44482 | 21115 | 01607 | 93177 | 26324 | 66403 | 91660 | 62073 | 34237 |
| 00 | 54595 | 87336 | 08030 | 30633 | 83752 | 04706 | 96494 | 71064 | 19061 | 84919 |

附表 2　標準常態分布的累積分布函數 P(Z≤z)

| z | .09 | .08 | .07 | .06 | .05 | .04 | .03 | .02 | .01 | .00 |
|---|---|---|---|---|---|---|---|---|---|---|
| -3.7 | .0001 | .0001 | .0001 | .0001 | .0001 | .0001 | .0001 | .0001 | .0001 | .0001 |
| -3.6 | .0001 | .0001 | .0001 | .0001 | .0001 | .0001 | .0001 | .0001 | .0002 | .0002 |
| -3.5 | .0002 | .0002 | .0002 | .0002 | .0002 | .0002 | .0002 | .0002 | .0002 | .0002 |
| -3.4 | .0002 | .0003 | .0003 | .0003 | .0003 | .0003 | .0003 | .0003 | .0003 | .0003 |
| -3.3 | .0003 | .0004 | .0004 | .0004 | .0004 | .0004 | .0004 | .0005 | .0005 | .0005 |
| -3.2 | .0005 | .0005 | .0005 | .0006 | .0006 | .0006 | .0006 | .0006 | .0007 | .0007 |
| -3.1 | .0007 | .0007 | .0008 | .0008 | .0008 | .0008 | .0009 | .0009 | .0009 | .0010 |
| -3.0 | .0010 | .0010 | .0011 | .0011 | .0011 | .0012 | .0012 | .0013 | .0013 | .0013 |
| -2.9 | .0014 | .0014 | .0015 | .0015 | .0016 | .0016 | .0017 | .0018 | .0018 | .0019 |
| -2.8 | .0019 | .0020 | .0021 | .0021 | .0022 | .0023 | .0023 | .0024 | .0025 | .0026 |
| -2.7 | .0026 | .0027 | .0028 | .0029 | .0030 | .0031 | .0032 | .0033 | .0034 | .0035 |
| -2.6 | .0036 | .0037 | .0038 | .0039 | .0040 | .0041 | .0043 | .0044 | .0045 | .0047 |
| -2.5 | .0048 | .0049 | .0051 | .0052 | .0054 | .0055 | .0057 | .0059 | .0060 | .0062 |
| -2.4 | .0064 | .0066 | .0068 | .0069 | .0071 | .0073 | .0075 | .0078 | .0080 | .0082 |
| -2.3 | .0084 | .0087 | .0089 | .0091 | .0094 | .0096 | .0099 | .0102 | .0104 | .0107 |
| -2.2 | .0110 | .0113 | .0116 | .0119 | .0122 | .0125 | .0129 | .0132 | .0136 | .0139 |
| -2.1 | .0143 | .0146 | .0150 | .0154 | .0158 | .0162 | .0166 | .0170 | .0174 | .0179 |
| -2.0 | .0183 | .0188 | .0192 | .0197 | .0202 | .0207 | .0212 | .0217 | .0222 | .0228 |
| -1.9 | .0233 | .0239 | .0244 | .0250 | .0256 | .0262 | .0268 | .0274 | .0281 | .0287 |
| -1.8 | .0294 | .0301 | .0307 | .0314 | .0322 | .0329 | .0336 | .0344 | .0351 | .0359 |
| -1.7 | .0367 | .0375 | .0384 | .0392 | .0401 | .0409 | .0418 | .0427 | .0436 | .0446 |
| -1.6 | .0455 | .0465 | .0475 | .0485 | .0495 | .0505 | .0516 | .0526 | .0537 | .0548 |
| -1.5 | .0559 | .0571 | .0582 | .0594 | .0606 | .0618 | .0630 | .0643 | .0655 | .0668 |
| -1.4 | .0681 | .0694 | .0708 | .0721 | .0735 | .0749 | .0764 | .0778 | .0793 | .0808 |
| -1.3 | .0823 | .0838 | .0853 | .0869 | .0885 | .0901 | .0918 | .0934 | .0951 | .0968 |
| -1.2 | .0985 | .1003 | .1020 | .1038 | .1056 | .1075 | .1093 | .1112 | .1131 | .1151 |
| -1.1 | .1170 | .1190 | .1210 | .1230 | .1251 | .1271 | .1292 | .1314 | .1335 | .1357 |
| -1.0 | .1379 | .1401 | .1423 | .1446 | .1469 | .1492 | .1515 | .1539 | .1562 | .1587 |
| -0.9 | .1611 | .1635 | .1660 | .1685 | .1711 | .1736 | .1762 | .1788 | .1814 | .1841 |
| -0.8 | .1867 | .1894 | .1922 | .1949 | .1977 | .2005 | .2033 | .2061 | .2090 | .2119 |
| -0.7 | .2148 | .2177 | .2206 | .2236 | .2266 | .2296 | .2327 | .2358 | .2389 | .2420 |
| -0.6 | .2451 | .2483 | .2514 | .2546 | .2578 | .2611 | .2643 | .2676 | .2709 | .2743 |
| -0.5 | .2776 | .2810 | .2843 | .2877 | .2912 | .2946 | .2981 | .3015 | .3050 | .3085 |
| -0.4 | .3121 | .3156 | .3192 | .3228 | .3264 | .3300 | .3336 | .3372 | .3409 | .3446 |
| -0.3 | .3483 | .3520 | .3557 | .3594 | .3632 | .3669 | .3707 | .3745 | .3783 | .3821 |
| -0.2 | .3859 | .3897 | .3936 | .3974 | .4013 | .4052 | .4090 | .4129 | .4168 | .4207 |
| -0.1 | .4247 | .4286 | .4325 | .4364 | .4404 | .4443 | .4483 | .4522 | .4562 | .4602 |
| -0.0 | .4641 | .4681 | .4721 | .4761 | .4801 | .4840 | .4880 | .4920 | .4960 | .5000 |

Source: Forthofer, R. N. and Lee, E. S. (1995):" Introduction to Biostatistics: A Guide to Design, Analysis and Discovery", Academic Press, Inc., San Diego, CA.

| z | .00 | .01 | .02 | .03 | .04 | .05 | .06 | .07 | .08 | .09 |
|---|---|---|---|---|---|---|---|---|---|---|
| 0.0 | .5000 | .5040 | .5080 | .5120 | .5160 | .5199 | .5239 | .5279 | .5319 | .5359 |
| 0.1 | .5398 | .5438 | .5478 | .5517 | .5557 | .5596 | .5636 | .5675 | .5714 | .5753 |
| 0.2 | .5793 | .5832 | .5871 | .5910 | .5948 | .5987 | .6026 | .6064 | .6103 | .6141 |
| 0.3 | .6179 | .6217 | .6255 | .6293 | .6331 | .6368 | .6406 | .6443 | .6480 | .6517 |
| 0.4 | .6554 | .6591 | .6628 | .6664 | .6700 | .6736 | .6772 | .6808 | .6844 | .6879 |
| 0.5 | .6915 | .6950 | .6985 | .7019 | .7054 | .7088 | .7123 | .7157 | .7190 | .7224 |
| 0.6 | .7257 | .7291 | .7324 | .7357 | .7389 | .7422 | .7454 | .7486 | .7517 | .7549 |
| 0.7 | .7580 | .7611 | .7642 | .7673 | .7704 | .7734 | .7764 | .7794 | .7823 | .7852 |
| 0.8 | .7881 | .7910 | .7939 | .7967 | .7995 | .8023 | .8051 | .8078 | .8106 | .8133 |
| 0.9 | .8159 | .8186 | .8212 | .8238 | .8264 | .8289 | .8315 | .8340 | .8365 | .8389 |
| 1.0 | .8413 | .8438 | .8461 | .8485 | .8508 | .8531 | .8554 | .8577 | .8599 | .8621 |
| 1.1 | .8643 | .8665 | .8686 | .8708 | .8729 | .8749 | .8770 | .8790 | .8810 | .8830 |
| 1.2 | .8849 | .8869 | .8888 | .8907 | .8925 | .8944 | .8962 | .8980 | .8997 | .9015 |
| 1.3 | .9032 | .9049 | .9066 | .9082 | .9099 | .9115 | .9131 | .9147 | .9162 | .9177 |
| 1.4 | .9192 | .9207 | .9222 | .9236 | .9251 | .9265 | .9279 | .9292 | .9306 | .9319 |
| 1.5 | .9332 | .9345 | .9357 | .9370 | .9382 | .9394 | .9406 | .9418 | .9429 | .9441 |
| 1.6 | .9452 | .9463 | .9474 | .9484 | .9495 | .9505 | .9515 | .9525 | .9535 | .9545 |
| 1.7 | .9554 | .9564 | .9573 | .9582 | .9591 | .9599 | .9608 | .9616 | .9625 | .9633 |
| 1.8 | .9641 | .9649 | .9656 | .9664 | .9671 | .9678 | .9686 | .9693 | .9699 | .9706 |
| 1.9 | .9713 | .9719 | .9726 | .9732 | .9738 | .9744 | .9750 | .9756 | .9761 | .9767 |
| 2.0 | .9772 | .9778 | .9783 | .9788 | .9793 | .9798 | .9803 | .9808 | .9812 | .9817 |
| 2.1 | .9821 | .9826 | .9830 | .9834 | .9838 | .9842 | .9846 | .9850 | .9854 | .9857 |
| 2.2 | .9861 | .9864 | .9868 | .9871 | .9875 | .9878 | .9881 | .9884 | .9887 | .9890 |
| 2.3 | .9893 | .9896 | .9898 | .9901 | .9904 | .9906 | .9909 | .9911 | .9913 | .9916 |
| 2.4 | .9918 | .9920 | .9922 | .9925 | .9927 | .9929 | .9931 | .9932 | .9934 | .9936 |
| 2.5 | .9938 | .9940 | .9941 | .9943 | .9945 | .9946 | .9948 | .9949 | .9951 | .9952 |
| 2.6 | .9953 | .9955 | .9956 | .9957 | .9959 | .9960 | .9961 | .9962 | .9963 | .9964 |
| 2.7 | .9965 | .9966 | .9967 | .9968 | .9969 | .9970 | .9971 | .9972 | .9973 | .9974 |
| 2.8 | .9974 | .9975 | .9976 | .9977 | .9977 | .9978 | .9979 | .9979 | .9980 | .9981 |
| 2.9 | .9981 | .9982 | .9982 | .9983 | .9984 | .9984 | .9985 | .9985 | .9986 | .9986 |
| 3.0 | .9987 | .9987 | .9987 | .9988 | .9988 | .9989 | .9989 | .9989 | .9990 | .9990 |
| 3.1 | .9990 | .9991 | .9991 | .9991 | .9992 | .9992 | .9992 | .9992 | .9993 | .9993 |
| 3.2 | .9993 | .9993 | .9994 | .9994 | .9994 | .9994 | .9994 | .9995 | .9995 | .9995 |
| 3.3 | .9995 | .9995 | .9995 | .9996 | .9996 | .9996 | .9996 | .9996 | .9996 | .9997 |
| 3.4 | .9997 | .9997 | .9997 | .9997 | .9997 | .9997 | .9997 | .9997 | .9997 | .9998 |
| 3.5 | .9998 | .9998 | .9998 | .9998 | .9998 | .9998 | .9998 | .9998 | .9998 | .9998 |
| 3.6 | .9998 | .9998 | .9999 | .9999 | .9999 | .9999 | .9999 | .9999 | .9999 | .9999 |
| 3.7 | .9999 | .9999 | .9999 | .9999 | .9999 | .9999 | .9999 | .9999 | .9999 | .9999 |

## 附表 3 t 分布的百分位數

$P\,(t_{11} \leq 2.2010) = .975$

| df | $t_{.75}$ | $t_{.80}$ | $t_{.85}$ | $t_{.90}$ | $t_{.95}$ | $t_{.975}$ | $t_{.99}$ | $t_{.995}$ |
|---|---|---|---|---|---|---|---|---|
| 1 | 1.000 | 1.376 | 1.963 | 3.078 | 6.314 | 12.706 | 31.821 | 63.657 |
| 2 | 0.816 | 1.061 | 1.386 | 1.886 | 2.920 | 4.303 | 6.965 | 9.925 |
| 3 | 0.763 | 0.978 | 1.250 | 1.638 | 2.353 | 3.182 | 4.541 | 5.841 |
| 4 | 0.741 | 0.941 | 1.190 | 1.533 | 2.132 | 2.776 | 3.747 | 4.604 |
| 5 | 0.727 | 0.920 | 1.156 | 1.476 | 2.015 | 2.571 | 3.365 | 4.032 |
| 6 | 0.718 | 0.906 | 1.134 | 1.440 | 1.943 | 2.447 | 3.143 | 3.707 |
| 7 | 0.711 | 0.896 | 1.119 | 1.415 | 1.895 | 2.365 | 2.998 | 3.499 |
| 8 | 0.706 | 0.889 | 1.108 | 1.397 | 1.860 | 2.306 | 2.896 | 3.355 |
| 9 | 0.703 | 0.883 | 1.100 | 1.383 | 1.833 | 2.262 | 2.821 | 3.250 |
| 10 | 0.700 | 0.879 | 1.093 | 1.372 | 1.812 | 2.228 | 2.764 | 3.169 |
| 11 | 0.697 | 0.876 | 1.088 | 1.363 | 1.796 | 2.201 | 2.718 | 3.106 |
| 12 | 0.695 | 0.873 | 1.083 | 1.356 | 1.782 | 2.179 | 2.681 | 3.055 |
| 13 | 0.694 | 0.870 | 1.079 | 1.350 | 1.771 | 2.160 | 2.650 | 3.012 |
| 14 | 0.692 | 0.868 | 1.076 | 1.345 | 1.761 | 2.145 | 2.624 | 2.977 |
| 15 | 0.691 | 0.866 | 1.074 | 1.341 | 1.753 | 2.131 | 2.602 | 2.947 |
| 16 | 0.690 | 0.865 | 1.071 | 1.337 | 1.746 | 2.120 | 2.583 | 2.921 |
| 17 | 0.689 | 0.863 | 1.069 | 1.333 | 1.740 | 2.110 | 2.567 | 2.898 |
| 18 | 0.688 | 0.862 | 1.067 | 1.330 | 1.734 | 2.101 | 2.552 | 2.878 |
| 19 | 0.688 | 0.861 | 1.066 | 1.328 | 1.729 | 2.093 | 2.539 | 2.861 |
| 20 | 0.687 | 0.860 | 1.064 | 1.325 | 1.725 | 2.086 | 2.528 | 2.845 |
| 21 | 0.686 | 0.859 | 1.063 | 1.323 | 1.721 | 2.080 | 2.518 | 2.831 |
| 22 | 0.686 | 0.858 | 1.061 | 1.321 | 1.717 | 2.074 | 2.508 | 2.819 |
| 23 | 0.685 | 0.858 | 1.060 | 1.319 | 1.714 | 2.069 | 2.500 | 2.807 |
| 24 | 0.685 | 0.857 | 1.059 | 1.318 | 1.711 | 2.064 | 2.492 | 2.797 |
| 25 | 0.684 | 0.856 | 1.058 | 1.316 | 1.708 | 2.060 | 2.485 | 2.787 |
| 26 | 0.684 | 0.856 | 1.058 | 1.315 | 1.706 | 2.056 | 2.479 | 2.779 |
| 27 | 0.684 | 0.855 | 1.057 | 1.314 | 1.703 | 2.052 | 2.473 | 2.771 |
| 28 | 0.683 | 0.855 | 1.056 | 1.313 | 1.701 | 2.048 | 2.467 | 2.763 |
| 29 | 0.683 | 0.854 | 1.055 | 1.311 | 1.699 | 2.045 | 2.462 | 2.756 |
| 30 | 0.683 | 0.854 | 1.055 | 1.310 | 1.697 | 2.042 | 2.457 | 2.750 |
| 35 | 0.682 | 0.852 | 1.052 | 1.306 | 1.690 | 2.030 | 2.438 | 2.724 |
| 40 | 0.681 | 0.851 | 1.050 | 1.303 | 1.684 | 2.021 | 2.423 | 2.704 |
| 45 | 0.680 | 0.850 | 1.049 | 1.301 | 1.679 | 2.014 | 2.412 | 2.690 |
| 50 | 0.679 | 0.849 | 1.047 | 1.299 | 1.676 | 2.009 | 2.403 | 2.678 |
| 55 | 0.679 | 0.848 | 1.046 | 1.297 | 1.673 | 2.004 | 2.396 | 2.668 |
| 60 | 0.679 | 0.848 | 1.045 | 1.296 | 1.671 | 2.000 | 2.390 | 2.660 |
| 65 | 0.678 | 0.847 | 1.045 | 1.295 | 1.669 | 1.997 | 2.385 | 2.654 |
| 70 | 0.678 | 0.847 | 1.044 | 1.294 | 1.667 | 1.994 | 2.381 | 2.648 |
| 75 | 0.678 | 0.846 | 1.044 | 1.293 | 1.665 | 1.992 | 2.377 | 2.643 |
| 80 | 0.678 | 0.846 | 1.043 | 1.292 | 1.664 | 1.990 | 2.374 | 2.639 |
| 90 | 0.677 | 0.846 | 1.042 | 1.291 | 1.662 | 1.987 | 2.369 | 2.632 |
| 100 | 0.677 | 0.845 | 1.042 | 1.290 | 1.660 | 1.984 | 2.364 | 2.626 |
| 150 | 0.676 | 0.844 | 1.040 | 1.287 | 1.655 | 1.976 | 2.351 | 2.609 |
| 200 | 0.676 | 0.843 | 1.039 | 1.286 | 1.653 | 1.972 | 2.345 | 2.601 |
| 500 | 0.675 | 0.842 | 1.038 | 1.283 | 1.648 | 1.965 | 2.334 | 2.586 |
| 1000 | 0.675 | 0.842 | 1.037 | 1.282 | 1.646 | 1.962 | 2.330 | 2.581 |
| ∞ | 0.674 | 0.842 | 1.036 | 1.282 | 1.645 | 1.960 | 2.326 | 2.576 |

Source: Forthofer, R. N. and Lee, E. S. (1995):" Introduction to Biostatistics: A Guide to Design, Analysis and Discovery", Academic Press, Inc., San Diego, CA.

## 附表 4　卡方分布的百分位數

$$P\,(\chi^2_{28} \leq 41.337) = .95$$

| d.f. | $\chi^2_{.005}$ | $\chi^2_{.025}$ | $\chi^2_{.05}$ | $\chi^2_{.90}$ | $\chi^2_{.95}$ | $\chi^2_{.975}$ | $\chi^2_{.99}$ | $\chi^2_{.995}$ |
|---|---|---|---|---|---|---|---|---|
| 1 | .0000393 | .000982 | .00393 | 2.706 | 3.841 | 5.024 | 6.635 | 7.879 |
| 2 | .0100 | .0506 | .103 | 4.605 | 5.991 | 7.378 | 9.210 | 10.597 |
| 3 | .0717 | .216 | .352 | 6.251 | 7.815 | 9.348 | 11.345 | 12.838 |
| 4 | .207 | .484 | .711 | 7.779 | 9.488 | 11.143 | 13.277 | 14.860 |
| 5 | .412 | .831 | 1.145 | 9.236 | 11.070 | 12.832 | 15.086 | 16.750 |
| 6 | .676 | 1.237 | 1.635 | 10.645 | 12.592 | 14.449 | 16.812 | 18.548 |
| 7 | .989 | 1.690 | 2.167 | 12.017 | 14.067 | 16.013 | 18.475 | 20.278 |
| 8 | 1.344 | 2.180 | 2.733 | 13.362 | 15.507 | 17.535 | 20.090 | 21.955 |
| 9 | 1.735 | 2.700 | 3.325 | 14.684 | 16.919 | 19.023 | 21.666 | 23.589 |
| 10 | 2.156 | 3.247 | 3.940 | 15.987 | 18.307 | 20.483 | 23.209 | 25.188 |
| 11 | 2.603 | 3.816 | 4.575 | 17.275 | 19.675 | 21.920 | 24.725 | 26.757 |
| 12 | 3.074 | 4.404 | 5.226 | 18.549 | 21.026 | 23.336 | 26.217 | 28.300 |
| 13 | 3.565 | 5.009 | 5.892 | 19.812 | 22.362 | 24.736 | 27.688 | 29.819 |
| 14 | 4.075 | 5.629 | 6.571 | 21.064 | 23.685 | 26.119 | 29.141 | 31.319 |
| 15 | 4.601 | 6.262 | 7.261 | 22.307 | 24.996 | 27.488 | 30.578 | 32.801 |
| 16 | 5.142 | 6.908 | 7.962 | 23.542 | 26.296 | 28.845 | 32.000 | 34.267 |
| 17 | 5.697 | 7.564 | 8.672 | 24.769 | 27.587 | 30.191 | 33.409 | 35.718 |
| 18 | 6.265 | 8.231 | 9.390 | 25.989 | 28.869 | 31.526 | 34.805 | 37.156 |
| 19 | 6.844 | 8.907 | 10.117 | 27.204 | 30.144 | 32.852 | 36.191 | 38.582 |
| 20 | 7.434 | 9.591 | 10.851 | 28.412 | 31.410 | 34.170 | 37.566 | 39.997 |
| 21 | 8.034 | 10.283 | 11.591 | 29.615 | 32.671 | 35.479 | 38.932 | 41.401 |
| 22 | 8.643 | 10.982 | 12.338 | 30.813 | 33.924 | 36.781 | 40.289 | 42.796 |
| 23 | 9.260 | 11.688 | 13.091 | 32.007 | 35.172 | 38.076 | 41.638 | 44.181 |
| 24 | 9.886 | 12.401 | 13.848 | 33.196 | 36.415 | 39.364 | 42.980 | 45.558 |
| 25 | 10.520 | 13.120 | 14.611 | 34.382 | 37.652 | 40.646 | 44.314 | 46.928 |
| 26 | 11.160 | 13.844 | 15.379 | 35.563 | 38.885 | 41.923 | 45.642 | 48.290 |
| 27 | 11.808 | 14.573 | 16.151 | 36.741 | 40.113 | 43.194 | 46.963 | 49.645 |
| 28 | 12.461 | 15.308 | 16.928 | 37.916 | 41.337 | 44.461 | 48.278 | 50.993 |
| 29 | 13.121 | 16.047 | 17.708 | 39.087 | 42.557 | 45.722 | 49.588 | 52.336 |
| 30 | 13.787 | 16.791 | 18.493 | 40.256 | 43.773 | 46.979 | 50.892 | 53.672 |
| 35 | 17.192 | 20.569 | 22.465 | 46.059 | 49.802 | 53.203 | 57.342 | 60.275 |
| 40 | 20.707 | 24.433 | 26.509 | 51.805 | 55.758 | 59.342 | 63.691 | 66.766 |
| 45 | 24.311 | 28.366 | 30.612 | 57.505 | 61.656 | 65.410 | 69.957 | 73.166 |
| 50 | 27.991 | 32.357 | 34.764 | 63.167 | 67.505 | 71.420 | 76.154 | 79.490 |
| 60 | 35.535 | 40.482 | 43.188 | 74.397 | 79.082 | 83.298 | 88.379 | 91.952 |
| 70 | 43.275 | 48.758 | 51.739 | 85.527 | 90.531 | 95.023 | 100.425 | 104.215 |
| 80 | 51.172 | 57.153 | 60.391 | 96.578 | 101.879 | 106.629 | 112.329 | 116.321 |
| 90 | 59.196 | 65.647 | 69.126 | 107.565 | 113.145 | 118.136 | 124.116 | 128.299 |
| 100 | 67.328 | 74.222 | 77.929 | 118.498 | 124.342 | 129.561 | 135.807 | 140.169 |

Source: Daniel, W. W. (1999). "Biostatistics: A Foundation for Analysis in the Health Sciences", 7th Edition. John Wiley & Sons, Inc., New York.

附表 5  F 分布的百分位數

$P(F_{3,4} \leq 4.19) = .90$

| | | | | | $F_{.90}$ | | | | |
|---|---|---|---|---|---|---|---|---|---|
| 分母自由度 | 分子自由度 | | | | | | | | |
| | 1 | 2 | 3 | 4 | 5 | 6 | 7 | 8 | 9 |
| 1 | 39.86 | 49.50 | 53.59 | 55.83 | 57.24 | 58.20 | 58.91 | 59.44 | 59.86 |
| 2 | 8.53 | 9.00 | 9.16 | 9.24 | 9.29 | 9.33 | 9.35 | 9.37 | 9.38 |
| 3 | 5.54 | 5.46 | 5.39 | 5.34 | 5.31 | 5.28 | 5.27 | 5.25 | 5.24 |
| 4 | 4.54 | 4.32 | 4.19 | 4.11 | 4.05 | 4.01 | 3.98 | 3.95 | 3.94 |
| 5 | 4.06 | 3.78 | 3.62 | 3.52 | 3.45 | 3.40 | 3.37 | 3.34 | 3.32 |
| 6 | 3.78 | 3.46 | 3.29 | 3.18 | 3.11 | 3.05 | 3.01 | 2.98 | 2.96 |
| 7 | 3.59 | 3.26 | 3.07 | 2.96 | 2.88 | 2.83 | 2.78 | 2.75 | 2.72 |
| 8 | 3.46 | 3.11 | 2.92 | 2.81 | 2.73 | 2.67 | 2.62 | 2.59 | 2.56 |
| 9 | 3.36 | 3.01 | 2.81 | 2.69 | 2.61 | 2.55 | 2.51 | 2.47 | 2.44 |
| 10 | 3.29 | 2.92 | 2.73 | 2.61 | 2.52 | 2.46 | 2.41 | 2.38 | 2.35 |
| 11 | 3.23 | 2.86 | 2.66 | 2.54 | 2.45 | 2.39 | 2.34 | 2.30 | 2.27 |
| 12 | 3.18 | 2.81 | 2.61 | 2.48 | 2.39 | 2.33 | 2.28 | 2.24 | 2.21 |
| 13 | 3.14 | 2.76 | 2.56 | 2.43 | 2.35 | 2.28 | 2.23 | 2.20 | 2.16 |
| 14 | 3.10 | 2.73 | 2.52 | 2.39 | 2.31 | 2.24 | 2.19 | 2.15 | 2.12 |
| 15 | 3.07 | 2.70 | 2.49 | 2.36 | 2.27 | 2.21 | 2.16 | 2.12 | 2.09 |
| 16 | 3.05 | 2.67 | 2.46 | 2.33 | 2.24 | 2.18 | 2.13 | 2.09 | 2.06 |
| 17 | 3.03 | 2.64 | 2.44 | 2.31 | 2.22 | 2.15 | 2.10 | 2.06 | 2.03 |
| 18 | 3.01 | 2.62 | 2.42 | 2.29 | 2.20 | 2.13 | 2.08 | 2.04 | 2.00 |
| 19 | 2.99 | 2.61 | 2.40 | 2.27 | 2.18 | 2.11 | 2.06 | 2.02 | 1.98 |
| 20 | 2.97 | 2.59 | 2.38 | 2.25 | 2.16 | 2.09 | 2.04 | 2.00 | 1.96 |
| 21 | 2.96 | 2.57 | 2.36 | 2.23 | 2.14 | 2.08 | 2.02 | 1.98 | 1.95 |
| 22 | 2.95 | 2.56 | 2.35 | 2.22 | 2.13 | 2.06 | 2.01 | 1.97 | 1.93 |
| 23 | 2.94 | 2.55 | 2.34 | 2.21 | 2.11 | 2.05 | 1.99 | 1.95 | 1.92 |
| 24 | 2.93 | 2.54 | 2.33 | 2.19 | 2.10 | 2.04 | 1.98 | 1.94 | 1.91 |
| 25 | 2.92 | 2.53 | 2.32 | 2.18 | 2.09 | 2.02 | 1.97 | 1.93 | 1.89 |
| 26 | 2.91 | 2.52 | 2.31 | 2.17 | 2.08 | 2.01 | 1.96 | 1.92 | 1.88 |
| 27 | 2.90 | 2.51 | 2.30 | 2.17 | 2.07 | 2.00 | 1.95 | 1.91 | 1.87 |
| 28 | 2.89 | 2.50 | 2.29 | 2.16 | 2.06 | 2.00 | 1.94 | 1.90 | 1.87 |
| 29 | 2.89 | 2.50 | 2.28 | 2.15 | 2.06 | 1.99 | 1.93 | 1.89 | 1.86 |
| 30 | 2.88 | 2.49 | 2.28 | 2.14 | 2.05 | 1.98 | 1.93 | 1.88 | 1.85 |
| 40 | 2.84 | 2.44 | 2.23 | 2.09 | 2.00 | 1.93 | 1.87 | 1.83 | 1.79 |
| 60 | 2.79 | 2.39 | 2.18 | 2.04 | 1.95 | 1.87 | 1.82 | 1.77 | 1.74 |
| 120 | 2.75 | 2.35 | 2.13 | 1.99 | 1.90 | 1.82 | 1.77 | 1.72 | 1.68 |
| ∞ | 2.71 | 2.30 | 2.08 | 1.94 | 1.85 | 1.77 | 1.72 | 1.67 | 1.63 |

Source: Daniel, W. W. (1999). "Biostatistics: A Foundation for Analysis in the Health Sciences", 7th Edition. John Wiley & Sons, Inc., New York.

| 分母自由度 | 分子自由度 | | | | | | | | | |
|---|---|---|---|---|---|---|---|---|---|---|
| | 10 | 12 | 15 | 20 | 24 | 30 | 40 | 60 | 120 | ∞ |
| 1 | 60.19 | 60.71 | 61.22 | 61.74 | 62.00 | 62.26 | 62.53 | 62.79 | 63.06 | 63.33 |
| 2 | 9.39 | 9.41 | 9.42 | 9.44 | 9.45 | 9.46 | 9.47 | 9.47 | 9.48 | 9.49 |
| 3 | 5.23 | 5.22 | 5.20 | 5.18 | 5.18 | 5.17 | 5.16 | 5.15 | 5.14 | 5.13 |
| 4 | 3.92 | 3.90 | 3.87 | 3.84 | 3.83 | 3.82 | 3.80 | 3.79 | 3.78 | 3.76 |
| 5 | 3.30 | 3.27 | 3.24 | 3.21 | 3.19 | 3.17 | 3.16 | 3.14 | 3.12 | 3.10 |
| 6 | 2.94 | 2.90 | 2.87 | 2.84 | 2.82 | 2.80 | 2.78 | 2.76 | 2.74 | 2.72 |
| 7 | 2.70 | 2.67 | 2.63 | 2.59 | 2.58 | 2.56 | 2.54 | 2.51 | 2.49 | 2.47 |
| 8 | 2.54 | 2.50 | 2.46 | 2.42 | 2.40 | 2.38 | 2.36 | 2.34 | 2.32 | 2.29 |
| 9 | 2.42 | 2.38 | 2.34 | 2.30 | 2.28 | 2.25 | 2.23 | 2.21 | 2.18 | 2.16 |
| 10 | 2.32 | 2.28 | 2.24 | 2.20 | 2.18 | 2.16 | 2.13 | 2.11 | 2.08 | 2.06 |
| 11 | 2.25 | 2.21 | 2.17 | 2.12 | 2.10 | 2.08 | 2.05 | 2.03 | 2.00 | 1.97 |
| 12 | 2.19 | 2.15 | 2.10 | 2.06 | 2.04 | 2.01 | 1.99 | 1.96 | 1.93 | 1.90 |
| 13 | 2.14 | 2.10 | 2.05 | 2.01 | 1.98 | 1.96 | 1.93 | 1.90 | 1.88 | 1.85 |
| 14 | 2.10 | 2.05 | 2.01 | 1.96 | 1.94 | 1.91 | 1.89 | 1.86 | 1.83 | 1.80 |
| 15 | 2.06 | 2.02 | 1.97 | 1.92 | 1.90 | 1.87 | 1.85 | 1.82 | 1.79 | 1.76 |
| 16 | 2.03 | 1.99 | 1.94 | 1.89 | 1.87 | 1.84 | 1.81 | 1.78 | 1.75 | 1.72 |
| 17 | 2.00 | 1.96 | 1.91 | 1.86 | 1.84 | 1.81 | 1.78 | 1.75 | 1.72 | 1.69 |
| 18 | 1.98 | 1.93 | 1.89 | 1.84 | 1.81 | 1.78 | 1.75 | 1.72 | 1.69 | 1.66 |
| 19 | 1.96 | 1.91 | 1.86 | 1.81 | 1.79 | 1.76 | 1.73 | 1.70 | 1.67 | 1.63 |
| 20 | 1.94 | 1.89 | 1.84 | 1.79 | 1.77 | 1.74 | 1.71 | 1.68 | 1.64 | 1.61 |
| 21 | 1.92 | 1.87 | 1.83 | 1.78 | 1.75 | 1.72 | 1.69 | 1.66 | 1.62 | 1.59 |
| 22 | 1.90 | 1.86 | 1.81 | 1.76 | 1.73 | 1.70 | 1.67 | 1.64 | 1.60 | 1.57 |
| 23 | 1.89 | 1.84 | 1.80 | 1.74 | 1.72 | 1.69 | 1.66 | 1.62 | 1.59 | 1.55 |
| 24 | 1.88 | 1.83 | 1.78 | 1.73 | 1.70 | 1.67 | 1.64 | 1.61 | 1.57 | 1.53 |
| 25 | 1.87 | 1.82 | 1.77 | 1.72 | 1.69 | 1.66 | 1.63 | 1.59 | 1.56 | 1.52 |
| 26 | 1.86 | 1.81 | 1.76 | 1.71 | 1.68 | 1.65 | 1.61 | 1.58 | 1.54 | 1.50 |
| 27 | 1.85 | 1.80 | 1.75 | 1.70 | 1.67 | 1.64 | 1.60 | 1.57 | 1.53 | 1.49 |
| 28 | 1.84 | 1.79 | 1.74 | 1.69 | 1.66 | 1.63 | 1.59 | 1.56 | 1.52 | 1.48 |
| 29 | 1.83 | 1.78 | 1.73 | 1.68 | 1.65 | 1.62 | 1.58 | 1.55 | 1.51 | 1.47 |
| 30 | 1.82 | 1.77 | 1.72 | 1.67 | 1.64 | 1.61 | 1.57 | 1.54 | 1.50 | 1.46 |
| 40 | 1.76 | 1.71 | 1.66 | 1.61 | 1.57 | 1.54 | 1.51 | 1.47 | 1.42 | 1.38 |
| 60 | 1.71 | 1.66 | 1.60 | 1.54 | 1.51 | 1.48 | 1.44 | 1.40 | 1.35 | 1.29 |
| 120 | 1.65 | 1.60 | 1.55 | 1.48 | 1.45 | 1.41 | 1.37 | 1.32 | 1.26 | 1.19 |
| ∞ | 1.60 | 1.55 | 1.49 | 1.42 | 1.38 | 1.34 | 1.30 | 1.24 | 1.17 | 1.00 |

$F_{.90}$

| 分母自由度 | F.95 分子自由度 | | | | | | | | |
|---|---|---|---|---|---|---|---|---|---|
| | 1 | 2 | 3 | 4 | 5 | 6 | 7 | 8 | 9 |
| 1 | 161.4 | 199.5 | 215.7 | 224.6 | 230.2 | 234.0 | 236.8 | 238.9 | 240.5 |
| 2 | 18.51 | 19.00 | 19.16 | 19.25 | 19.30 | 19.33 | 19.35 | 19.37 | 19.38 |
| 3 | 10.13 | 9.55 | 9.28 | 9.12 | 9.01 | 8.94 | 8.89 | 8.85 | 8.81 |
| 4 | 7.71 | 6.94 | 6.59 | 6.39 | 6.26 | 6.16 | 6.09 | 6.04 | 6.00 |
| 5 | 6.61 | 5.79 | 5.41 | 5.19 | 5.05 | 4.95 | 4.88 | 4.82 | 4.77 |
| 6 | 5.99 | 5.14 | 4.76 | 4.53 | 4.39 | 4.28 | 4.21 | 4.15 | 4.10 |
| 7 | 5.59 | 4.74 | 4.35 | 4.12 | 3.97 | 3.87 | 3.79 | 3.73 | 3.68 |
| 8 | 5.32 | 4.46 | 4.07 | 3.84 | 3.69 | 3.58 | 3.50 | 3.44 | 3.39 |
| 9 | 5.12 | 4.26 | 3.86 | 3.63 | 3.48 | 3.37 | 3.29 | 3.23 | 3.18 |
| 10 | 4.96 | 4.10 | 3.71 | 3.48 | 3.33 | 3.22 | 3.14 | 3.07 | 3.02 |
| 11 | 4.84 | 3.98 | 3.59 | 3.36 | 3.20 | 3.09 | 3.01 | 2.95 | 2.90 |
| 12 | 4.75 | 3.89 | 3.49 | 3.26 | 3.11 | 3.00 | 2.91 | 2.85 | 2.80 |
| 13 | 4.67 | 3.81 | 3.41 | 3.18 | 3.03 | 2.92 | 2.83 | 2.77 | 2.71 |
| 14 | 4.60 | 3.74 | 3.34 | 3.11 | 2.96 | 2.85 | 2.76 | 2.70 | 2.65 |
| 15 | 4.54 | 3.68 | 3.29 | 3.06 | 2.90 | 2.79 | 2.71 | 2.64 | 2.59 |
| 16 | 4.49 | 3.63 | 3.24 | 3.01 | 2.85 | 2.74 | 2.66 | 2.59 | 2.54 |
| 17 | 4.45 | 3.59 | 3.20 | 2.96 | 2.81 | 2.70 | 2.61 | 2.55 | 2.49 |
| 18 | 4.41 | 3.55 | 3.16 | 2.93 | 2.77 | 2.66 | 2.58 | 2.51 | 2.46 |
| 19 | 4.38 | 3.52 | 3.13 | 2.90 | 2.74 | 2.63 | 2.54 | 2.48 | 2.42 |
| 20 | 4.35 | 3.49 | 3.10 | 2.87 | 2.71 | 2.60 | 2.51 | 2.45 | 2.39 |
| 21 | 4.32 | 3.47 | 3.07 | 2.84 | 2.68 | 2.57 | 2.49 | 2.42 | 2.37 |
| 22 | 4.30 | 3.44 | 3.05 | 2.82 | 2.66 | 2.55 | 2.46 | 2.40 | 2.34 |
| 23 | 4.28 | 3.42 | 3.03 | 2.80 | 2.64 | 2.53 | 2.44 | 2.37 | 2.32 |
| 24 | 4.26 | 3.40 | 3.01 | 2.78 | 2.62 | 2.51 | 2.42 | 2.36 | 2.30 |
| 25 | 4.24 | 3.39 | 2.99 | 2.76 | 2.60 | 2.49 | 2.40 | 2.34 | 2.28 |
| 26 | 4.23 | 3.37 | 2.98 | 2.74 | 2.59 | 2.47 | 2.39 | 2.32 | 2.27 |
| 27 | 4.21 | 3.35 | 2.96 | 2.73 | 2.57 | 2.46 | 2.37 | 2.31 | 2.25 |
| 28 | 4.20 | 3.34 | 2.95 | 2.71 | 2.56 | 2.45 | 2.36 | 2.29 | 2.24 |
| 29 | 4.18 | 3.33 | 2.93 | 2.70 | 2.55 | 2.43 | 2.35 | 2.28 | 2.22 |
| 30 | 4.17 | 3.32 | 2.92 | 2.69 | 2.53 | 2.42 | 2.33 | 2.27 | 2.21 |
| 40 | 4.08 | 3.23 | 2.84 | 2.61 | 2.45 | 2.34 | 2.25 | 2.18 | 2.12 |
| 60 | 4.00 | 3.15 | 2.76 | 2.53 | 2.37 | 2.25 | 2.17 | 2.10 | 2.04 |
| 120 | 3.92 | 3.07 | 2.68 | 2.45 | 2.29 | 2.17 | 2.09 | 2.02 | 1.96 |
| ∞ | 3.84 | 3.00 | 2.60 | 2.37 | 2.21 | 2.10 | 2.01 | 1.94 | 1.88 |

| | F.95 | | | | | | | | | |
|---|---|---|---|---|---|---|---|---|---|---|
| 分母自由度 | 分子自由度 | | | | | | | | | |
| | 10 | 12 | 15 | 20 | 24 | 30 | 40 | 60 | 120 | ∞ |
| 1 | 241.9 | 243.9 | 245.9 | 248.0 | 249.1 | 250.1 | 251.1 | 252.2 | 253.3 | 254.3 |
| 2 | 19.40 | 19.41 | 19.43 | 19.45 | 19.45 | 19.46 | 19.47 | 19.48 | 19.49 | 19.50 |
| 3 | 8.79 | 8.74 | 8.70 | 8.66 | 8.64 | 8.62 | 8.59 | 8.57 | 8.55 | 8.53 |
| 4 | 5.96 | 5.91 | 5.86 | 5.80 | 5.77 | 5.75 | 5.72 | 5.69 | 5.66 | 5.63 |
| 5 | 4.74 | 4.68 | 4.62 | 4.56 | 4.53 | 4.50 | 4.46 | 4.43 | 4.40 | 4.36 |
| 6 | 4.06 | 4.00 | 3.94 | 3.87 | 3.84 | 3.81 | 3.77 | 3.74 | 3.70 | 3.67 |
| 7 | 3.64 | 3.57 | 3.51 | 3.44 | 3.41 | 3.38 | 3.34 | 3.30 | 3.27 | 3.23 |
| 8 | 3.35 | 3.28 | 3.22 | 3.15 | 3.12 | 3.08 | 3.04 | 3.01 | 2.97 | 2.93 |
| 9 | 3.14 | 3.07 | 3.01 | 2.94 | 2.90 | 2.86 | 2.83 | 2.79 | 2.75 | 2.71 |
| 10 | 2.98 | 2.91 | 2.85 | 2.77 | 2.74 | 2.70 | 2.66 | 2.62 | 2.58 | 2.54 |
| 11 | 2.85 | 2.79 | 2.72 | 2.65 | 2.61 | 2.57 | 2.53 | 2.49 | 2.45 | 2.40 |
| 12 | 2.75 | 2.69 | 2.62 | 2.54 | 2.51 | 2.47 | 2.43 | 2.38 | 2.34 | 2.30 |
| 13 | 2.67 | 2.60 | 2.53 | 2.46 | 2.42 | 2.38 | 2.34 | 2.30 | 2.25 | 2.21 |
| 14 | 2.60 | 2.53 | 2.46 | 2.39 | 2.35 | 2.31 | 2.27 | 2.22 | 2.18 | 2.13 |
| 15 | 2.54 | 2.48 | 2.40 | 2.33 | 2.29 | 2.25 | 2.20 | 2.16 | 2.11 | 2.07 |
| 16 | 2.49 | 2.42 | 2.35 | 2.28 | 2.24 | 2.19 | 2.15 | 2.11 | 2.06 | 2.01 |
| 17 | 2.45 | 2.38 | 2.31 | 2.23 | 2.19 | 2.15 | 2.10 | 2.06 | 2.01 | 1.96 |
| 18 | 2.51 | 2.34 | 2.27 | 2.19 | 2.15 | 2.11 | 2.06 | 2.02 | 1.97 | 1.92 |
| 19 | 2.38 | 2.31 | 2.23 | 2.16 | 2.11 | 2.07 | 2.03 | 1.98 | 1.93 | 1.88 |
| 20 | 2.35 | 2.28 | 2.20 | 2.12 | 2.08 | 2.04 | 1.99 | 1.95 | 1.90 | 1.84 |
| 21 | 2.32 | 2.25 | 2.18 | 2.10 | 2.05 | 2.01 | 1.96 | 1.92 | 1.87 | 1.81 |
| 22 | 2.30 | 2.23 | 2.15 | 2.07 | 2.03 | 1.98 | 1.94 | 1.89 | 1.84 | 1.78 |
| 23 | 2.27 | 2.20 | 2.13 | 2.05 | 2.01 | 1.96 | 1.91 | 1.86 | 1.81 | 1.76 |
| 24 | 2.25 | 2.18 | 2.11 | 2.03 | 1.98 | 1.94 | 1.89 | 184 | 1.79 | 1.73 |
| 25 | 2.24 | 2.16 | 2.09 | 2.01 | 1.96 | 1.92 | 1.87 | 1.82 | 1.77 | 1.71 |
| 26 | 2.22 | 2.15 | 2.07 | 1.99 | 1.95 | 1.90 | 1.85 | 1.80 | 1.75 | 1.69 |
| 27 | 2.20 | 2.13 | 2.06 | 1.97 | 1.93 | 1.88 | 1.84 | 1.79 | 1.73 | 1.67 |
| 28 | 2.19 | 2.12 | 2.04 | 1.96 | 1.91 | 1.87 | 1.82 | 1.77 | 1.71 | 1.65 |
| 29 | 2.18 | 2.10 | 2.03 | 1.94 | 1.90 | 1.85 | 1.81 | 1.75 | 1.70 | 1.64 |
| 30 | 2.16 | 2.09 | 2.01 | 1.93 | 1.89 | 1.84 | 1.79 | 1.74 | 1.68 | 1.62 |
| 40 | 2.08 | 2.00 | 1.92 | 1.84 | 1.79 | 1.74 | 1.69 | 1.64 | 1.58 | 1.51 |
| 60 | 1.99 | 1.92 | 1.84 | 1.75 | 1.70 | 1.65 | 1.59 | 1.53 | 1.47 | 1.39 |
| 120 | 1.91 | 1.83 | 1.75 | 1.66 | 1.61 | 1.55 | 1.50 | 1.43 | 1.35 | 1.25 |
| ∞ | 1.83 | 1.75 | 1.67 | 1.57 | 1.52 | 1.46 | 1.39 | 1.32 | 1.22 | 1.00 |

| 分母自由度 | F.975 分子自由度 | | | | | | | | |
|---|---|---|---|---|---|---|---|---|---|
| | 1 | 2 | 3 | 4 | 5 | 6 | 7 | 8 | 9 |
| 1 | 647.8 | 799.5 | 864.2 | 899.6 | 921.8 | 937.1 | 948.2 | 956.7 | 963.3 |
| 2 | 38.51 | 39.00 | 39.17 | 39.25 | 39.30 | 39.33 | 39.36 | 39.37 | 39.39 |
| 3 | 17.44 | 16.04 | 15.44 | 15.10 | 14.88 | 14.73 | 14.62 | 14.54 | 14.47 |
| 4 | 12.22 | 10.65 | 9.98 | 9.60 | 9.36 | 9.20 | 9.07 | 8.98 | 8.90 |
| 5 | 10.01 | 8.43 | 7.76 | 7.39 | 7.15 | 6.98 | 6.85 | 6.76 | 6.68 |
| 6 | 8.81 | 7.26 | 6.60 | 6.23 | 5.99 | 5.82 | 5.70 | 5.60 | 5.52 |
| 7 | 8.07 | 6.54 | 5.89 | 5.52 | 5.29 | 5.12 | 4.99 | 4.90 | 4.82 |
| 8 | 7.57 | 6.06 | 5.42 | 5.05 | 4.82 | 4.65 | 4.53 | 4.43 | 4.36 |
| 9 | 7.21 | 5.71 | 5.08 | 4.72 | 4.48 | 4.32 | 4.20 | 4.10 | 4.03 |
| 10 | 6.94 | 5.46 | 4.83 | 4.47 | 4.24 | 4.07 | 3.95 | 3.85 | 3.78 |
| 11 | 6.72 | 5.26 | 4.63 | 4.28 | 4.04 | 3.88 | 3.76 | 3.66 | 3.59 |
| 12 | 6.55 | 5.10 | 4.47 | 4.12 | 3.89 | 3.73 | 3.61 | 3.51 | 3.44 |
| 13 | 6.41 | 4.97 | 4.35 | 4.00 | 3.77 | 3.60 | 3.48 | 3.39 | 3.31 |
| 14 | 6.30 | 4.86 | 4.24 | 3.89 | 3.66 | 3.50 | 3.38 | 3.29 | 3.21 |
| 15 | 6.20 | 4.77 | 4.15 | 3.80 | 3.58 | 3.41 | 3.29 | 3.20 | 3.12 |
| 16 | 6.12 | 4.69 | 4.08 | 3.73 | 3.50 | 3.34 | 3.22 | 3.12 | 3.05 |
| 17 | 6.04 | 4.62 | 4.01 | 3.66 | 3.44 | 3.28 | 3.16 | 3.06 | 2.98 |
| 18 | 5.98 | 4.56 | 3.95 | 3.61 | 3.38 | 3.22 | 3.10 | 3.01 | 2.93 |
| 19 | 5.92 | 4.51 | 3.90 | 3.56 | 3.33 | 3.17 | 3.05 | 2.96 | 2.88 |
| 20 | 5.87 | 4.46 | 3.86 | 3.51 | 3.29 | 3.13 | 3.01 | 2.91 | 2.84 |
| 21 | 5.83 | 4.42 | 3.85 | 3.48 | 3.25 | 3.09 | 2.97 | 2.87 | 2.80 |
| 22 | 5.79 | 4.38 | 3.78 | 3.44 | 3.22 | 3.05 | 2.93 | 2.84 | 2.76 |
| 23 | 5.75 | 4.35 | 3.75 | 3.41 | 3.18 | 3.02 | 2.90 | 2.81 | 2.73 |
| 24 | 5.72 | 4.32 | 3.72 | 3.38 | 3.15 | 2.99 | 2.87 | 2.78 | 2.70 |
| 25 | 5.69 | 4.29 | 3.69 | 3.35 | 3.13 | 2.97 | 2.85 | 2.75 | 2.68 |
| 26 | 5.66 | 4.27 | 3.67 | 3.33 | 3.10 | 2.94 | 2.82 | 2.73 | 2.65 |
| 27 | 5.63 | 4.24 | 3.65 | 3.31 | 3.08 | 2.92 | 2.80 | 2.71 | 2.63 |
| 28 | 5.61 | 4.22 | 3.63 | 3.29 | 3.06 | 2.90 | 2.78 | 2.69 | 2.61 |
| 29 | 5.59 | 4.20 | 3.61 | 3.27 | 3.04 | 2.88 | 2.76 | 2.67 | 2.59 |
| 30 | 5.57 | 4.18 | 3.59 | 3.25 | 3.03 | 2.87 | 2.75 | 2.65 | 2.57 |
| 40 | 5.42 | 4.05 | 3.46 | 3.13 | 2.90 | 2.74 | 2.62 | 2.53 | 2.45 |
| 60 | 5.29 | 3.93 | 3.34 | 3.01 | 2.79 | 2.63 | 2.51 | 2.41 | 2.33 |
| 120 | 5.15 | 3.80 | 3.23 | 2.89 | 2.67 | 2.52 | 2.39 | 2.30 | 2.22 |
| ∞ | 5.02 | 3.69 | 3.12 | 2.79 | 2.57 | 2.41 | 2.29 | 2.19 | 2.11 |

| | | | | | $F_{.975}$ | | | | | |
|---|---|---|---|---|---|---|---|---|---|---|
| 分母自由度 | | | | | 分子自由度 | | | | | |
| | 10 | 12 | 15 | 20 | 24 | 30 | 40 | 60 | 120 | ∞ |
| 1 | 968.6 | 976.7 | 984.9 | 993.1 | 997.2 | 1001 | 1006 | 1010 | 1014 | 1018 |
| 2 | 39.40 | 39.41 | 39.43 | 39.45 | 39.46 | 39.46 | 39.47 | 39.48 | 39.49 | 39.50 |
| 3 | 14.42 | 14.34 | 14.25 | 14.17 | 14.12 | 14.08 | 14.04 | 13.99 | 13.95 | 13.90 |
| 4 | 8.84 | 8.75 | 8.66 | 8.56 | 8.51 | 8.46 | 8.41 | 8.36 | 8.31 | 8.26 |
| 5 | 6.62 | 6.52 | 6.43 | 6.33 | 6.28 | 6.23 | 6.18 | 6.12 | 6.07 | 6.02 |
| 6 | 5.46 | 5.37 | 527 | 5.17 | 5.12 | 5.07 | 5.01 | 4.96 | 4.90 | 4.85 |
| 7 | 4.76 | 4.67 | 4.57 | 4.47 | 4.42 | 4.36 | 4.31 | 4.25 | 4.20 | 4.14 |
| 8 | 4.30 | 4.20 | 4.10 | 4.00 | 3.95 | 3.89 | 3.84 | 3.78 | 3.73 | 3.67 |
| 9 | 3.96 | 3.87 | 3.77 | 3.67 | 3.61 | 3.56 | 3.51 | 3.45 | 3.39 | 3.33 |
| 10 | 3.72 | 3.62 | 3.52 | 3.42 | 3.37 | 3.31 | 3.26 | 3.20 | 3.14 | 3.08 |
| 11 | 3.53 | 3.43 | 3.33 | 3.23 | 3.17 | 3.12 | 3.06 | 3.00 | 2.94 | 2.88 |
| 12 | 3.37 | 3.28 | 3.18 | 3.07 | 3.02 | 2.96 | 2.91 | 2.85 | 2.79 | 2.72 |
| 13 | 3.25 | 3.15 | 3.05 | 2.95 | 2.89 | 2.84 | 2.78 | 2.72 | 2.66 | 2.60 |
| 14 | 3.15 | 3.05 | 2.95 | 2.84 | 2.79 | 2.73 | 2.67 | 2.61 | 2.55 | 2.49 |
| 15 | 3.06 | 2.96 | 2.86 | 2.76 | 2.70 | 2.64 | 2.59 | 2.52 | 2.46 | 2.40 |
| 16 | 2.99 | 2.89 | 2.79 | 2.68 | 2.63 | 2.57 | 2.51 | 2.45 | 2.38 | 2.32 |
| 17 | 2.92 | 2.82 | 2.72 | 2.62 | 2.56 | 2.50 | 2.44 | 2.38 | 2.32 | 2.25 |
| 18 | 2.87 | 2.77 | 2.67 | 2.56 | 2.50 | 2.44 | 2.38 | 2.32 | 2.26 | 2.19 |
| 19 | 2.82 | 2.72 | 2.62 | 2.51 | 2.45 | 2.39 | 2.33 | 2.27 | 2.20 | 2.13 |
| 20 | 2.77 | 2.68 | 2.57 | 2.46 | 2.41 | 2.35 | 2.29 | 2.22 | 2.16 | 2.09 |
| 21 | 2.73 | 2.64 | 2.53 | 2.42 | 2.37 | 2.31 | 2.25 | 2.18 | 2.11 | 2.04 |
| 22 | 2.70 | 2.60 | 2.50 | 2.39 | 2.33 | 2.27 | 2.21 | 2.14 | 2.08 | 2.00 |
| 23 | 2.67 | 2.57 | 2.47 | 2.36 | 2.30 | 2.24 | 2.18 | 2.11 | 2.04 | 1.97 |
| 24 | 2.64 | 2.54 | 2.44 | 2.33 | 2.27 | 2.21 | 2.15 | 2.08 | 2.01 | 1.94 |
| 25 | 2.61 | 2.51 | 2.41 | 2.30 | 2.24 | 2.18 | 2.12 | 2.05 | 1.98 | 1.91 |
| 26 | 2.59 | 2.49 | 2.39 | 2.28 | 2.22 | 2.16 | 2.09 | 2.03 | 1.95 | 1.88 |
| 27 | 2.57 | 2.47 | 2.36 | 2.25 | 2.19 | 2.13 | 2.07 | 2.00 | 1.93 | 1.85 |
| 28 | 2.55 | 2.45 | 2.34 | 2.23 | 2.17 | 2.11 | 2.05 | 1.98 | 1.91 | 1.83 |
| 29 | 2.53 | 2.43 | 2.32 | 2.21 | 2.15 | 2.09 | 2.03 | 1.96 | 1.89 | 1.81 |
| 30 | 2.51 | 2.41 | 2.31 | 2.20 | 2.14 | 2.07 | 2.1 | 1.94 | 1.87 | 1.79 |
| 40 | 2.39 | 2.29 | 2.18 | 2.07 | 2.01 | 1.94 | 1.88 | 1.80 | 1.72 | 1.64 |
| 60 | 2.27 | 2.17 | 2.06 | 1.94 | 1.88 | 1.82 | 1.74 | 1.67 | 1.58 | 1.48 |
| 120 | 2.16 | 2.05 | 1.94 | 1.82 | 1.76 | 1.69 | 1.61 | 1.53 | 1.43 | 1.31 |
| ∞ | 2.05 | 1.94 | 1.83 | 1.71 | 1.64 | 1.57 | 1.48 | 1.39 | 1.27 | 1.00 |

| 分母自由度 | 分子自由度 | | | | | | | | |
|---|---|---|---|---|---|---|---|---|---|
| | 1 | 2 | 3 | 4 | 5 | 6 | 7 | 8 | 9 |
| 1 | 4052 | 4999.5 | 5403 | 5625 | 5764 | 5859 | 5928 | 5981 | 6022 |
| 2 | 98.50 | 99.00 | 99.17 | 99.25 | 99.30 | 99.33 | 99.36 | 99.37 | 99.39 |
| 3 | 34.12 | 30.82 | 29.46 | 28.71 | 28.24 | 27.91 | 27.67 | 27.49 | 27.35 |
| 4 | 21.20 | 18.00 | 16.69 | 15.98 | 15.52 | 15.21 | 14.98 | 14.80 | 14.66 |
| 5 | 16.26 | 13.27 | 12.06 | 11.39 | 10.97 | 10.67 | 10.46 | 10.29 | 10.16 |
| 6 | 13.75 | 10.92 | 9.78 | 9.15 | 8.75 | 8.47 | 8.26 | 8.10 | 7.98 |
| 7 | 12.25 | 9.55 | 8.45 | 7.85 | 7.46 | 7.19 | 6.99 | 6.84 | 6.72 |
| 8 | 11.26 | 8.65 | 7.59 | 7.01 | 6.63 | 6.37 | 6.18 | 6.03 | 5.91 |
| 9 | 10.56 | 8.02 | 6.99 | 6.42 | 6.06 | 5.80 | 5.61 | 5.47 | 5.35 |
| 10 | 10.04 | 7.56 | 6.55 | 5.99 | 5.64 | 5.39 | 5.20 | 5.06 | 4.94 |
| 11 | 9.65 | 7.21 | 6.22 | 5.67 | 5.32 | 5.07 | 4.89 | 4.74 | 4.63 |
| 12 | 9.33 | 6.93 | 5.95 | 5.41 | 5.06 | 4.82 | 4.64 | 4.50 | 4.39 |
| 13 | 9.07 | 6.70 | 5.74 | 5.21 | 4.84 | 4.62 | 4.44 | 4.30 | 4.19 |
| 14 | 8.86 | 6.51 | 5.56 | 5.04 | 4.69 | 4.46 | 4.28 | 4.14 | 4.03 |
| 15 | 8.68 | 6.36 | 5.42 | 4.89 | 4.56 | 4.32 | 4.14 | 4.00 | 3.89 |
| 16 | 8.53 | 6.23 | 5.29 | 4.77 | 4.44 | 4.20 | 4.03 | 3.89 | 3.78 |
| 17 | 8.40 | 6.11 | 5.18 | 4.67 | 4.34 | 4.10 | 3.93 | 3.79 | 3.68 |
| 18 | 8.29 | 6.01 | 5.09 | 4.58 | 4.25 | 4.01 | 3.84 | 3.71 | 3.60 |
| 19 | 8.18 | 5.93 | 5.01 | 4.50 | 4.17 | 3.94 | 3.77 | 3.63 | 3.52 |
| 20 | 8.10 | 5.85 | 4.94 | 4.43 | 4.10 | 3.87 | 3.70 | 3.56 | 3.46 |
| 21 | 8.02 | 5.78 | 4.87 | 4.37 | 4.04 | 3.81 | 3.64 | 3.51 | 3.40 |
| 22 | 7.95 | 5.72 | 4.82 | 4.31 | 3.99 | 3.76 | 3.59 | 3.45 | 3.35 |
| 23 | 7.88 | 5.66 | 4.76 | 4.26 | 3.94 | 3.71 | 3.54 | 3.41 | 3.30 |
| 24 | 7.82 | 5.61 | 4.72 | 4.22 | 3.90 | 3.67 | 3.50 | 3.36 | 3.26 |
| 25 | 7.77 | 5.57 | 4.68 | 4.18 | 3.85 | 3.63 | 3.46 | 3.32 | 3.22 |
| 26 | 7.72 | 5.53 | 4.64 | 4.14 | 3.82 | 3.59 | 3.42 | 3.29 | 3.18 |
| 27 | 7.68 | 5.49 | 4.60 | 4.11 | 3.78 | 3.56 | 3.39 | 3.26 | 3.15 |
| 28 | 7.64 | 5.45 | 4.57 | 4.07 | 3.75 | 3.53 | 3.36 | 3.23 | 3.12 |
| 29 | 7.60 | 5.42 | 4.54 | 4.04 | 3.73 | 3.50 | 3.33 | 3.20 | 3.09 |
| 30 | 7.56 | 5.39 | 4.51 | 4.02 | 3.70 | 3.47 | 3.30 | 3.17 | 3.07 |
| 40 | 7.31 | 5.18 | 4.31 | 3.83 | 3.51 | 3.29 | 3.12 | 2.99 | 2.89 |
| 60 | 7.08 | 4.98 | 4.13 | 3.65 | 3.34 | 3.12 | 2.95 | 2.82 | 2.72 |
| 120 | 6.85 | 4.79 | 3.95 | 3.48 | 3.17 | 2.96 | 2.79 | 2.66 | 2.56 |
| ∞ | 6.63 | 4.61 | 3.78 | 3.32 | 3.02 | 2.80 | 2.64 | 2.51 | 2.41 |

F.99

| | | | | | $F_{.99}$ | | | | | |
|---|---|---|---|---|---|---|---|---|---|---|
| 分母自由度 | 分子自由度 | | | | | | | | | |
| | 10 | 12 | 15 | 20 | 24 | 30 | 40 | 60 | 120 | ∞ |
| 1 | 6056 | 6106 | 6157 | 6209 | 6235 | 6261 | 6287 | 6313 | 6339 | 6366 |
| 2 | 99.40 | 99.42 | 99.43 | 99.45 | 99.46 | 99.47 | 99.47 | 99.48 | 99.49 | 99.50 |
| 3 | 27.23 | 27.05 | 26.87 | 26.69 | 26.60 | 26.50 | 26.41 | 26.32 | 26.22 | 26.13 |
| 4 | 14.55 | 14.37 | 14.20 | 14.02 | 13.93 | 13.84 | 13.75 | 13.65 | 13.56 | 13.46 |
| 5 | 10.05 | 9.89 | 9.72 | 9.55 | 9.47 | 9.38 | 9.29 | 9.20 | 9.11 | 9.02 |
| 6 | 7.87 | 7.72 | 7.56 | 7.40 | 7.31 | 7.23 | 7.14 | 7.06 | 6.97 | 6.88 |
| 7 | 6.62 | 6.47 | 6.31 | 6.16 | 6.07 | 5.99 | 5.91 | 5.82 | 5.74 | 5.65 |
| 8 | 5.81 | 5.67 | 5.52 | 5.36 | 5.28 | 2.20 | 5.12 | 5.03 | 4.95 | 4.86 |
| 9 | 5.26 | 5.11 | 4.96 | 4.81 | 4.73 | 4.65 | 4.57 | 4.48 | 4.40 | 4.31 |
| 10 | 4.85 | 4.71 | 4.56 | 4.41 | 4.33 | 4.25 | 4.17 | 4.08 | 4.00 | 3.91 |
| 11 | 4.54 | 4.40 | 4.25 | 4.10 | 4.02 | 3.94 | 3.86 | 3.78 | 3.69 | 3.60 |
| 12 | 4.30 | 4.16 | 4.01 | 3.86 | 3.78 | 3.70 | 3.62 | 3.54 | 3.45 | 3.36 |
| 13 | 4.10 | 3.96 | 3.82 | 3.66 | 3.59 | 3.51 | 3.43 | 3.34 | 3.25 | 3.17 |
| 14 | 3.94 | 3.80 | 3.66 | 3.51 | 3.43 | 3.35 | 3.27 | 3.18 | 3.09 | 3.00 |
| 15 | 3.80 | 3.67 | 3.52 | 3.37 | 3.29 | 3.21 | 3.13 | 3.05 | 2.96 | 2.87 |
| 16 | 3.69 | 3.55 | 3.41 | 3.26 | 3.18 | 3.10 | 3.02 | 2.93 | 2.84 | 2.75 |
| 17 | 3.59 | 3.46 | 3.31 | 3.16 | 3.08 | 3.00 | 2.92 | 2.83 | 2.75 | 2.65 |
| 18 | 3.51 | 3.37 | 3.23 | 3.08 | 3.00 | 2.92 | 2.84 | 2.75 | 2.66 | 2.57 |
| 19 | 3.43 | 3.30 | 3.15 | 3.00 | 2.92 | 2.84 | 2.76 | 2.67 | 2.58 | 2.49 |
| 20 | 3.37 | 3.23 | 3.09 | 2.94 | 2.86 | 2.78 | 2.69 | 2.61 | 2.52 | 2.42 |
| 21 | 3.31 | 3.17 | 3.03 | 2.88 | 2.80 | 2.72 | 2.64 | 2.55 | 2.46 | 2.36 |
| 22 | 3.26 | 3.12 | 2.98 | 2.83 | 2.75 | 2.67 | 2.58 | 2.50 | 2.40 | 2.31 |
| 23 | 3.21 | 3.07 | 2.93 | 2.78 | 2.70 | 2.62 | 2.54 | 2.45 | 2.35 | 2.26 |
| 24 | 3.17 | 3.03 | 2.89 | 2.74 | 2.66 | 2.58 | 2.49 | 2.40 | 2.31 | 2.21 |
| 25 | 3.13 | 2.99 | 2.85 | 2.70 | 2.62 | 2.54 | 2.45 | 2.36 | 2.27 | 2.17 |
| 26 | 3.09 | 2.96 | 2.81 | 2.66 | 2.58 | 2.50 | 2.42 | 2.33 | 2.23 | 2.13 |
| 27 | 3.06 | 2.93 | 2.78 | 2.63 | 2.55 | 2.47 | 2.38 | 2.29 | 2.20 | 2.10 |
| 28 | 3.03 | 2.90 | 2.75 | 2.60 | 2.52 | 2.44 | 2.35 | 2.26 | 2.17 | 2.06 |
| 29 | 3.00 | 2.87 | 2.73 | 2.57 | 2.49 | 2.41 | 2.33 | 2.23 | 2.14 | 2.03 |
| 30 | 2.98 | 2.84 | 2.70 | 2.55 | 2.47 | 2.39 | 2.30 | 2.21 | 2.11 | 2.01 |
| 40 | 2.80 | 2.66 | 2.52 | 2.37 | 2.29 | 2.20 | 2.11 | 2.02 | 1.92 | 1.80 |
| 60 | 2.63 | 2.50 | 2.35 | 2.20 | 2.12 | 2.03 | 1.94 | 1.84 | 1.73 | 1.60 |
| 120 | 2.47 | 2.34 | 2.19 | 2.03 | 1.95 | 1.86 | 1.76 | 1.66 | 1.53 | 1.38 |
| ∞ | 2.32 | 2.18 | 2.04 | 1.88 | 1.79 | 1.70 | 1.59 | 1.47 | 1.32 | 1.00 |

| F.995 | | | | | | | | |
|---|---|---|---|---|---|---|---|---|
| 分子自由度 | | | | | | | | |
| 分母自由度 | 1 | 2 | 3 | 4 | 5 | 6 | 7 | 8 | 9 |
| 1 | 16211 | 20000 | 21615 | 22500 | 23056 | 23437 | 23715 | 23925 | 24091 |
| 2 | 198.5 | 199.0 | 199.2 | 199.2 | 199.3 | 199.3 | 199.4 | 199.4 | 199.4 |
| 3 | 55.55 | 49.80 | 47.47 | 46.19 | 45.39 | 44.84 | 44.43 | 44.13 | 43.88 |
| 4 | 31.33 | 26.28 | 24.26 | 23.15 | 22.46 | 21.97 | 21.62 | 21.35 | 21.14 |
| 5 | 22.78 | 18.31 | 16.53 | 15.56 | 14.94 | 14.51 | 14.20 | 13.96 | 13.77 |
| 6 | 18.63 | 14.54 | 12.92 | 12.03 | 11.46 | 11.07 | 10.79 | 10.57 | 10.39 |
| 7 | 16.24 | 12.40 | 10.88 | 10.05 | 9.52 | 9.16 | 8.89 | 8.68 | 8.51 |
| 8 | 14.69 | 11.04 | 9.60 | 8.81 | 8.30 | 7.95 | 7.69 | 7.50 | 7.34 |
| 9 | 13.61 | 10.11 | 8.72 | 7.96 | 7.47 | 7.13 | 6.88 | 6.69 | 6.54 |
| 10 | 12.83 | 9.43 | 8.08 | 7.34 | 6.87 | 6.54 | 6.30 | 6.12 | 5.97 |
| 11 | 12.23 | 8.91 | 7.60 | 6.88 | 6.42 | 6.10 | 5.86 | 5.68 | 5.54 |
| 12 | 11.75 | 8.51 | 7.23 | 6.52 | 6.07 | 5.76 | 5.52 | 5.35 | 5.20 |
| 13 | 11.37 | 8.19 | 6.93 | 6.23 | 5.79 | 5.48 | 5.25 | 5.08 | 4.94 |
| 14 | 11.06 | 7.92 | 6.68 | 6.00 | 5.56 | 5.26 | 5.03 | 4.86 | 4.72 |
| 15 | 10.80 | 7.70 | 6.48 | 5.80 | 5.37 | 5.07 | 4.85 | 4.67 | 4.54 |
| 16 | 10.58 | 7.51 | 6.30 | 5.64 | 5.21 | 4.91 | 4.69 | 4.52 | 4.38 |
| 17 | 10.38 | 7.35 | 3.16 | 5.50 | 5.07 | 4.78 | 4.56 | 4.39 | 4.25 |
| 18 | 10.22 | 7.21 | 6.03 | 5.37 | 4.96 | 4.66 | 4.44 | 4.28 | 4.14 |
| 19 | 10.07 | 7.09 | 5.92 | 5.27 | 4.85 | 4.56 | 4.34 | 4.18 | 4.04 |
| 20 | 9.94 | 6.99 | 5.82 | 5.17 | 4.76 | 4.47 | 4.26 | 4.09 | 3.96 |
| 21 | 9.83 | 6.89 | 5.73 | 5.09 | 4.68 | 4.39 | 4.18 | 4.01 | 3.88 |
| 22 | 9.73 | 6.81 | 5.65 | 5.02 | 4.61 | 4.32 | 4.11 | 3.94 | 3.81 |
| 23 | 9.63 | 6.73 | 5.58 | 4.95 | 4.54 | 4.26 | 4.05 | 3.88 | 3.75 |
| 24 | 9.55 | 6.66 | 5.52 | 4.89 | 4.49 | 4.20 | 3.99 | 3.83 | 3.69 |
| 25 | 9.48 | 6.60 | 5.46 | 4.84 | 4.43 | 4.15 | 3.94 | 3.78 | 3.64 |
| 26 | 9.41 | 6.54 | 5.41 | 4.79 | 4.38 | 4.10 | 3.89 | 3.73 | 3.60 |
| 27 | 9.34 | 6.49 | 5.36 | 4.74 | 4.34 | 4.06 | 3.85 | 3.69 | 3.56 |
| 28 | 9.28 | 6.44 | 5.32 | 4.70 | 4.30 | 4.02 | 3.81 | 3.65 | 3.52 |
| 29 | 9.23 | 6.40 | 5.28 | 4.66 | 4.26 | 3.98 | 3.77 | 3.61 | 3.48 |
| 30 | 9.18 | 6.35 | 5.24 | 4.62 | 4.23 | 3.95 | 3.74 | 3.58 | 3.45 |
| 40 | 8.83 | 6.07 | 4.98 | 4.37 | 3.99 | 3.71 | 3.51 | 3.35 | 3.22 |
| 60 | 8.49 | 5.79 | 4.73 | 4.14 | 3.76 | 3.49 | 3.29 | 3.13 | 3.01 |
| 120 | 8.18 | 5.54 | 4.50 | 3.92 | 3.55 | 3.28 | 3.09 | 2.93 | 2.81 |
| ∞ | 7.88 | 5.30 | 4.28 | 3.72 | 3.35 | 3.09 | 2.90 | 2.74 | 2.62 |

| 分母自由度 | $F_{.995}$ 分子自由度 | | | | | | | | | |
|---|---|---|---|---|---|---|---|---|---|---|
| | 10 | 12 | 15 | 20 | 24 | 30 | 40 | 60 | 120 | $\infty$ |
| 1 | 24224 | 24426 | 24630 | 24836 | 24940 | 25044 | 25148 | 25253 | 25359 | 25465 |
| 2 | 199.4 | 199.4 | 199.4 | 199.4 | 199.5 | 199.5 | 199.5 | 199.5 | 199.5 | 199.5 |
| 3 | 43.69 | 43.39 | 43.08 | 42.78 | 42.62 | 42.47 | 42.31 | 42.15 | 41.99 | 41.83 |
| 4 | 20.97 | 20.70 | 20.44 | 20.17 | 20.03 | 19.89 | 19.75 | 19.61 | 19.47 | 19.32 |
| 5 | 13.62 | 13.38 | 13.15 | 12.90 | 12.78 | 12.66 | 12.53 | 12.40 | 12.27 | 12.14 |
| 6 | 10.25 | 10.03 | 9.81 | 9.59 | 9.47 | 9.36 | 9.24 | 9.12 | 9.00 | 8.88 |
| 7 | 8.38 | 8.18 | 7.97 | 7.75 | 7.65 | 7.53 | 7.42 | 7.31 | 7.19 | 7.08 |
| 8 | 7.21 | 7.01 | 6.81 | 6.61 | 6.50 | 6.40 | 6.29 | 6.18 | 6.06 | 5.95 |
| 9 | 6.42 | 6.23 | 6.03 | 5.83 | 5.73 | 5.62 | 5.52 | 5.41 | 5.30 | 5.19 |
| 10 | 5.85 | 5.66 | 5.47 | 5.27 | 5.17 | 5.07 | 4.97 | 4.86 | 4.75 | 4.64 |
| 11 | 5.42 | 5.24 | 5.05 | 4.86 | 4.76 | 4.65 | 4.55 | 4.44 | 4.34 | 4.23 |
| 12 | 5.09 | 4.91 | 4.72 | 4.53 | 4.43 | 4.33 | 4.23 | 4.12 | 4.01 | 3.90 |
| 13 | 4.82 | 4.64 | 4.46 | 4.27 | 4.17 | 4.07 | 3.97 | 3.87 | 3.76 | 3.65 |
| 14 | 4.60 | 4.43 | 4.25 | 4.06 | 3.96 | 3.86 | 3.76 | 3.66 | 3.55 | 3.44 |
| 15 | 4.42 | 4.25 | 4.07 | 3.88 | 3.79 | 3.69 | 3.58 | 3.48 | 3.37 | 3.26 |
| 16 | 4.27 | 4.10 | 3.92 | 3.73 | 3.64 | 3.54 | 3.44 | 3.33 | 3.22 | 3.11 |
| 17 | 4.14 | 3.97 | 3.79 | 3.61 | 3.51 | 3.41 | 3.31 | 3.21 | 3.10 | 2.98 |
| 18 | 4.03 | 3.86 | 3.68 | 3.50 | 3.40 | 3.30 | 3.20 | 3.10 | 2.99 | 2.87 |
| 19 | 3.93 | 3.76 | 3.59 | 3.40 | 3.31 | 3.21 | 3.11 | 3.00 | 2.89 | 2.78 |
| 20 | 3.85 | 3.68 | 3.50 | 3.32 | 3.22 | 3.12 | 3.02 | 2.92 | 2.81 | 2.69 |
| 21 | 3.77 | 3.60 | 3.43 | 3.24 | 3.15 | 3.05 | 2.95 | 2.84 | 2.73 | 2.61 |
| 22 | 3.70 | 3.54 | 3.36 | 3.18 | 3.08 | 2.98 | 2.88 | 2.77 | 2.66 | 2.55 |
| 23 | 3.64 | 3.47 | 3.30 | 3.12 | 3.02 | 2.92 | 2.82 | 2.71 | 2.60 | 2.48 |
| 24 | 3.59 | 3.42 | 3.25 | 3.06 | 2.97 | 2.87 | 2.77 | 2.66 | 2.55 | 2.43 |
| 25 | 3.54 | 3.37 | 3.20 | 3.01 | 2.92 | 2.82 | 2.72 | 2.61 | 2.50 | 2.38 |
| 26 | 3.49 | 3.33 | 3.15 | 2.97 | 2.87 | 2.77 | 2.67 | 2.56 | 2.45 | 2.33 |
| 27 | 3.45 | 3.28 | 3.11 | 2.93 | 2.83 | 2.73 | 2.63 | 2.52 | 2.41 | 2.29 |
| 28 | 3.41 | 3.25 | 3.07 | 2.89 | 2.79 | 2.69 | 2.59 | 2.48 | 2.37 | 2.25 |
| 29 | 3.38 | 3.21 | 3.04 | 2.86 | 2.76 | 2.66 | 2.56 | 2.45 | 2.33 | 2.21 |
| 30 | 3.34 | 3.18 | 3.01 | 2.82 | 2.73 | 2.63 | 2.52 | 2.42 | 2.30 | 2.18 |
| 40 | 3.12 | 2.95 | 2.78 | 2.60 | 2.50 | 2.40 | 2.30 | 2.18 | 2.06 | 1.93 |
| 60 | 2.90 | 2.74 | 2.57 | 2.39 | 2.29 | 2.19 | 2.08 | 1.96 | 1.83 | 1.69 |
| 120 | 2.71 | 2.54 | 2.37 | 2.19 | 2.09 | 1.98 | 1.87 | 1.75 | 1.61 | 1.43 |
| $\infty$ | 2.52 | 2.36 | 2.19 | 2.00 | 1.90 | 1.79 | 1.67 | 1.53 | 1.36 | 1.00 |

附表 6　Wilcoxon 符號等級檢定

| 雙尾 | | | |
|---|---|---|---|
| n | α≤0.10 | α≤0.05 | α≤0.02 | α≤0.01 |
| 5 | 0, 15 | | | |
| | | | | |
| 6 | 2, 19 | 0, 21 | | |
| 7 | 3, 25 | 2, 26 | 0, 28 | |
| 8 | 5, 31 | 3, 33 | 1, 35 | 0, 36 |
| 9 | 8, 37 | 5, 40 | 3, 42 | 1, 44 |
| 10 | 10, 45 | 8, 47 | 5, 50 | 3, 52 |
| | | | | |
| 11 | 13, 53 | 10, 56 | 7, 59 | 5, 61 |
| 12 | 17, 61 | 13, 65 | 9, 69 | 7, 71 |
| 13 | 21, 70 | 17, 74 | 12, 79 | 9, 82 |
| 14 | 25, 80 | 21, 84 | 15, 90 | 12, 93 |
| 15 | 30, 90 | 25, 95 | 19, 101 | 15, 105 |
| | | | | |
| 16 | 35, 101 | 29, 107 | 23, 113 | 19, 117 |
| 單尾 | | | |
| n | α≤0.05 | α≤0.025 | α≤0.01 | α≤0.005 |

Source: Forthofer, R. N. and Lee, E. S. (1995):" Introduction to Biostatistics: A Guide to Design, Analysis and Discovery", Academic Press, Inc., San Diego, CA.

附表 7　Wilcoxon 等級和檢定的臨界值

雙尾：α≤0.10　單尾：α≤0.05

| n₂/n₁ | 3 | 4 | 5 | 6 | 7 | 8 | 9 | 10 | 11 | 12 | 13 | 14 | 15 |
|---|---|---|---|---|---|---|---|---|---|---|---|---|---|
| 3 | - | 10,22 | 16,29 | 23,37 | 30,47 | 39,57 | 48,69 | 59,81 | 71,94 | 83,109 | 97,124 | 112,140 | 127,158 |
| 4 | 6,18 | 11,25 | 17,33 | 24,42 | 32,52 | 41,63 | 51,75 | 62,88 | 74,102 | 87,117 | 101,133 | 116,150 | 132,168 |
| 5 | 7,20 | 12,28 | 19,36 | 26,46 | 34,57 | 44,68 | 54,81 | 66,94 | 78,109 | 91,125 | 106,141 | 121,159 | 138,177 |
| 6 | 8,22 | 13,31 | 20,40 | 28,50 | 36,62 | 46,74 | 57,87 | 69,101 | 82,116 | 95,133 | 110,150 | 126,168 | 143,187 |
| 7 | 8,25 | 14,34 | 21,44 | 29,55 | 39,66 | 49,79 | 60,93 | 72,108 | 85,124 | 99,141 | 115,158 | 131,177 | 148,197 |
| 8 | 9,27 | 15,37 | 23,47 | 31,59 | 41,71 | 51,85 | 63,99 | 75,115 | 89,131 | 104,148 | 119,167 | 136,186 | 153,207 |
| 9 | 9,30 | 16,40 | 24,51 | 33,63 | 43,76 | 54,90 | 66,105 | 79,121 | 93,138 | 108,156 | 124,178 | 141,195 | 159,216 |
| 10 | 10,32 | 17,43 | 26,54 | 35,67 | 45,81 | 56,96 | 69,111 | 82,128 | 97,145 | 112,164 | 128,184 | 146,204 | 164,226 |
| 11 | 11,34 | 18,46 | 27,58 | 37,71 | 47,86 | 59,101 | 72,117 | 86,134 | 100,153 | 116,172 | 133,195 | 151,213 | 170,235 |
| 12 | 11,37 | 19,49 | 28,62 | 38,76 | 49,91 | 62,106 | 75,123 | 89,141 | 104,160 | 120,180 | 138,200 | 156,222 | 175,245 |
| 13 | 12,39 | 20,52 | 30,65 | 40,80 | 52,95 | 64,112 | 78,129 | 92,148 | 108,167 | 125,187 | 142,209 | 161,231 | 181,254 |
| 14 | 13,41 | 21,55 | 31,69 | 42,84 | 54,100 | 67,117 | 81,135 | 96,154 | 112,174 | 129,195 | 147,217 | 166,240 | 186,264 |
| 15 | 13,44 | 22,58 | 33,72 | 44,88 | 56,105 | 69,123 | 84,141 | 99,161 | 116,181 | 133,203 | 152,225 | 171,249 | 192,273 |

Source: Forthofer, R. N. and Lee, E. S. (1995):" Introduction to Biostatistics: A Guide to Design, Analysis and Discovery", Academic Press, Inc., San Diego, CA.

雙尾：α≤0.05　單尾：α≤0.025

| $n_2/n_1$ | 3 | 4 | 5 | 6 | 7 | 8 | 9 | 10 | 11 | 12 | 13 | 14 | 15 |
|---|---|---|---|---|---|---|---|---|---|---|---|---|---|
| 3 | - | - | 15,30 | 22,38 | 29,48 | 38,58 | 47,70 | 58,82 | 70,96 | 82,110 | 95,126 | 110,142 | 125,160 |
| 4 | - | 10,26 | 16,34 | 23,43 | 31,53 | 40,64 | 49,77 | 60,90 | 72,104 | 85,119 | 99,135 | 114,152 | 130,170 |
| 5 | 6,21 | 11,29 | 17,38 | 24,48 | 33,58 | 42,70 | 52,83 | 63,97 | 75,112 | 89,127 | 103,144 | 118,162 | 134,181 |
| 6 | 7,23 | 12,32 | 18,42 | 26,52 | 34,64 | 44,76 | 55,89 | 66,104 | 79,119 | 92,136 | 107,153 | 122,172 | 139,191 |
| 7 | 7,26 | 13,35 | 20,45 | 27,57 | 36,69 | 46,82 | 57,96 | 69,111 | 82,127 | 96,144 | 111,162 | 127,181 | 144,201 |
| 8 | 8,28 | 14,38 | 21,49 | 29,61 | 38,74 | 49,87 | 60,102 | 72,118 | 85,135 | 100,152 | 115,171 | 131,191 | 149,211 |
| 9 | 8,31 | 14,42 | 22,53 | 31,65 | 40,79 | 51,93 | 62,109 | 75,125 | 89,142 | 104,160 | 119,180 | 136,200 | 154,221 |
| 10 | 9,33 | 15,45 | 23,57 | 32,70 | 42,84 | 53,99 | 65,115 | 78,132 | 92,150 | 107,169 | 124,188 | 141,209 | 159,231 |
| 11 | 9,36 | 16,48 | 24,61 | 34,74 | 44,89 | 55,105 | 68,121 | 81,139 | 96,157 | 111,177 | 128,197 | 145,219 | 164,241 |
| 12 | 10,38 | 17,51 | 26,64 | 35,79 | 46,94 | 58,110 | 71,127 | 84,146 | 99,165 | 115,185 | 132,206 | 150,228 | 169,251 |
| 13 | 10,41 | 18,54 | 27,68 | 37,83 | 48,99 | 60,116 | 73,133 | 88,152 | 103,172 | 119,193 | 136,215 | 155,237 | 174,261 |
| 14 | 11,43 | 19,57 | 28,72 | 38,88 | 50,104 | 62,122 | 76,140 | 91,159 | 106,180 | 123,201 | 141,223 | 160,246 | 179,271 |
| 15 | 11,46 | 20,60 | 29,76 | 40,92 | 52,109 | 65,127 | 79,146 | 94,166 | 110,187 | 127,209 | 145,232 | 164,256 | 184,281 |

雙尾：α≤0.02　單尾：α≤0.01

| n₂/n₁ | 3 | 4 | 5 | 6 | 7 | 8 | 9 | 10 | 11 | 12 | 13 | 14 | 15 |
|---|---|---|---|---|---|---|---|---|---|---|---|---|---|
| 3 | - | - | - | - | 28,49 | 36,60 | 46,71 | 56,84 | 67,98 | 80,112 | 93,128 | 107,145 | 123,162 |
| 4 | - | - | 15,35 | 22,44 | 29,55 | 38,66 | 48,78 | 58,92 | 70,106 | 83,121 | 96,138 | 111,155 | 127,173 |
| 5 | - | 10,30 | 16,39 | 23,49 | 31,60 | 40,72 | 50,85 | 61,99 | 73,114 | 86,130 | 100,147 | 115,165 | 131,184 |
| 6 | - | 11,33 | 17,43 | 24,54 | 32,66 | 42,78 | 52,92 | 63,107 | 75,123 | 89,139 | 103,157 | 118,176 | 135,195 |
| 7 | 6,27 | 11,37 | 18,47 | 25,59 | 34,71 | 43,85 | 54,99 | 66,114 | 78,131 | 92,148 | 107,166 | 122,186 | 139,206 |
| 8 | 6,30 | 12,40 | 19,51 | 27,63 | 35,77 | 45,91 | 56,106 | 68,122 | 81,139 | 95,157 | 111,175 | 127,195 | 144,216 |
| 9 | 7,32 | 13,43 | 20,55 | 28,68 | 37,82 | 47,97 | 59,112 | 71,129 | 84,147 | 99,165 | 114,185 | 131,205 | 148,227 |
| 10 | 7,35 | 13,47 | 21,59 | 29,73 | 39,87 | 49,103 | 61,119 | 74,136 | 88,154 | 102,174 | 118,194 | 135,215 | 153,237 |
| 11 | 7,38 | 14,50 | 22,63 | 30,78 | 40,93 | 51,109 | 63,126 | 77,143 | 91,162 | 106,182 | 122,203 | 139,225 | 157,248 |
| 12 | 8,40 | 15,53 | 23,67 | 32,82 | 42,98 | 53,115 | 66,132 | 79,151 | 94,170 | 109,191 | 126,212 | 143,235 | 162,258 |
| 13 | 8,43 | 15,57 | 24,71 | 33,87 | 44,103 | 56,120 | 68,139 | 82,158 | 97,178 | 113,199 | 130,221 | 148,244 | 167,268 |
| 14 | 8,46 | 16,60 | 25,75 | 34,92 | 45,109 | 58,126 | 71,145 | 85,165 | 100,186 | 116,208 | 134,230 | 152,254 | 171,279 |
| 15 | 9,48 | 17,63 | 26,79 | 36,96 | 47,115 | 60,132 | 76,152 | 88,172 | 103,194 | 120,216 | 138,239 | 156,264 | 176,289 |

雙尾：α≤0.01　單尾：α≤0.005

| n₂/n₁ | 3 | 4 | 5 | 6 | 7 | 8 | 9 | 10 | 11 | 12 | 13 | 14 | 15 |
|---|---|---|---|---|---|---|---|---|---|---|---|---|---|
| 3 | - | - | - | - | - | - | 45,72 | 55,85 | 66,99 | 79,113 | 92,129 | 106,146 | 122,163 |
| 4 | - | - | - | 21,45 | 28,56 | 37,67 | 46,80 | 57,93 | 68,108 | 81,123 | 94,140 | 109,157 | 125,175 |
| 5 | - | - | 15,40 | 22,50 | 29,62 | 38,74 | 48,87 | 59,101 | 71,116 | 84,132 | 98,149 | 112,168 | 128,187 |
| 6 | - | 10,34 | 16,44 | 23,55 | 31,67 | 40,80 | 50,94 | 61,109 | 73,125 | 87,141 | 101,159 | 116,178 | 132,198 |
| 7 | - | 1038 | 16,49 | 24,60 | 32,73 | 42,86 | 52,101 | 64,116 | 76,133 | 90,150 | 104,169 | 120,188 | 136,209 |
| 8 | - | 11,41 | 17,53 | 25,65 | 34,78 | 43,93 | 54,108 | 66,124 | 79,141 | 93,159 | 108,178 | 123,199 | 140,220 |
| 9 | 6,33 | 11,45 | 18,57 | 26,70 | 35,84 | 45,99 | 56,115 | 68,132 | 82,149 | 96,168 | 111,188 | 127,209 | 144,231 |
| 10 | 6,36 | 12,48 | 19,61 | 27,75 | 37,89 | 47,105 | 58,122 | 71,139 | 84,158 | 99,177 | 115,197 | 131,219 | 149,241 |
| 11 | 6,39 | 12,52 | 20,65 | 28,80 | 38,95 | 49,111 | 61,128 | 73,147 | 87,166 | 102,186 | 118,207 | 135,229 | 153,252 |
| 12 | 7,41 | 13,55 | 21,69 | 30,84 | 40,100 | 51,117 | 63,135 | 76,154 | 90,174 | 105,195 | 122,216 | 139,239 | 157,263 |
| 13 | 7,44 | 13,59 | 22,73 | 31,89 | 41,106 | 53,123 | 65,142 | 79,161 | 93,182 | 109,203 | 125,226 | 143,249 | 162,273 |
| 14 | 7,47 | 14,62 | 22,78 | 32,94 | 43,111 | 54,130 | 67,149 | 81,169 | 96,190 | 112,212 | 129,235 | 147,259 | 166,284 |
| 15 | 8,49 | 15,65 | 23,82 | 33,99 | 44,117 | 56,136 | 69,156 | 84,176 | 99,198 | 115,221 | 133,244 | 151,269 | 171,294 |

# 參考書目

1. Bhattacharyya, G. K. and Johnson, R. A.(1977). Statistical Concepts and Methods. John Wiley & Sons, Inc., New York.

2. Daniel, W. W.(1999). Biostatistics: A Foundation for Analysis in the Health Sciences, 7th Edition. John Wiley & Sons, Inc., New York.

3. Dawson-Saunders, B. and Trapp, R. G.(1994). Basic & Clinical Biostatistics, 2nd Edition. Prentice-Hall International, Inc., London.

4. Forthofer, R. N. and Lee, E. S.(1995). Introduction to Biostatistics: A Guide to Design, Analysis and Discovery. Academic Press, Inc., San Diego, CA.

5. Hosmer, D. W. and Lemeshow, S. (1989). Applied Logistic Regression. John Wiley & Sons, Inc., New York.

6. Munro, B. H. and Page, E. B.(1993). Statistical Methods for Health Care Research, 2nd Edition. J. B. Lippincott Company, Philadelphia, PA.

7. Neter, J., Kutner, M. H., Nachtsheim, C. J. and Wasserman, W. (1996). Applied Linear Statistical Models, 4th Edition. Times Mirror Higher Education Group, Inc., Chicago.

8. Pagano, M. and Gauvereau, K.(1993). Principles of Biostatistics. Wadsworth, Inc. Belmont, CA.

9. Rosner, B.(2000). Fundamentals of Biostatistics, 5th Edition. Duxbury, Pacific Grove, CA.

10. Scheaffer, R. L., Ill, W. M. and Ott, R. L.(1996). Elementary Survey Sampling, 5th Edition. Duxbury Press, Belmont, CA.

11. Snedecor, G. W. and Cochran, W. G.(1980). Statistical Methods, 7th Edition. The Iowa State University Press, Ames, IA.

12. Walpole, R. E.(1982). Introduction to Statistics, 3rd Edition. Macmillan Publishing Co., Inc., New York.

13. Young, R. K. and Veldman, D. J.(1981). Introductory Statistics

for the Behavioral Sciences, 4th Edition. Holt, Rinehart and Winston, Inc., Orlando, FL.

# 索引

國家圖書館出版品預行編目資料

生物統計學／郭寶錚著. -- 四版. -- 臺北
　市：五南圖書出版股份有限公司, 2024.05
　　面；　公分
　　ISBN 978-626-393-284-5（平裝）

　1.CST: 生物統計學

360.13　　　　　　　　　　113005298

5J03

# 生物統計學

作　　者 ─ 郭寶錚（241.2）

發 行 人 ─ 楊榮川

總 經 理 ─ 楊士清

總 編 輯 ─ 楊秀麗

副總編輯 ─ 王俐文

責任編輯 ─ 金明芬

封面設計 ─ 姚孝慈

出 版 者 ─ 五南圖書出版股份有限公司

地　　址：106台北市大安區和平東路二段339號4樓

電　　話：(02)2705-5066　　傳　　真：(02)2706-6100

網　　址：https://www.wunan.com.tw

電子郵件：wunan@wunan.com.tw

劃撥帳號：01068953

戶　　名：五南圖書出版股份有限公司

法律顧問　林勝安律師

出版日期　2000年9月初版一刷（共六刷）
　　　　　2004年9月二版一刷（共七刷）
　　　　　2009年9月三版一刷（共十三刷）
　　　　　2024年5月四版一刷

定　　價　新臺幣500元

# 經典永恆・名著常在

## 五十週年的獻禮 —— 經典名著文庫

五南，五十年了，半個世紀，人生旅程的一大半，走過來了。

思索著，邁向百年的未來歷程，能為知識界、文化學術界作些什麼？

在速食文化的生態下，有什麼值得讓人雋永品味的？

歷代經典・當今名著，經過時間的洗禮，千錘百鍊，流傳至今，光芒耀人；

不僅使我們能領悟前人的智慧，同時也增深加廣我們思考的深度與視野。

我們決心投入巨資，有計畫的系統梳選，成立「經典名著文庫」，

希望收入古今中外思想性的、充滿睿智與獨見的經典、名著。

這是一項理想性的、永續性的巨大出版工程。

不在意讀者的眾寡，只考慮它的學術價值，力求完整展現先哲思想的軌跡；

為知識界開啟一片智慧之窗，營造一座百花綻放的世界文明公園，

任君遨遊、取菁吸蜜、嘉惠學子！